土木建筑大类专业系列新形态教材

智能建造概论

易　峰　武　敬　主　编

王晓华　张良斌　肖永建　杨诗义　副主编

清华大学出版社

北　京

内 容 简 介

推动建筑行业高质量发展，实现建筑行业智能化，是我国建筑行业下一步的奋战目标。本书以智能建造的应用需求为导向，以智能建造的专业基础知识和关键技术为主线，全面、系统地介绍了智能建造的基本概念、关键技术以及智能设计、智能生产、智能施工、智能运维等内容。

本书内容全面、新颖，具有系统性、知识性、实用性、可读性的特点，理论联系实际，既有对智能建造关键技术的理论阐述，又有涉及关键技术应用的案例讲解，还通过二维码嵌入了相关拓展知识、习题答案、解析等内容。本书配套丰富的教学资源，包括教学课件、思维导图、单元小结、练习题等。

本书既可作为高等职业院校和继续教育学院土建类相关专业的教材，也可作为建筑设计、施工、监理、咨询、管理等各类从业人员学习智能建造基础知识的参考书。

图书在版编目(CIP)数据

智能建造概论/易峰，武敬主编. -- 北京：清华大学出版社，2025.2. -- ISBN 978-7-302-68459-6

Ⅰ. TU74-39

中国国家版本馆 CIP 数据核字第 2025Y5V768 号

责任编辑：杜　晓
封面设计：曹　来
责任校对：李　梅
责任印制：沈　露

出版发行：清华大学出版社
网　　址：https://www.tup.com.cn，https://www.wqxuetang.com
地　　址：北京清华大学学研大厦 A 座　　**邮　　编**：100084
社 总 机：010-83470000　　**邮　　购**：010-62786544
投稿与读者服务：010-62776969，c-service@tup.tsinghua.edu.cn
质量反馈：010-62772015，zhiliang@tup.tsinghua.edu.cn
课件下载：https://www.tup.com.cn，010-83470410
印 装 者：三河市龙大印装有限公司
经　　销：全国新华书店
开　　本：185mm×260mm　　**印　　张**：15.75　　**字　　数**：360 千字
版　　次：2025 年 2 月第 1 版　　**印　　次**：2025 年 2 月第 1 次印刷
定　　价：49.00 元

产品编号：109907-01

序

建筑业作为我国国民经济的重要支柱产业，在过去几十年取得了长足的发展。随着科技的进步，目前建筑业正处于转型升级的关键时期。工业化、数字化、智能化、绿色化成为建筑行业发展的重要方向。例如，BIM(building information modeling)技术的应用为各方建设主体提供协同工作的基础，在提高生产效率、节约成本和缩短工期方面发挥着重要作用，在设计、施工、运维方面很大程度上改变了传统模式和方法；智能建筑系统的普及提升了居住和办公环境的舒适度和安全性；人工智能技术在建筑行业中的应用逐渐增多，如无人机、建筑机器人的应用，提高了工作效率、降低了劳动强度，并为建筑行业带来更多创新；装配式建筑改变了建造方式，其建造速度快、受气候条件影响小，既可节约劳动力，又可提高建筑质量，并且节能环保；绿色低碳理念推动了建筑业可持续发展。2020 年 7 月，住房和城乡建设部等 13 个部门联合印发《关于推动智能建造与建筑工业化协同发展的指导意见》(建市〔2020〕60 号)，旨在推进建筑工业化、数字化、智能化升级，加快建造方式转变，推动建筑业高质量发展，并提出到 2035 年，"'中国建造'核心竞争力世界领先，建筑工业化全面实现，迈入智能建造世界强国行列"的奋斗目标。

然而，人才缺乏已经成为制约行业转型升级的瓶颈，培养大批掌握建筑工业化、数字化、智能化、绿色化技术的高素质技术技能人才成为土木建筑大类专业的使命和机遇，同时也对土木建筑大类专业教学改革，特别是教学内容改革提出了迫切要求。

教材建设是专业建设的重要内容，是职业教育类型特征的重要体现，也是教学内容和教学方法改革的重要载体，在人才培养中起着重要的基础性作用。优秀的教材更是提高教学质量、培养优秀人才的重要保证。为了满足土木建筑大类各专业教学改革和人才培养的需求，清华大学出版社借助清华大学一流的学科优势，聚集优秀师资以及行业骨干企业的优秀工程技术和管理人员，启动 BIM 技术应用、装配式建筑、智能建造三个方向的土木建筑大类新形态系列教材建设工作。该系列教材由四川建筑职业技术学院胡兴福教授担任丛书主编，统筹作者团队，确定教材编写原则，并负责审稿等工作。该系列教材具有以下特点。

(1) 思想性。该系列教材全面贯彻党的二十大精神，落实立德树人根本任务，引导学生践行社会主义核心价值观，不断强化职业理想和职业道德培养。

(2) 规范性。该系列教材以《职业教育专业目录(2021 年)》和国家专业教学标准为依据，同时吸取各相关院校的教学实践成果。

(3) 科学性。教材建设遵循职业教育的教学规律，注重理实一体化，内容选取、结构安排体现职业性和实践性的特色。

(4) 灵活性。鉴于我国地域辽阔，自然条件和经济发展水平差异较大，部分教材采用不同课程体系，一纲多本，以满足各院校的个性化需求。

(5) 先进性。一方面，教材建设体现新规范、新技术、新方法，以及现行法律、法规和行业相关规定，不仅突出了BIM、装配式建筑、智能建造等新技术的应用，而且反映了营改增等行业管理模式变革内容。另一方面，教材采用活页式、工作手册式、融媒体等新形态，并配套开发了数字资源(包括但不限于课件、视频、图片、习题库等)，大部分图书配套有富媒体素材，通过二维码的形式链接到出版社平台，供学生扫码学习。

教材建设是一项浩大且复杂的千秋工程，为培养建筑行业转型升级所需的合格人才贡献力量是我们的夙愿。BIM、装配式建筑、智能建造在我国的应用尚处于起步阶段，在教材建设中有许多课题需要探索，本系列教材难免存在不足之处，恳请专家和广大读者批评、指正，希望更多的同仁与我们共同努力！

胡兴福

2024年7月

前言

随着人类文明的发展，世界经济和科技水平不断提高，新一代信息技术在各行各业得到广泛应用，建筑业也不例外，将新一代信息技术应用于建筑业是今后相当长时间的重要发展方向。

建筑业是我国国民经济的支柱产业，在改善人民群众居住环境、提升生活质量方面地位显著，但是，当前建筑业的发展水平还无法满足我国国民经济与社会高质量发展战略的需求。新一轮科技革命为产业升级提供了历史性机遇，我国建筑业迫切需要向工业化和信息化融合的方向发展，急需培养大批从事智能建造的专业人才，所以相关专业教材建设刻不容缓。

本书以智能建造技术应用为导向，以智能建造的关键技术和在设计、生产、施工、运维等方面的应用为主线编写而成。本书共分 6 个单元：第 1 单元智能建造概述，介绍智能建造的基本概念，对智能设计、智能生产、智能施工和智能运维做了简要介绍，并就智能建造的历史和未来进行概述；第 2 单元智能建造关键技术，介绍 BIM、物联网、大数据、云计算、人工智能、3D 打印、3S、虚拟现实、5G 等技术，重点阐述与智能建造相关的新一代信息与智能技术知识；第 3 单元智能设计，介绍智能规划、智能设计、深化设计、协同设计，重点阐述智能规划和智能设计解决建造问题的思路和方法；第 4 单元智能生产，介绍智能工厂、智能生产的 CPS 技术、智能生产的 MES 技术、建筑部品部件的工厂化生产，重点阐述基于智能工厂的各类建筑构件的关键技术、生产流程和生产管理；第 5 单元智能施工，介绍智能测绘与测量、基于 BIM 技术的虚拟建造、建筑机器人施工、增材制造混凝土结构施工、智能施工管理等内容，重点阐述基于人机协同的关键施工技术和管理平台；第 6 单元智能运维，介绍结构健康监测、智能检测与修复、智能运维管理等内容，重点阐述数字化、网络化和智能化环境下的运维管理技术和模式。

本书由西藏职业技术学院易峰、武汉职业技术学院武敬任主编。西藏职业技术学院王晓华、武汉职业技术学院张良斌、西藏职业技术学院肖永建及武汉职业技术学院杨诗义任副主编。本书具体编写分工如下：第 1 单元由武汉职业技术学院武敬和张良斌编写，第 2 单元由咸宁职业技术学院伍根、青海建筑职业技术学院朱娜、黄冈职业技术学院熊熙、广东建设职业技术学院谭智军、西藏职业技术学院易峰编写，第 3 单元由山东城市建设职业学院孙庆霞、西藏职业技术学院王晓华和肖永建编写，第 4 单元由武汉职业技术学院张良斌、西藏职业技术学院李萨和李小娟编写，第 5 单元由武汉职业技术学院武敬和杨诗义、中铁十一局集团第一工程有限公司吕彪、盎锐（杭州）信息科技有限公司管淑清编写，第6单元由青海建筑职业技术学院施文君、盎锐(杭州)信息科技有限公司管淑清、西藏职业技术学院易峰和米玛次仁编写,附件由武汉职业技术学院杨诗义、中铁十一局集团第一工程有限公司吕彪编写。本书的编写和统筹工作由易峰负责,全书统稿工作由武敬负责。

本书在编写过程中,参考了大量教材、专著、论文和研究报告,品茗科技股份有限公司提供了全面的技术与服务支持,清华大学出版社也给予相关的指导,在此,对相关资料的作者及给予帮助的同仁一并表示感谢。

由于编者的水平和时间有限,书中不当之处在所难免,敬请广大读者批评、指正。

编　者

2024年9月

本书配套教学资源及习题

目录

第1单元 智能建造概述

单元知识导航

【思维导图】

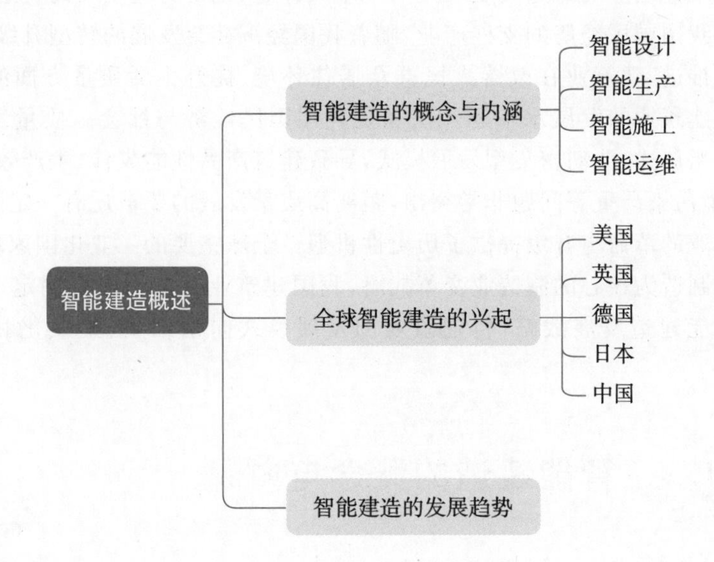

【学习目标】

1. 知识目标

(1) 了解智能建造兴起的背景和意义。

(2) 熟悉智能建造全阶段的内容。

(3) 掌握智能建造全阶段的基本概念。

2. 技能目标

(1) 具备智能建造职业素养的能力。

(2) 具备自我分析问题的能力。

3. 素养目标

(1) 培养注重实践的务实意识。

(2) 提升专业爱岗的奉献精神。

【学习重难点】

(1) 智能建造的发展背景。

(2) 智能建造各阶段包含的内容以及基本概念。

随着人类文明的发展，世界经济和科技水平不断提高，新一代信息技术在各行各业得到广泛应用。建筑业也不例外，将新一代信息技术应用于建筑业是今后相当长时间内的重要发展方向。

2011年以后，世界各国纷纷将智能建造纳入国家战略，抢占产业发展制高点，以实现各自国家工业向高素质、高效、高竞争力发展。从目前来看，建筑业中的信息化、精细化管理水平与其他重要行业相比处于较低水平，2018年，麦肯锡国际研究院（McKinsey & Company）在《想象建筑业的数字化未来》（Imagining Construction's Digital Future）的报告中认为，建筑业需要变革，且变革的时机已经成熟，BIM、数字化、物联网将引领建筑业的发展。同时，据该报告统计，在全球机构数字化指数排行中，建筑业位于倒数第二位，基于智能建造实现建筑业的跨越式发展是一个重大课题，也是历史发展的机遇。

建筑业是我国国民经济的支柱产业，随着我国经济社会发展的转型升级，特别是城镇化战略的快速推进，建筑业在改善人民群众居住环境、提升生活质量方面的地位日益凸显，但是，当前建筑业的发展水平还无法满足我国国民经济与社会高质量发展战略的需求，其碎片化、粗放式、劳动密集型发展模式，导致建筑产品性能欠佳、生产效益低下、资源消耗巨大、环境污染严重等问题非常突出，距离高质量发展的要求还有一定距离。新一轮科技革命为产业的革命与升级提供了历史性机遇。全球主要的工业化国家均因地制宜地制定了以智能制造为核心的制造业变革战略，我国建筑业也迫切需要制定工业化与信息化相融合的智能建造发展战略，将建筑业的发展模式向精细型、集成化和技术密集型转变。

1.1 智能建造的概念与内涵

微课：智能建造的概念与内涵

目前，学术界对“智能建造”的定义尚未达成统一。丁烈云院士指出，智能建造是新一代信息技术与工程融合而形成的工程建造创新模式，即利用以“三化”（数字化、网络化和智能化）和“三算”（算据、算力和算法）为特征的新一代信息技术，在实现工程建造要素资源数字化的基础上，通过规范化建模、网络化交互、可视化认识、高性能计算及智能化决策支持，实现数字链驱动下的工程立项策划、规划设计、施工生产、运维服务一体化集成与高效率协同，不断拓展工程建造价值链、改造产业结构形态，向用户交付以人为本、绿色可持续的智能化工程产品与服务。重庆大学毛超教授指出，智能建造是在信息化、工业化高度融合的基础上，利用新兴的信息技术对建造过程赋能，推动工程建设活动的生产要素、生产力和生产关系升级，促进建筑数据充分流动，整合决策、设计、生产、施工、运维等整个产业链，实现全产业链条系统集成和业务协同、建设过程效能提升、资源价值最大化的新型生产模式。中国建筑股份有限公司总工程师毛志兵指出，智能建造是在设计和施工建造过程中，采用现代先进技术手段，通过人机交互、感知、决策、执行和反馈提高品质和效率的工程活动。

当下，工程建造活动内部和外部环境不断发生变化，增加了工程建造系统演化过程中的复杂性和不确定性，对于这类复杂适应系统，采用物理逻辑来简单实现数字控制已不能满足工程实践的需求，需要更高维度的“智能化”建造来不断重新审视在原有认识基础上所建立的控制规则体系的适用性和正确性，并加以评估、研究和修正。

参考并综合各位学者对智能建造的定义和理解，“智能建造”的概念可表述如下：智能建造是以建筑工业化为基础，以新一代信息技术的融合赋能，全产业链数据系统协同为驱动，全新构建工程建设活动和技术“类人脑化”的知识法则算法，通过训练建筑活动业务中所需的各类系统来模仿人脑的专业认知和人的行为过程，用数据驱动工程活动的各种技术和管理知识的自我学习和自我迭代，让进行建设活动的各类机器设备具备感知、辨析、判断、决策、反馈、优化的能力，进而实现更大范围、更深层次地对传统建设活动的替代，以提升工程建设活动的效率和质量。

也就是说，通过使用新的技术对建筑业进行智能化赋能，可以实现建筑业向智能建造的转型升级。技术创新是产业转型升级的关键，通过把一种从来没有过的关于生产要素和生产条件的新组合映射到生产体系，从而创建一种新的生产函数，就是创新。技术创新可以提升产业的生产力，改善产业的生产关系，实现对不同要素和资源的配置与优化，有效促进产业的转型升级。建筑业的智能化转型是指新技术对建筑业的生产要素、生产力和生产关系进行赋能，使建筑业具备自我感知、自我适应、自我学习、自我决策、自我执行等智能化特征，如图 1-1 所示。

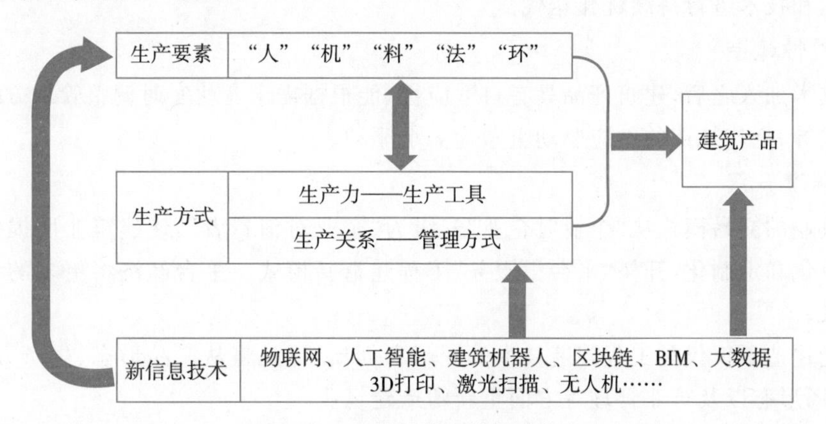

图 1-1　建筑业的智能化赋能

如果在建造活动中，只是单一地实现每个阶段的生产活动、要素与参与方的智能化，那还不是智能建造。只有把每个阶段有机地叠加起来，建立每个阶段的数据标准、数据流通通道，实现信息的集成与业务协同，才是真正的智能建造。建筑产品建造活动的数据不仅是在建设项目内流动，建设完成后，数据还会流向多项目的集成平台，为更大尺度的项目管理或城市建设提供数据来源。智能建造的理论框架如图 1-2 所示。

智能建造为建筑业赋予了新的特征，即数据驱动、持续优化、柔性建造与服务升级。

1. 数据驱动

各个阶段的决策、管理均是由数据支持的，数据成为新的生产要素。

2. 持续优化

建筑业在具备智能化的自感知、自适应、自学习、自决策、自执行五大特征之后，能够

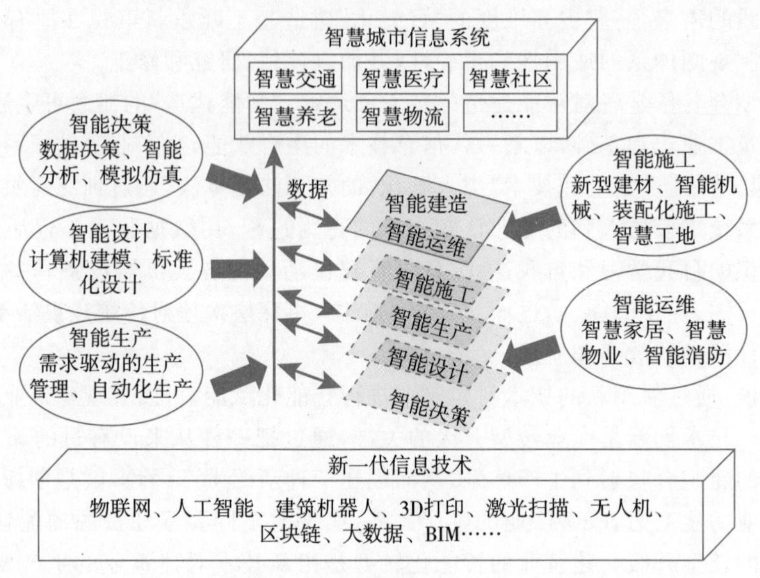

图 1-2 智能建造的理论框架

基于数据和技术进行持续优化迭代。

3. 柔性建造

新技术加入之后，建筑产品具有自适应性，能根据需求变化实时调整管理方式和施工组织模式等，把建筑业的供应驱动重塑为需求驱动。

4. 服务升级

建筑业的交易模式从“企业对企业”升级为“企业对消费者”，使建筑业所提供的服务更加专业化和定制化，开拓“平台＋服务”工程建造新模式。平台经济将更多的参与主体连接起来。

智能建造不仅仅是工程建造技术的变革和创新，更是将从产品形态、生产方式、经营理念、市场形态以及行业管理等方面重新塑造建筑业。

在产品形态维度，从传统的建筑实物产品转变为建筑“实物＋数字”产品。智能建造所交付的工程产品，不仅局限于实物的工程产品，还伴随着一种新的产品形态—数字化(智能化)的工程产品。

在生产方式维度，从工程的施工转变为“制造—建造”。这种生产方式实现了规模化生产与满足个性化需求相统一的大规模定制，是人类生产方式进化的方向。

在经营理念维度，从产品建造转变为服务建造。

在市场形态维度，从产品交易转变为平台经济。

在行业管理维度，从行政监督转变为数字化治理。

1.1.1 智能设计

智能设计利用现代信息技术，采用计算机模拟人类的思维，提高计算机的智能水平，从而使计算机能够更多、更好地承担设计过程中各种复杂的设计任务，成为设计人员的重要辅助工具。

智能设计主要包括以下几方面内容。

(1) 智能方案设计是方案的产生和决策阶段，是最能体现设计智能化的阶段，是设计全过程智能化必须突破的难点。

(2) 知识获取和处理技术基于分布和并行思维的结构体系和机器学习模式的研究，基于遗传算法和神经网络推理的研究，其重点均在非归纳及非单调推理技术的深化方面。

(3) 面向 CAD 的设计理论和概念设计、虚拟现实、并行工程、设计集成化、产品性能分类学及目录学、反向工程设计法、产品生命周期设计法等。

(4) 面向制造的设计以及以计算机为工具，建立用虚拟方法形成的趋近于实际的设计和制造环境。具体研究 CAD(Computer Aided Design)集成、虚拟现实、并行及分布式 CAD/CAM 系统及应用，多专业协同，快速原型生成和生产的设计等人机智能化设计系统。

智能设计是智能工程与设计理论相结合的产物，它的发展必然与智能工程和设计理论的发展密切联系，相辅相成。智能工程技术和设计理论是智能设计的知识基础。智能设计的发展和实践，既能证明其加强了设计理论研究的成果，并且不断提出新的问题，产生新的研究方向，反过来还会推动智能工程和设计理论研究进一步发展。智能设计作为面向应用的技术，其研究成果最后还是体现在系统建模和支撑软件开发及应用上。

1.1.2　智能生产

智能生产，是从制造业引入建筑领域的一个全新概念，其核心是基于物联网、BIM 技术和三维(3D)打印技术来完成。三种技术发展的成熟度和在实际施工过程中的适用性决定了智能生产能否在建筑产品实施过程中得以实现。物联网在智能生产中的作用是搜集和传递信息，其核心是射频识别(Radio Frequency Identification，RFID)技术，而 RFID 技术已经发展得比较成熟，且在现实生活中应用较多。BIM 技术是智能生产的“神经枢纽”，在施工过程中，BIM 技术可以实现对项目的设计，建立进度和成本等多维度的信息模拟，与传统的建造方式相比，智能生产在技术性角度上具有非常高的先进性。

智能生产的最终目的是使建筑建造在工业化的基础上，与信息技术深度融合，达到全程的智能化。与传统建造方式相比，建筑智能生产缩短了建筑建造周期，可以节省施工阶段的大量人工成本，人工成本在建筑建造过程中往往占据较大份额，而智能生产的引入，使在同样的建设工程量下，人工的使用量大大降低，从而进一步降低对人工成本的使用，从经济性的角度来看，智能生产有着不可比拟的优势。

智能生产本质上是一个智能化高度集成的制造系统。将建筑构件设计的信息流、优化管理的数据流信息等虚拟网络信息与实际生产过程集合成一个整体，把工业化和信息化融合到一起，得以实现具有“人工智能”的特征。智能生产的特征如下。

1. 生产现场无人化，真正做到“无人”工厂

随着工业机器人、机械手臂等智能设备的广泛应用，工厂无人化制造成为可能。数控加工中心、智能机器人和三维坐标测量仪及其他柔性制造单元，让“无人工厂”更加触手可及。

2. 生产数据可视化，利用大数据分析进行生产决策

信息技术在当今已经渗透到制造业的各个环节，二维码、RFID、工业传感器、工业自动化控制系统、工业物联网等技术广泛应用，生产数据日益丰富，对数据的实时性要求也更高，这就要求企业应顺应制造业趋势，利用大数据技术，实时纠偏，建立产品虚拟模型以模拟并优化生产，降低生产能耗与成本。

3. 生产设备网络化，实现车间"物联网"

物联网是指通过各种信息传感设备，实时采集任何需要监控、连接、互动的物体或过程等各种需要的信息，其目的是实现物与物、物与人、所有的物品与网络的连接，以便利地识别、管理和控制。

4. 生产文档无纸化，实现高效、绿色制造

构建绿色制造体系，建设绿色工厂，实现生产洁净化、废物资源化、能源低碳化，是我国"智能制造"重要战略的内容之一。传统制造业在生产过程中会产生大量的纸质文档，实现智能制造之后，工作人员在生产现场即可快速地查询、浏览、下载所需要的生产信息，大幅降低基于纸质文档的人为传递和流转，从而杜绝了文件和数据的丢失，进一步提高了生产准备效率和生产作业效率，继而实现绿色、无纸化生产。

5. 生产过程智能化，智能工厂的"神经"系统

推进生产过程智能化，通过建设智能工厂，促进制造工艺的仿真优化，数字化控制，实时感知和实时获取状态信息，进而实现整个过程的智能管控，是"中国制造 2025"的重大战略，在机械、汽车、航空、船舶、轻工、家用电器和电子信息等行业，企业建设智能工厂的模式为推进生产设备智能化，目的是拓展产品的价值空间，基于生产效率和产品效能的提升，实现价值增长。

1.1.3 智能施工

建筑业具有建设周期长、资金投入大、项目地点分散、专业多、参与方多、流动性强等特点。近年来，建筑业在快速发展的同时，仍然存在生产方式粗放、生产效率低、科技创新不足等问题。建筑高速发展的现状与相对落后的管理和生产水平之间的矛盾日益突出。具体到建筑的施工阶段来讲，主要问题包括资源浪费（支模架、模板材料投入大，周转利用率低，劳动力投入量大）；环境污染严重（现场产生大量扬尘、噪声、污水、建筑残余垃圾）；安全保证差（没有健全的安全管理制度和监督，现场存在安全隐患，事故多发）；工作效率低（机械化、自动化程度低，施工中使用人工量大，相对收入不高）。

近年来，以装配式建筑为代表，建筑向工业化、精细化方向转型已成为建筑业发展的大势所趋。在新时代科技进步的引领下，建筑业开始以新型建筑工业化为核心，以信息化手段为有效支撑，通过绿色化、工业化和信息化的"三化"深度融合，对建筑全产业链进行更新、改造和升级，通过技术创新与管理创新，带领建筑企业与人员能力的提升，推动建筑全过程、全要素、全参与方的升级，将建筑业提升至现代工业化水平。具体到施工阶段，就是大量应用智能化设备，虚拟化的全过程建造仿真模拟，精细化的全要素管理等，为传统施工向智能施工的转变提供合理路径。

1. 数字施工

数字施工是智能施工的基础，数字施工是指利用BIM技术、云计算、大数据、物联网、人工智能、5G通信技术、移动技术、增强现实(Augmented Reality，AR)技术、虚拟现实(Virtual Reality，VR)技术、区块链等新型的信息技术，围绕施工的全过程、全要素、全参与方进行数字化而形成的建造模式。

数字孪生技术是充分利用物理模型、传感器更新、运行历史等数据，集成多学科、多物理量、多尺度、多概率的仿真过程，在虚拟空间中完成映射，从而反映相对应的实体的全生命周期过程。

在施工领域，虽然数字孪生技术不够完善，尚处在早期摸索阶段，但是发展迅速。在当前技术环境下，通过数字技术的融合集成应用，可以构建"人、机、料、法、环"等全面互联的新型数字虚拟建造模式，在数字空间再造一个与之对应的"数字虚拟模型"，与实体施工全过程、全要素、全参与方一一对应，通过虚拟交互反馈、数据融合分析与决策，实现施工工艺、技法的优化，以及管理、决策能力的提升。虽然当前数字孪生技术还需要进行深入研究，但其在行业中已经开始得到一些基础性的应用，并产生了一定的经济和社会效益。

2. 智能施工

智能施工是指在工程建设过程中，运用信息化技术方法和手段、最大限度地实现项目自动化、智慧化的工程活动。这是一种新兴的工程建造模式，是建立在高度的信息化、工业化和社会化的基础上的一种信息融合、全面物联、协同运作的工程建造模式。

智能施工意味着实现高质量施工、安全施工及高效施工。通过先进的科学技术，减少施工现场的施工人员，提高工程建设施工质量，减少施工造成的污染和垃圾排放等，对施工现场的"人、机、料、法、环"五大要素实现智能化管理，例如基于BIM的虚拟施工、BIM和室内定位技术的质量管理、"互联网＋"工地管理、基于物联网技术的施工机械及人员管理等。

在实现智能施工的同时，需要建设智慧工地，智慧工地支持人和物的全面感知、施工技术全面管理、工作互联互通、信息协同共享、决策科学分析、风险智慧预控，围绕"人、机、料、法、环"，运用BIM、物联网、云计算、大数据、移动通信和智慧设备等信息技术，全面提升工地施工的生产效率、管理效率和决策能力。在工程项目的建造阶段，通过BIM、物联网等新兴信息技术的支撑，实现工程现场施工的智能测绘、施工管理智能化及建造方式智能化。

1.1.4　智能运维

运维管理是一门新兴的交叉学科，运维管理也称为设施管理。在土木工程中，其本质就是对建筑物内的设备进行管理。运维管理是一门不断发展的学科，随着各类新技术的不断发展，运维管理技术也在逐渐发展完善。运维管理的定义是"以保持业务空间高品质地生活和提高投资效益为目的，以新技术对人类的生活环境进行有效规划、整备和维护管理的工作"。这句话也可以作为运维管理的目标，它可以作如下概括：① 将物质的工作场所与人和机构的工作任务结合起来；② 综合了工商管理、建筑、行为科学和工程技术的基本原理。

在建筑中，需要进行运维管理的设备很多。例如，国际设施管理协会(IFMA)最初定义的运维管理的对象包括八类:不动产、规划、预算、空间管理、室内规划、室内安装、建筑工程服务及建筑物的维护和运作。后来将八类规划为五类:不动产、长期规划、建筑项目、建筑物管理和办公室维护。

英国设施管理协会(BIFM)认为,运维管理是通过整合组织流程来支持和发展其协议服务,来支持组织和提高其基本活动的有效性。澳大利亚设施管理委员会(FMA)认为,运维管理是一种商业实践,它通过优化人的资产和工作环境来实现企业的商业目标。

传统的运维管理就是我们俗称的“物业管理”,在物联网通信等新技术发展起来之后,运维管理逐渐带有智能化的色彩,也就是“数字化运维”,即智能运维。

不论技术的发展程度以及各类协会对运维管理的定义如何,运维管理的本质都是对各类建筑以及其中各类设备的全生命周期管理。

1. 运维管理的涵盖范围

运维管理主要聚焦于四个方面,即设备维护管理,空间和客户管理,能源和环境管理,安全、消防和应急管理。

1) 设备维护管理

设备维护管理(Facility Maintenance Management)主要负责建筑的维护、检测、检验。一般需要专业人员制订设备的维护、管理和检查计划,目的是保证设备的安全,并有效地在建筑内操作设备,延长设备的使用生命周期,减少故障风险。在计算机诞生并大规模普及之后,计算机和其他辅助设施被应用于建筑中来进行运维管理规划,例如预订会议室或者停车场管理,除此之外,还可以用电子邮件和电话进行辅助管理。

2) 空间和客户管理

在建筑中,空间是建筑的基本单位,合理布局和安排建筑空间是每个设备能够正常运作的前提,在这个先决条件下,管理者可以提高空间的利用效率,缩短工作流程,快速处理数据,提供良好的工作环境,创造人与自然和谐相处的环境。

3) 能源和环境管理

节能环保是当今世界各国探索的课题,建筑业也不例外。在具体项目中,建筑可以通过选择一些特殊的构造及材料进行节能。在运维管理领域,可通过管理控制并实现建筑节能。

4) 安全、消防和应急管理

在物业管理中,安全始终是不可避免的课题,在技术不断创新的今天,物业管理包括安全、消防、应急管理三个目标,所有的目标都是维护公共安全,为达成这些目标,需要综合运用现代科学技术,以应对各种危及人民生命财产的突发事件,在发生事故的情况下,操作维护管理系统需要采用相应的技术保障体系。

2. 数字建筑与智能运维

数字建筑是建筑业的全新体系,是数字化运维的载体,它具有以下优势:① 有利于提供高品质产品,创新可持续运营和服务的能力;② 助力施工企业实现集约经营和精益管理,驱动企业决策智能化;③ 促进政府部门提升行业监管与服务水平。

凭借以上优势,数字建筑的发展是必然的。在数字建筑驱动建筑产品升级、产业变革与创新发展的过程中,其中重要的一项就是新运维,即智能运维,也就是前文提到的数字化运维。它的含义是,借助数字建筑的平台,把建筑升级为可感知、可分析、自动控制乃至自适应的智慧化系统和生命体的运维管理模式。

智慧运维的定义很多，例如美国智能维护系统（intelligent maintenance systems，IMS）中心在2000年率先提出了智能运维系统的概念：利用传感器对终端设备进行数据采集，然后对以Agent作为驱动内核为核心的本地智能分析软件进行驱动，实时获取当前设备在使用过程中积累的大量数据，可以将从深基坑开挖后形成的经验知识转化为设计的基础，从而形成设备闭环的全生命周期信息管理。

以上的定义涉及设备零故障运维以及生命周期信息管理等概念，但并不贴近建筑业。可见，在土木工程中的智能运维，一定要依托智能建筑的平台与框架，最终目的是实现建筑生命周期内的智慧化管理，两者相辅相成，缺一不可。

智能建筑的运维是一个独特的任务，例如在设计和施工阶段工作量大，建筑的运维往往需要几十年甚至几百年。长期以来，传统的管理模式可能会导致不同专业之间缺乏有效的合作及一些关键性的数据丢失。因此，如果有平台能妥善地管理、运行、维护、协调这些数据，就可以有效地解决这些问题，也可以利用这些数据进行数据挖掘、分析和决策。

在数字建筑的大环境下，从建筑设计、施工、交付到运维阶段，建筑的全生命周期都需要运用先进的信息化技术。广义的智能运维，通过实时感知建筑运行状态，并借助大数据驱动下的人工智能，把建筑升级为可感知、可分析、自动控制乃至自适应的智慧化系统和生命体，实现运维过程的自我优化、自我管理、自我维修，并能提供满足个性化需求的舒适健康服务。当智能运维成为现实时，建筑空间甚至可以和自行车一样进行共享，如会议室、办公设备、停车位等，将闲置资源充分利用，并连接到社会生活。

狭义的智能运维，是通过运用BIM等信息技术与运维管理系统相结合，对建筑的空间、设备资产等进行科学管理，对可能发生的灾害进行预防，降低运维成本。具体实施中，通常将物联网、云计算技术等与BIM、运营管理系统和移动终端等结合起来应用，最终实现建筑的信息管理、能源管理、安保系统管理、租户管理等。

从某种意义上来讲，智能运维所达到的目的与BIM技术应用颇为相似。BIM技术等数字建筑的技术在国内的兴起是从设计行业开始，逐渐扩展到施工阶段，其原因是BIM为设计应用提供模型，BIM建模软件比较容易上手，过程也相对简单。BIM技术的应用是为了达到在设计阶段协同各方面的目的，也是达到智能运维的一种手段。

但这一手段目前还存在一定的问题，施工阶段的BIM技术应用会比较难，主要是因为BIM涉及的领域更广，协同配合的难度更大。进一步延伸到运营管理的层面，BIM技术应用就体现得更加明显，实施困难也更大，因为运维阶段往往周期很长，涉及参与方较多且杂。市场不成熟也是BIM技术应用出现困难的重要原因之一。因此，研究和推行数字化技术在运维阶段的应用甚为关键。

1.2　全球智能建造的兴起

微课：全球智能建造的兴起

以大数据、物联网、云计算、人工智能、移动通信等为代表的新一代信息技术助力工程建造，实现转型升级的和创新发展，新技术的应用将促进建筑业的成果产出，各国都已为行业变革做好了准备，鼓励企业努力探索智能建造的技术和实践体系的建构，并出台了相关战略和计划，以推动建筑业进入数字时代。

1.2.1 美国

美国智能建造的发展侧重于建筑信息化层面的推进。美国是最早引领建筑业信息化技术发展的国家，其建筑业产业发展已经进入成熟阶段，在推动智能建筑、智能电网和BIM技术的发展和应用方面都已取得较大的进展，而这些都将成为其智能建造发展的重要组成部分和坚实基础。

进入21世纪后，美国开始使用和推广BIM技术。2002年，Autodesk公司正式提出了BIM的概念，自此之后，BIM被广泛传播，美国各大软件公司相继推出了BIM的设计、分析、模拟建造的软件。从2007年开始，美国就要求大型招标项目必须提交3D BIM信息模型，随后相继出版了美国国家BIM应用标准第一版和BIM应用手册第二版，第一版主要侧重于建立BIM理论体系和BIM标准的规范，第二版则侧重于BIM在各建筑阶段的具体应用，为BIM技术在工程建设全生命周期的发展和应用指明了方向。后来，美国建筑师协会于2008年提出了全面以BIM为主整合各项作业流程，使美国在BIM国际标准制定、基础软件研发等领域均处于世界领先地位。

美国将"智能化"的战略部署重点放在智慧城市、基础设施战略方向的人工智能。在智慧城市方面，2009年1月IBM正式向美国政府提出"智慧地球"概念，建议投资建设新一代智能型信息基础设施，随后，美国政府在其经济复兴计划中首次描述了智慧城市的概念。之后，美国联邦政府发动美国国家科学基金会、国家标准与技术研究院、国土安全局、交通部、能源部、商务部等多个部门，在智慧城市的基础设施建设研究和实施国家优先领域的新解决方案两个方面投入资金并开展工作。2007年，美国政府又提出了打造安全绿色与耐久性建筑产品，建造过程经济效益和可持续性的同步发展，人工智能与建筑行业融合技术研发的发展规划。2018年2月，美国政府提出拟在10年内投入2000亿美元刺激2万亿美元的国内基础设施投资，以期实现美国基础设施现代化、带动经济增长和降低失业率等目标，从而加强美国的国际竞争力。这一政策不仅是对老旧基础设施进行简单的修缮更新，还更加关注工程领域的科技创新和可持续发展，深刻影响未来10年乃至更长远时期内美国基础设施的提升和工程建造领域的发展。

1.2.2 英国

英国近十年来在建筑业持续发力，2011年5月，英国政府提出要重视装配式建筑构件生产标准化和建筑信息模型使用标准化。次年，英国实现了BIM技术在设计、施工信息与运营阶段的资产管理信息的高度协同，并在多个部门确立试点项目，运用3D BIM技术来协同交付项目。

2013年，为巩固英国建筑业在全球的领先地位，英国政府正式提出"Construction 2025"国家战略，从智能化水平、从业人员素质、可持续发展、带动经济增长和领导力等五个方面提出英国建造 2025 愿景。同时,设立了包含政、企、研三方的建设领导委员会进行落地实施,并在英国首次提出了“智能建造”的概念,认为应该在建筑设计、施工和运营等阶段,充分利用数字技术和工业化制造技术来提高生产力和降低建造成本,并强调在技术方面要提升英国智能建筑和数字化设计水平,以及在产业链培育方面要推动智能建造供应链建设。该战略的提出标志着英国建造正式朝智能化方向迈进。

在英国政府发布的《政府建设战略 2016—2020》中,设置了推动智能采购和提升数字技术在内的新的战略目标,以持续推动英国建筑转型升级。2015 年,英国政府推出了《数字建造英伦》计划,拟在未来 10 年中将 BIM 与物联网、大数据等相结合,降低建设成本和提升运营效率,并明确了包括发展智能技术和大数据集成在内的七个方面的实施计划,该计划说明英国在智能建造领域正引领全球方向。英国数字建筑中心在 2018 年发布了《年度报告:迈向数字化英国建筑》,回顾了英国在智能建造方面取得的进展,并制定了未来的发展规划。2019 年发布的《英国数字建筑能力框架和研究议程》则明确了英国在数字建造领域所需具备的新知识、技能或能力,从而实现数字化英国战略。

1.2.3 德国

德国拥有先进的工业化技术与产业链,从建筑产品的设计到施工,再到运维都已实现机器标准化作业与管理,为其建筑行业迈向信息化和智能化的时代奠定了基础,也为各国智能建造提供了一种模式。作为建筑工业化的诞生地和最早倡导者之一,德国的建筑工业化受到制造业标准化思想的启蒙,于 19 世纪 40 年代率先提出利用模块化的产品进行建筑形式的组装。1845 年,德国弗兰兹发明了人造石楼梯,以及德国的第一个预制混凝土构件,标志着德国开启装配式建筑的道路。

德国在工业 4.0 战略的引领下,掀起了第四次工业革命的浪潮,旨在推动工程建造领域的变革。德国提出的“工业互联网”概念,倡导将人、数据和机器连接起来,形成开放的全球化工业网络,其内涵已经超越制造过程及制造本身,跨越了产品生命周期的整个价值链,甚至跨越行业。2014 年,德国建筑行业协会提出德国建筑业应在 BIM 应用和其他数字技术的创新中发挥积极作用。随后,德国政府交通和数字基础设施部在 2015 年正式发布了由德国 BIM 工作组制定的《数字化设计与建造发展路线图》,详细描述了德国建筑业迈向数字化设计、施工和运维的发展路径,提出要通过应用 BIM 技术来降低工程风险和提升项目效率,不断优化工程建造全生命周期成本管控,防止出现延误工期和超预算现象。

1.2.4 日本

日本对于智能建造的推动政策基于日本信息化的发展,最早源自 20 世纪 90 年代,日本逐步确立了 IT 立国的战略,2001 年制定并开始实施“e-Japan 战略”。该战略的核心目标是促进信息化基础设施建设以及相关技术的研发,为信息化的发展打下坚实的物质基础,2004 年又出台了“u-Japan 战略”,通过进一步加强官、产、学、研的有机联合,实现所有人与人、物与物、人与物之间的连接。2009 年，在实现了“u-Japan 战略”后，又推动“i-Japan 战略”的进一步落实，推广基于数字技术“新的行政改革”，大幅提高公众办事的便利性，努力实现行政事务的简单化、效率化和标准化，从而实现行政事务的可视化。从“e-Japan 战略”到“u-Japan 战略”，再到“i-Japan 战略”，标志着日本信息化战略的发展，也为智能建造的发展奠定了技术基础。

2015 年 6 月，日本内阁会议通过了新的《日本再兴战略》，明确提出要以物联网(Internet of Things，IoT)、大数据、人工智能(Artificial Intelligence，AI)推进以人为本的“生产力革命”。为此，日本国土交通省开始在建设工地实施建设工地的生产力革命，即在建筑现场导入 ICT 技术，ICT 即通过情报通信技术将计算机、网络等新技术引入建筑现场。在施工现场，项目采用无人机等进行三次元测量，采用 ICT 控制机械进行施工，以实现高速且高品质的建筑作业；施工现场由于尺寸、作业方式的不同，施工要求也不同，与技术统合进行数据分析，将施工现场的规格标准化，以实现最大效率；项目采用更加先进的计划管理系统，使施工周期标准化，同时分散周期排序，较少繁忙期和闲散期。

1.2.5 中国

中国的智能建造是在建筑工业化、建筑信息化的基础之上发展起来的。2000 年，中国政府提出：“大力推进国民经济和社会信息化，是覆盖现代化建设全局的战略举措。以信息化带动工业化，发挥后发优势，实现社会生产力的跨越式发展。”推进国民经济和社会信息化，是国家发展战略的重要内容。

除了 BIM 技术，新一代信息技术如物联网、3D 打印、人工智能、三维激光扫描等技术也不断与建筑业融合，为智能建造添砖加瓦。2012 年，我国开始将物联网技术引入建筑行业，以实现建筑物与部品构件、人与物、物与物之间的信息交互。2015 年 7 月，我国明确将“互联网＋人工智能”列为重点行动之一。2017 年，我国人工智能核心产业规模占比超过 15%。人工智能技术在我国建筑业的应用不断增强，在建筑规划中结合运筹学和逻辑学进行施工现场管理，在建筑结构中利用人工神经网络进行结构健康监测，在施工过程中应用人工智能机械手臂进行结构安装，以及在工程管理中利用人工智能系统对项目全生命周期进行管理。

随着建筑工业化、建筑信息化进程不断加快，以及新兴技术的不断发展，建筑业开始探索一种新兴的工程建造模式——建立在信息化、工业化的高度互联、深度融合的智能建造模式。考虑到建筑业与制造业在产品建造模式上具有趋同性，我国政府借鉴德国的“工业 4.0”，于 2014 年提出了“中国制造 2025”的行动纲领，力求通过新型工业化，让数字经济和实体经济结合，从而提升我国的综合实力。而在我国工业化的另一个重要优势——“中国建造”上，政府提出结合当前的数字经济发展态势，按照“两化深度融合”的思路，全面提升我国的建造水平。

自此，智能建造也开始引起了国内学术界的广泛关注，许多学者基于智能建造开展研究，相关的学术会议不断出现，为我国智能建造的发展奠定了理论基础。2010 年以来，很多学者开始阐述智能建造，中国工程院院士丁烈云指出，智能建造即数字技术与工程建造系统深度融合而形成的工程建造创新发展模式，其技术的基础是融合数字化、网络化、智能化与工程建造。此外，关于智能建造的组织也陆续出现，如一些地方协会成立的分会，全国性协会下属的专业委员会等。

智能建造作为一种建立在高度工业化、数字化、信息化上的互联互通、智能高效的可持续建造模式，是建筑业发展过程中必然要经历的重要发展阶段，是工程建造向着更加智能、精益、绿色的方向发展，以期实现建造过程全生命周期的智能建设，推动建筑业转型升级、提质增效，深化建筑业供给侧结构性改革。随着物联网、云计算、大数据、人工智能等新一代信息技术和实体经济的深度融合，智慧城市进入发展黄金期，智能建筑行业也迎来新的发展机遇。

1.3 智能建造的发展趋势

随着计算机、网络技术的发展，建筑设计将趋近于一种基于算法的智能设计，在建造设计阶段，设计师的双手将被进一步解放出来，越来越强调对创意、审美和人文内涵的决策能力。智能设计的另外一种趋势是建筑设计机器人，即计算机自主化地模拟人类的思维和行动，提升计算机的智能水平，从而使计算机更好地承担起设计过程中的各种复杂任务，通过机器学习洞察、掌握设计师的行为，进一步强化设计师与机器人的合作创意设计关系，甚至摆脱人的参与，设计成果将以完全数字化、智慧化的形式存在，需要指出的是，建筑设计是一项高度复合且具有高度创造性的工作。虽然随着科学技术的不断进步，计算机在建筑设计中能发挥的功能和作用日益增强，但计算机始终是设计师创意的“帮手”和“实施者”，而非“创造者”和“决策者”。设计师的个人主观能动性始终是建筑设计的主要推动力。

智能施工是建筑业发展的必然趋势，面对数字化技术带给行业的变革时机，建筑业通过借鉴工业智能制造的先进技术思路和方法，积极探索实施绿色化、工业化和信息化三位一体协调融合发展的数字化之路，必将从根本上加快我国智能施工的快速发展。

虚拟建造本身是一门新兴学科，其核心与关键技术包括虚拟现实技术、仿真技术、建模技术和优化技术。在工程施工前对施工全过程进行仿真模拟，包括结构施工过程力学仿真、施工工艺模拟、虚拟建造系统建设等方面，并在施工过程中采用有效的手段实时监测和评估其安全状况，可以很好地动态分析、优化和控制整个过程。与此同时，基于虚拟建造技术，在施工前通过大量的计算机模拟和评估，充分暴露出施工过程中可能会出现的各种问题，并有针对性地经过优化方案加以解决，为施工方案的确定和调整提供依据，可以实现施工建造的综合效益最优。

虚拟建造技术在建筑施工中的应用是一个巨大而繁重的系统性工程，局限于虚拟建造技术的发展水平、技术程度和成本问题，以及建筑业发展的限制，虚拟建造技术尚未形成体系，但从长远来看，虚拟化必将是数字建造发展的趋势之一。虚拟建造技术在建筑业的应用与发展将显著提高建筑业生产力水平，从根本上改变现行的施工模式，对建筑业的发展产生深远的影响。

数字化施工发展的必然趋势是智能化。充分利用信息化技术,可以实现工程建造过程的智能化。例如,在工程施工过程中引进建筑机器人,其工作基本模式是通过与设计信息(特别是 BIM)集成,对接设计几何信息与机器人加工运动方式和轨迹,实现机器人预制加工指令的转译与输出,可以大大提高工效、保证质量和降低成本。再比如,施工便携式智能穿戴设备将成为建筑工人的重要装备,其通过借助软件支持及数据交互,云端交互来实现强大的功能,与施工环境紧密结合,给建筑施工方式带来很大的变化。除此之外,具有接入互联网能力的智能终端设备,通过搭载各种操作系统应用于施工过程,可根据用户需求定制各种功能,实现实时查阅图纸、施工方案,三维展示设计模型,辅助安全质量管理等功能,使施工管理水平显著提升。

产业化是智能施工发展的趋势之一,基于数字化与工业化融合发展概念,集成建筑部品部件的设计流程、工艺规划流程、制造流程等,在工厂里实现建筑部品部件的仿真、分析、实验、优化、生产加工、检测等一体化流水制造,并逐步往上、下游延伸,构建智能建造产业链,使智能建造的各个环节均达到数字化、精细化、标准化、模块化,可以从整体上很好地解决智能施工过程中的各种问题,实现综合最优。

智能施工涉及结构、环境、机械、电子工程、暖通、给水排水等多个学科领域,从收到用户需求,到完成设计方案和交底给施工单位进行施工建造,再到项目运行维护管理,业主、设计单位、施工单位、监理单位、供应商等不同单位或部门都不同程度地参与其中。在此过程中,资源整合问题、沟通理解程度、工作协调效率、工作标准问题在很大程度上影响和制约工程建造的效率和质量。

智能施工是一门跨专业、跨部门的技术体系,智能施工的发展需要社会各个行业的通力合作,呈现出协同化的发展趋势,在发展模式方面,需要有决策层的重视,通过强化顶层设计、整合与共享各类资源,统一质量标准体系,统一工作流程;在技术创新方面,需要充分发挥和利用信息技术的科学计算优势,从环境适用性、材料性能、结构功能属性出发,面向共性和个性用户需求,对建筑安全生命周期的各类信息进行分析、规范、重组、融合。

对于智能运维的发展而言,从最开始的缺少运维管理,到建筑采用传统的运维模式,再到逐步发展出智能建筑的数字化运维模式,运维从诞生到结合新技术、新理念逐步发展,主要经历了三个阶段,分别为纸质化的传统运维、基于信息系统的信息化运维、三维可视化的智能运维。

1. 纸质化的传统运维

该阶段采用人工操作,利用手工记录各个阶段,如设备和机房的各类配置信息。运维信息采用大量的表格、文档进行记录,自动化程度低,建筑管理需要大量的人力,且依赖人工的专业技能、责任心和工程管理经验。传统的运维模式,在现代逐步增加的设备数量面前暴露出问题。当发生工程人员流动,以及设备老化等运维管理中必然出现的情况时,就会导致大多数建筑存在运行品质难以维持,安全隐患难以发现、设备资产价值流失等问题。

2. 信息化运维管理

该阶段依托信息化设备平台,设备管理人员建立统一的资源、配置和监控平台进行管理,大大减少表格和文档的数量,同时引入远程操作技术手段,例如集中管理、带外管理等,目前大多数成熟的建筑运维管理都处于该阶段。相对于纸质化的运维管理阶段,本阶段大大提高了管理效率，也提高了建筑工程资料和信息的管理能力，是实现数字化运维的基础，但仍然存在问题，需要依赖人员的技术能力和经验，故难以达到标准化、规范化和精细化的管理效果。

3. 三维可视化的智能运维

该阶段将主流的新技术、如人工智能、物联网和机器人等，应用于设备和机房的智能运维管理，针对具体的运维场景，通过技术或者算法与行业特性相结合，形成具体的智能运维方案，大大降低人为成本，实现精细化运维的目标。

三个运维管理的发展阶段，从人员全手工操作的第一阶段，到集中进行平台信息化管理的第二阶段，可以看作纸质的文档信息化，操作放置到统一平台，例如通过网络等进行管理，其本质并未改变。而从第二阶段到智能化的第三阶段，通过各种新技术，原先在第二阶段的数据到了第三阶段会变成可视化的三维模型，需要人工预测的情况在第三阶段通过大数据等技术的分析可以进行智能预测，并给出合理的解决方案。可见，在三个阶段变化的现象中，如果从表面现象进行观察，无非就是采用新技术与减少人为操作，而在本质上则是运维管理的立体化，由传统模式真正地演变为智能化、设施与设备、设备与人之间真正的信息化。

本 章 小 结

建筑业是我国国民经济的重要支柱性产业，但建筑业因其碎片化、粗放式、劳动密集型发展模式，距离行业高质量发展的要求有一定距离。新一轮科技革命为产业革命与升级提供了历史性机遇。我国建筑业迫切需要制定工业化与信息化相融合的智能建造发展战略，将建筑业的发展模式向精细型、集成化和技术密集型转变。

【任务思考】

复习思考题

一、单选题

1. 建筑业是我国国民经济的(　　)产业。

A. 支柱性　　B. 配套性　　C. 辅助性　　D. 边缘性

2. 2012 年,我国开始将(　　)引入建筑行业,以实现建筑物与部品部件、人与物、物与物之间的信息交互。

A. BIM　　B. 物联网　　C. RFID　　D. 大数据

二、多选题

1. 一般而言,运维管理主要聚焦在(　　)方面。

A. 设备维护管理　　B. 空间和客户管理

C. 能源和环境的管理,安全、消防　　D. 应急管理

E. 设计管理

2. 智能建造内涵中的"三化"指的是(　　)。

A. 数字化　　B. 网络化　　C. 分散化

D. 智能化　　E. 便捷化

三、问答题

1. 简述智能建造的概念。

2. 简述智能建造包含的内容。

3．简述智能建造的发展趋势。

____

____

____

____

____

____

____

第2单元 智能建造关键技术

单元知识导航

【思维导图】

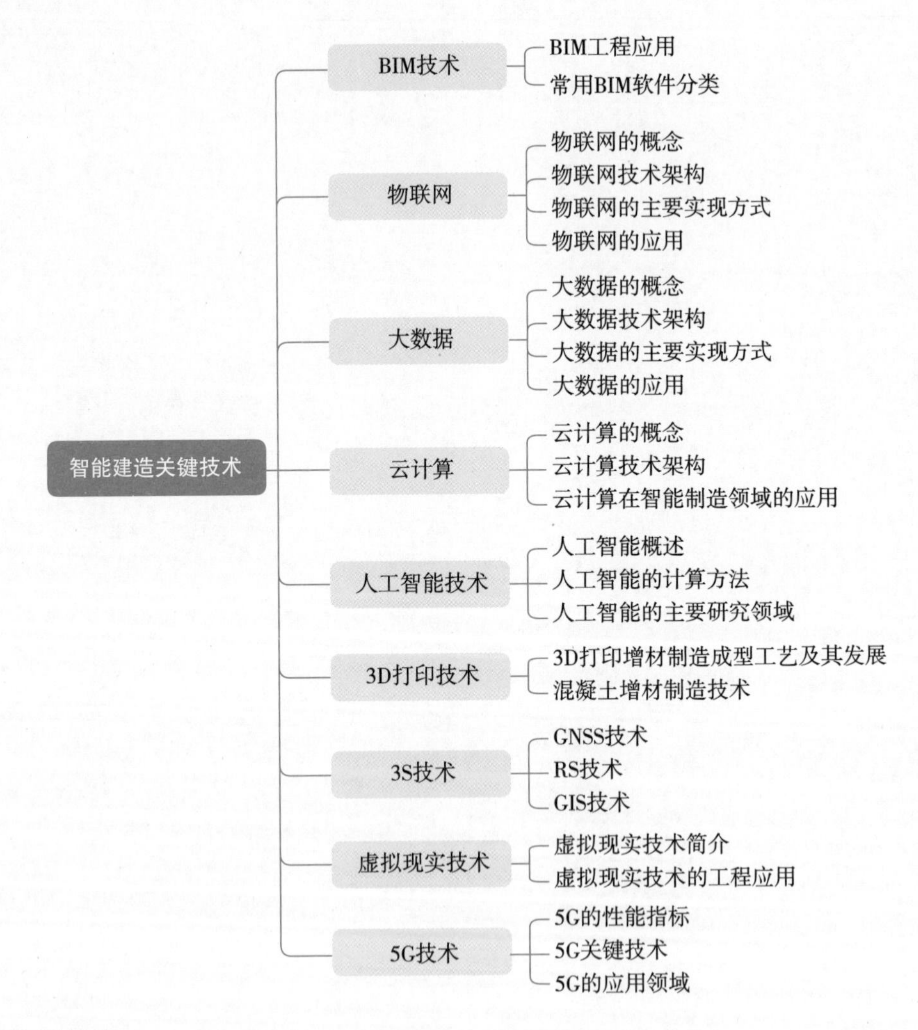

【学习目标】

1. 知识目标

(1) 掌握 BIM 的工程应用。

(2) 熟悉常用的BIM软件。

(3) 掌握VR技术的概念。

(4) 理解VR技术的特性。

(5) 了解VR技术的组成。

(6) 熟悉VR技术的工程应用。

(7) 了解人工智能技术的发展历史、分类、计算方法、研究领域。

(8) 了解材料制造发展、3D打印增材制造成型工艺及其发展和混凝土增材制造技术。

2. 技能目标

(1) 具备较好的对新技术与知识进行学习的能力。

(2) 具备利用互联网检索信息的能力。

(3) 具备利用互联网检索信息的能力。

(4) 熟悉部分智能算法在建筑施工中的应用。

(5) 熟悉目前全世界建筑行业3D打印的发展水平和应用案例。

3. 素养目标

(1) 培养自力更生的自主创新意识。

(2) 提升爱岗敬业的奉献精神。

【学习重难点】

(1) BIM的工程应用。

(2) VR技术的概念。

(3) VR技术的特性。

(4) 人工智能研究领域的机器人和人机智能融合。

(5) 混凝土增材制造技术,不同公司应用不同工艺实现建筑行业的3D打印技术,各自的优缺点。

2.1 BIM技术

微课:BIM技术

2.1.1 BIM工程应用

1. 规划与设计阶段应用

BIM技术在规划与设计阶段,可与地理信息系统(Geographic Information System, GIS)数字化、开放式平台、可视化规划评审、城市规划辅助决策等应用系统一起打造规划信息化架构体系,可以从概念设计开始,全程参与规划设计的整个过程,可使建筑、结构、给排水、暖通、电气等各个专业基于同一个模型进行工作,避免产生“信息黑洞”,提高项目设计效率。BIM在规划与设计阶段的应用主要包括建模出图、协同设计、可视化应用、性能化分析等方面。

2. 招投标阶段应用

BIM 招投标是以 BIM 模型为基础，集成进度、商务报价等信息，动态可视化呈现评标专家关注的评审点，从而提高标书评审质量和评审效率，帮助招标人选择最优中标人的招投标方法。

1）BIM 在招标阶段的应用

在招标阶段，BIM 应用主要包括招标策划和精准算量两方面。

在 BIM 中，编制招标策划有对应的沙盘操作执行软件，只需输入项目基本信息，确定招标条件、招标方式，系统便会给出招标计划的大致框架。选取所需的计划流程后，确定每一项工作的具体时间时，系统都会给出规定的上、下限范围，一旦输错，马上提示，从而降低了对工作人员的经验要求，大大提高了效率。

对于项目招标文件而言，应用 BIM 技术后，系统会自动计算工程量清单，这会对传统清单编制法产生冲击，无论是工程量还是工程计价，有效避免了工程造价的恶意提高、不正当行为等问题。在招标前及招标过程中，对建设项目工程量进行统计，可实现双方利益双赢。

2）BIM 在投标阶段的应用

BIM 技术在投标阶段的应用主要包括商务标编制辅助与技术标编制辅助两方面。

在编制商务标时，利用 BIM 数据库，结合相关软件整理数据，通过核算人、材、机用量，可分析施工环境和施工难点，结合施工单位的实际施工能力，综合判断选择项目投标，做好标前评价，快速应对。同时，BIM 模型可以存储大量数据，既可直接为投标人员给出精准工程量数据，还可以提供造价编制所需的构件信息，如尺寸、材质、厂家、价格等，有助于投标人员快速地获取相关资料，为劳务、材料、机械等的对比选择节省更多时间，让报价更加科学合理，让施工质量更有保障。

在编制技术标时，可以通过 BIM 进行投标方案演示、施工方案与工艺表现、施工场地布置、施工进度四维（four-dimensional，4D）模拟、资源优化与资金计划等，从而具象化投标内容，提高中标概率。

3. 施工阶段应用

1）深化设计

基于 BIM 的深化设计一般分为两类：一类是专业性深化设计，主要包括土建结构深化设计、钢结构深化设计、幕墙深化设计、电梯深化设计、机电各专业深化设计、冰蓄冷系统深化设计、机械停车库深化设计、精装修深化设计、景观绿化深化设计；另一类是综合性深化设计，是对各专业深化设计初步成果进行集成、协调、修订与校核，并形成综合平面图、综合管线图。这需要与各专业图纸协调一致，应该在建设单位提供的总体 BIM 模型上进行。

2）进度管理

应用 BIM 技术能够建立 4D 施工模拟，对施工工序和工艺在施工前进行模拟，验证施工工序和工艺的可行性。利用 BIM 技术进行模拟，施工企业可以看到施工过程中存在的问题，然后对其中出现问题的部分进行调整，调整后，再次进行施工模拟。利用这种方式，可以不断优化施工工艺和工序，避免因实际施工过程中出现问题而导致施工进度和质量出现问题。BIM 技术还能够对在复杂地形地区内存在多种基础的建筑工程进行模拟，也能够通过模拟调整各个基础之间的位置关系。

3）成本管理

基于BIM技术的成本控制具有快速、准确、分析能力强等优点，可以基于BIM的实际成本数据库，建立成本的5D(3D实体模型、时间、造价)关系数据库，让实际成本数据及时进入五维(five-dimensional，5D)关系数据库，实时获取成本汇总等。随着项目的进展，一些实际消耗量与定额消耗量会有所差异，这时要及时调整实际成本数据，动态维护实际成本BIM，大幅减少一次性工作量，以利于保证数据的准确性。

4）质量管理

基于BIM的工程项目质量管理包括产品质量管理及技术质量管理。产品质量管理主要通过软件平台快速查找某材料或构件的信息，如材质、尺寸要求等，并根据BIM设计模型对现场施工作业产品进行追踪、记录、分析，掌握现场施工的不确定因素，避免出现不良后果，便于监控施工质量。技术质量管理则是通过BIM软件平台动态模拟施工技术流程，再由施工人员按照仿真施工流程施工，确保施工技术信息的传递不出现偏差，避免出现实际做法和计划做法不一样的情况，减少不可预见情况的发生，监控施工质量。

5）安全管理

基于BIM的管理模式采用的是创建信息、管理信息、共享信息的数字化方式，具有数据准确、透明、共享的优势，能对资金进行安全的短周期全过程控制，如成本测算、招投标、签证、支付等全过程造价管理，并对相应的施工合同、支付凭证、施工变更等工程附件进行管理。BIM数据模型可以保证各项目的动态数据，便于统计、追溯各个项目的现金流和资金状况。基于BIM的4D虚拟建造技术，能提前发现施工阶段可能出现的问题，提前做出改进，并逐一制订相应措施。BIM技术能对安全隐患及突发事件进行及时应变和处理，降低损失，快速掌握建筑物的运营情况。

4. 运维阶段应用

1）运营维护

BIM模型结合运营维护管理系统，可以充分发挥空间定位和数据记录的优势，合理制订维护计划。分配专人专项维护工作，以降低建筑物在使用过程中出现突发状况的概率。对一些重要设备，还可以跟踪维护工作的历史记录，以便对设备的适用状态提前做出判断。

2）资产管理

BIM模型中包含的大量建筑信息能够导入资产管理系统，大大减少了系统初始化在数据准备方面的时间及人力投入。另外，由于传统的资产管理系统本身无法准确定位资产位置，通过BIM结合RFID技术的资产标签芯片，还可以使资产在建筑物中的定位及相关参数信息一目了然，实现快速查询。

3）空间管理

BIM不仅可以用于有效管理建筑设施及资产等资源，也可以帮助管理团队记录空间的使用情况，处理最终用户要求空间变更的请求，分析现有空间的使用情况，合理分配建筑物空间，确保空间资源的最大利用率。

4）建筑系统分析

BIM模型结合专业的建筑物系统分析软件，避免了重复建立模型和采集系统参数。

通过使用 BIM，可以验证建筑物是否按照特定的设计规定和可持续标准建造，通过这些分析模拟，最终确定、修改系统参数甚至系统改造计划，以提高整个建筑的性能。

5）灾害应急模拟

利用 BIM 及相应的灾害分析模拟软件，可以在灾害发生前模拟灾害发生的过程，分析灾害发生的原因，制订避免灾害发生的措施，以及发生灾害后人员疏散、救援支持的应急预案。当灾害发生后，BIM 模型可以提供救援人员紧急状况点的完整信息，这将有效提高对突发状况的应对。另外，楼宇自动化系统能及时获取建筑物及设备的状态信息。通过 BIM 和楼宇自动化系统的结合，BIM 模型能清晰地呈现出建筑物内部紧急状况的位置以及到达紧急状况点最合适的路线，救援人员可以由此进行正确的现场处置，提高应急行动的成效。

2.1.2 常用 BIM 软件分类

人们已经认识到，在 BIM 的应用中，没有一种 BIM 软件可以覆盖建筑的全生命周期，必须根据不同的应用阶段采用不同的软件。BIM 不是一类软件，并且每一类软件的选择也不止一个产品，因此，要充分发挥 BIM 的价值，为项目创造效益，涉及常用的 BIM 软件数量常达到十几个到几十个不等。

常用于 BIM 全生命周期应用的 BIM 相关软件见表 2-1。

表 2-1　BIM 全生命周期不同阶段的常用软件

阶段	应用	软件
项目前期策划阶段	数据采集	ArcGIS、AutoCAD、Civil3D、理政系列软件
	投资估算	Revit、品茗算量系列、鲁班算量系列
	阶段规划	SAGE、VICOsuite、品茗算量系列
设计阶段	场地分析	ArcGIS、Bentley Map
	设计方案论证	Autodesk Navisworks、斯维尔系列
	设计建模	Revit、Bentley 系列、品茗系列、广联达建模系列
	结构分析	Tekla、Bentley 系列
	建筑性能分析	Ecotect、Green Building Studio、PKPM
施工阶段	3D 视图及协调	Revit、Navisworks、品茗 BIM5D
	数字化建造与预制件加工	Revit、Navisworks、Tekla
	施工场地规划	Navisworks、品茗施工策划软件
	施工流程模拟	Project wise、品茗智绘进度计划软件
运营阶段	维护计划	AiM、ArchiFM、AichiBUS
	资产管理	AiM、ArchiFM
	空间管理	Innovaya Suite

2.2　物联网

2.2.1　物联网的概念

物联网又称为泛互联，即万物相连的互联网，是在互联网基础上，将各种信息传感设备与网络结合起来而形成的一个巨大网络，可使人、机、物在任何时间、任何地点实现互联互通。

物联网是新一代信息技术的重要组成部分，其核心和基础仍然是互联网，是在互联网基础上的延伸和扩展，通过射频识别器、红外感应器、全球定位系统、激光扫描器等信息传感设备，按约定的协议把任何物品与互联网相连接，进行信息交换和通信，以实现对物品的智能化识别、定位、跟踪、监控和管理。

2.2.2　物联网技术架构

物联网的形式多种多样，而且技术复杂。依照信息生成、传输、处理和应用的原则，一般把物联网技术架构分成四层：感知层、网络层、服务层和应用层，如图 2-1 所示。

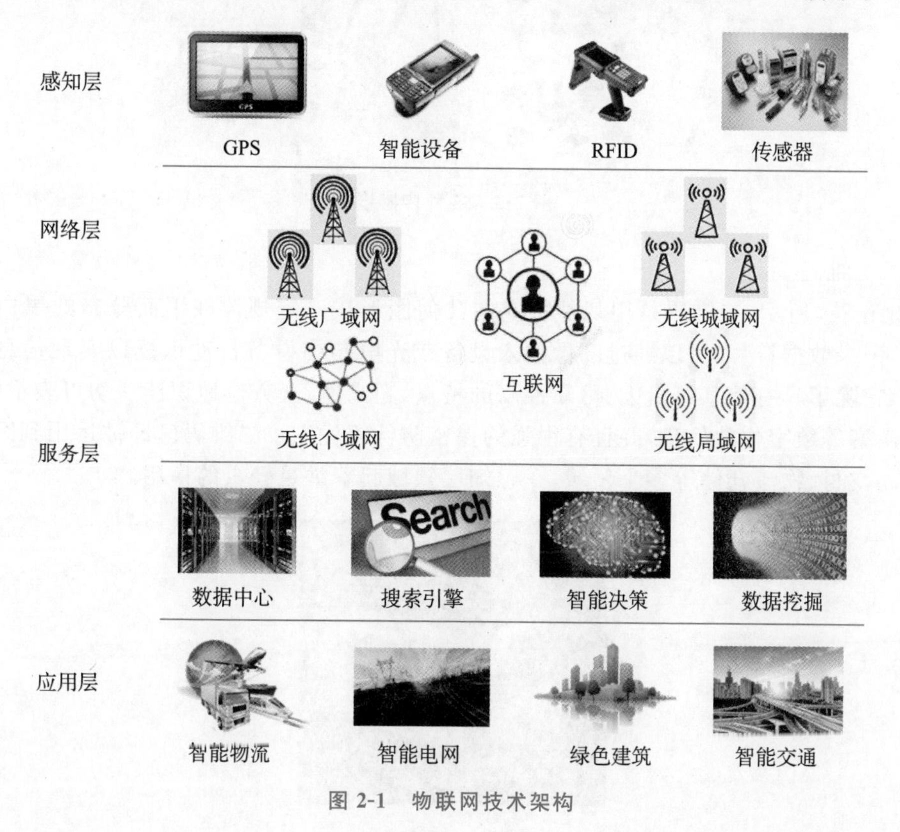

图 2-1　物联网技术架构

1. 感知层

感知层是联系物理世界和信息世界的纽带，是信息采集的关键部分。它的作用相当于人的眼、耳、鼻、皮肤等感觉器官，主要功能是识别和感知物理世界、采集信息。物联网有多种数据采集信息技术，主要包括传感器、二维码、RFID、多媒体信息采集、实时定位系统等信息自动生成技术，也包括通过各种智能电子设备来人工生成信息。各种数据采集技术的介绍如下。

1）传感器

传感器能感受规定的被测量，并按照一定的规律转换成可用信号的器件或装置，通常由敏感元件和转换元件组成。它可以对物质性质、环境状态、行为模式等信息开展大规模、长期、实时地获取。常见的传感器包括温度、湿度、压力、光电传感器等，如图 2-2 所示。由多个传感器节点组成网络，就形成了传感器网络。其中，每个传感器节点都具有传感器、微处理器以及通信单元。节点间通过通信网络组成传感器网络，共同协作来感知和采集环境或物体的准确信息。无线传感器网络是目前发展迅速、应用最广的传感器网络。

图 2-2　各种传感器

2）二维码

如图 2-3 所示，二维码是用某种特定的几何图形按一定规律在平面分布的黑白相间的图形记录数据符号，可以通过图像输入设备或光电扫描设备自动识读以实现信息自动处理。它除了具有信息容量大、可靠性高的特点，超高速、全方位地识读一切可表示汉字、图像、声音等数字化的信息，并且有很强的保密防伪等优点。二维码已经被运用到医疗医药、移动支付、物流仓储等多个领域，在感知层领域起着举足轻重的作用。

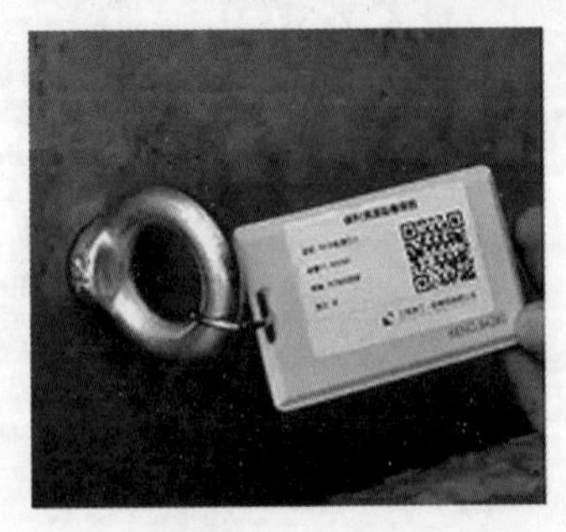

图 2-3　二维码

3）RFID 技术

RFID 技术又称为无线射频识别技术，是一种通信技术，俗称电子标签。可通过无线电信号识别特定目标，并读写相关数据，而无须在识别系统与特定目标之间建立机械或光学接触。该技术可应用于门禁管制、停车场管制、生产线自动化、物料管理等场景。

4）多媒体技术

随着笔记本电脑、平板电脑、智能手机等各类互联网电子产品的迅速普及，人们可以随时随地连接进入互联网来分享信息，这也是感知识别层的重要部分。多媒体(Multimedia)是多种媒体的综合，一般包括文本、声音和图像等多种媒体形式。利用麦克风、摄像头等设备采集声音和图像等多媒体信息，是感知识别层的重要部分。

目前有很多种定位系统，最常见的是全球卫星定位系统(Global Positioning System, GPS)。全球定位系统是一种以空中卫星为基础的高精度无线电导航的定位系统，它在全球任何地方以及近地空间都能够提供准确的地理位置、车行速度及精确的时间信息。现在世界上主要有美国 GPS、欧盟“伽利略”系统(Galileo Satellite Navigation System)、俄罗斯“格洛纳斯”系统(GLONASS)和中国北斗导航系统(BeiDou Navigation Satellite System，BDS)四大全球卫星定位系统，如图 2-4 所示。除了全球定位系统，还有蜂窝基站定位、Wi-Fi 定位、超声波定位、UWB 定位等其他定位技术。

四大全球定位系统

卫星定位示意图

图 2-4　定位系统

2. 网络层

网络层的主要作用就是把下一层的信息接入互联网，主要负责传递和处理感知层获取的信息，供上层服务使用。互联网是物联网的核心网络，处在边缘的各种无线网络则提供随时随地的网络接入服务。网络主要分为有线传输和无线传输两大类，其中无线传输是物联网的主要应用。

无线传输技术按传输距离可划分为两类：一类是局域网通信技术，包括 Zigbee、Wi-Fi、蓝牙等为代表的短距离传输技术，另一类则是广域网通信技术 LPWAN (Low-Power Wide-Area Network，低功耗广域网)。LPWAN 又可分为两类：一类是工作于未授权频谱的 LoRa、Sigfox 等技术；另一类是工作于授权频谱下，3GPP 支持的 2G/3G/

4G/5G 蜂窝通信技术，比如 eMTC(enhanced Machine Type of Communication，增强机器类通信)、NB-IoT(Narrow Band Internet of Things，窄带物联网)。

3. 服务层

服务层是物联网的信息处理和应用，面向各类应用，实现信息的存储、数据的挖掘、应用的决策等，涉及海量信息的智能处理、分布式计算、中间件、信息发现等多种技术。

由于网络层是由多种异构网络组成的，而物联网的应用是多种多样的，因此，在网络层和应用层之间需要有承上启下的中间件。中间件是一种独立的系统软件或者服务程序，能够隐藏底层网络环境的复杂性，处理网络之间的异构性，分布式应用软件借助中间件在不同的技术之间共享资源，它是分布式计算和系统集成的关键组件。它具有简化新业务开发的作用，并且可以将已有的各种技术结合成一个新的整体，因此是物联网中不可缺少的一部分。在过去的几年中，中间件都是采用面向服务的架构(Service Oriented Architecture，SOA)，通过构建在 SOA 基础上的服务，可以以一种统一和通用的方式进行交互，实现业务的灵活扩展。

云计算是物联网智能信息分析的核心要素。云计算技术的运用，使数以亿计的各类物品的实时动态管理变得可能。随着物联网应用的发展、终端数量的增长，可借助云计算处理海量信息，进行辅助决策，提升物联网信息处理能力。因此，云计算作为一种虚拟化、硬件/软件运营化的解决方案，可以为物联网提供高效的计算、存储能力，为泛在链接的物联网提供网络引擎。

从目前的物联网应用来看，都是各个行业自己建设系统，不便于多种业务的扩展，如果没有统一建设标准的物联网接入、融合的管理平台，物联网将因为各行业的差异而无法产生规模化效应，增加了使用的复杂度和成本。

4. 应用层

物联网产业链的最顶层是面向客户的各类应用。丰富的应用是物联网的最终目标，未来基于政府、企业、消费者三类群体将衍生出多样化物联网应用，创造巨大的社会价值。应根据企业业务需要，在平台层之上建立相关的物联网应用。物联网的几大应用产业是智能交通、智能家居、智慧建筑、智能安防、智能零售、智慧能源、智慧医疗、智能制造、智慧物流。

2.2.3 物联网的主要实现方式

物联网是通过各种协议来实现的。常用的协议有如下几种。

1. 可扩展消息和状态协议

可扩展消息和状态协议(Extensible Messaging and Presence Protocol, XMPP)是一种基于标准通用标记语言 XML 子集的协议，它继承了在 XML 环境中灵活的扩展性，经过扩展以后，XMPP 可以通过发送扩展的信息来处理用户的需求，以及在 XMPP 的顶端建立如内容发布系统和基于地址的服务等应用程序。此外，XMPP 包含了针对服务器端的软件协议，使之能与另一个服务器进行通话，这使得开发者更容易建立客户端应用程序，或给一个配置好的系统添加新的功能。

2. 消息队列遥测传输

消息队列遥测传输（Message Queuing Telemetry Transport，MQTT）是 IBM 公司开发的一个即时通信协议，是物联网的重要组成部分。该协议支持所有平台，几乎可以把所有联网设备都连接起来，常用作传感器和制动器的通信协议。

3. 受限制的应用协议

受限制的应用协议（Constrained Application Protocol，CoAP）是为物联网中资源受限设定的应用层协议。最近几年，专家预测会有更多的设备相互连接，而这些设数量将远超人类的数量。在这种大背景下，物联网和机器与机器对话（Machine to Machine，M2M）技术应运而生。虽然对人而言，接入互联网显得方便容易，但是那些微型设备接入互联网是非常困难的。在当前由 PC 机组成的网络世界里，信息交换是通过传输控议（Transmission Control Protocol，TCP）和超文本传输协议（Hyper Text Transfer Protocol，HTTP）实现的；但是对于小型设备而言，实现 TCP 和 HTTP 的信息交换显然是一个较高的要求。为了让小设备可以接入互联网，CoAP 应运而生。CoAP 是一种应用层协议，它运行于用户数据报协议（User Datagram Protocol，UDP）之上，但并不像 HTTP 那样运行于 TCP 之上，CoAP 非常小巧，最小的数据包仅为 4 字节。

4. HTTP-restful 架构

表现层状态转移（Representational State Transfer，REST）指的是一组架构的约束条件和原则，如果一个架构符合 REST 的约束条件和原则，则称它为 restful 架构。

restful 架构与 HTTP 之间并不能画等号，但是目前 HTTP 是一个 restful 架构相关的实例，所以通常描述的 HTTP-restful 架构就是通过 HTTP 实现的 restful 架构。

5. 家庭物联网通信协定技术

家庭物联网通信协定技术（Thread）是一种基于简化版 IPv6 的网状网络协议，该协议由行业领先的多家技术公司联合开发，旨在实现家庭中各种产品间的互联，以及与互联网和云的连接。Thread 易于安装，高度安全，并且可扩展到数百台设备。Thread 基于低成本、低功耗的 IEEE802.15.4 芯片组开发，目前正在使用的大量产品，只需一次简单的软件升级，便可支持 Thread。

2.2.4　物联网的应用

物联网技术的优势在于感知和互联，在物联网技术支持下，项目各阶段的工程信息，以及单个工程项目之间将实现互联，使用者可及时、准确地掌握和了解智慧建设过程中人员、设备、结构、资产等关键信息，实现信息的处理、聚类、分析和响应过程，提供辅助决策方案。物联网的后台技术还可以实现工程项目流程整合、虚拟化应用与调节控制、业务流程化等工作。

随着各类终端设备价格的不断降低，在建筑施工现场大规模部署物联网成为可能。不同类型的传感器从施工现场采集包括结构的应力和位移、现场的温度与空气质量以及智能施工设备的状态与能耗等实时监控数据。GPS、ZigBee 和 UWB 等物联网定位技术被用于施工人员定位与安全监控。RFID 技术被应用于预制构件供应链及装配施工全过程的跟踪与管理,并实现施工质量问题的实时监管。可穿戴设备集成了传感器、摄像头和移动定位器的功能,用以监测现场工人的工作状态并向其反馈信息。物联网技术通过实现对"人、机、料、法、环"的精确定位及在建工程产品本身的泛在感知,以支持更高效的性能评估、资源优化、风险监控共能减排和项目交付。

2.3 大数据

2.3.1 大数据的概念

随着信息系统与物联网等技术的广泛应用,数据的可获取性越来越强,大数据现象随之出现。研究机构 Gartner 将大数据作如下定义:大数据是需要新处理模式,才能具有更强的决策力、洞察发现力和流程优化能力,来适应海量、高增长率和多样化的信息资产。由于传统的数据处理工具难以有效地捕捉、管理和分析大数据资源,必须引入新的数据处理模式,为科学决策提供及时准确的洞察力。

大数据技术对于结构化数据、非结构化数据和半结构化数据进行数据采集与预处理、数据存储与管理,运用各种计算模式对数据进行分析和挖掘,从而保证大数据的隐私与安全。大数据技术在智慧建造的施工预警、健康诊断、建构等过程中都有着很大的价值。

数据的最小基本单位是 bit,按从小到大的顺序给出所有单位:bit、Byte、KB、MB、GB、TB、PB、EB、ZB、YB、BB、NB、DB。它们按照进率 1024(2^{10})来计算。

建筑工程涉及建筑物的很多方面,包含大量的数据资源,它们蕴含着丰富的信息和知识,可用于不同的决策场景。而在实际工程建设过程中,可以放置多种传感器,尽可能多地采集这些所需数据,利用大数据技术对数据进行分析和处理,挖掘数据背后的规律,从而更好地把握建筑、结构及设备等工程建设的未来方向和发展趋势,利用检测的数据可以指导工程建设、施工以及后期的维护运维等工作,大大降低工程建设成本。

大数据技术具有以下四个方面的特点。

体量大:指大数据技术的体量比较大,一般其单位是 TB 或者 PB 级别的,通常指 10TB 规模以上的数据量,远远地超出了传统数据的处理能力。

多样性:指大数据的来源比较广泛,大数据库中的数据不仅包括传统的关系数据类型,也包括以网页、视频、音频、E-mail、文档等形式存在的未加工的、半结构化的和非结构化的数据。

高速性:指处理信息的速度很快,同时能够实时地更新数据库中的信息。

价值性:大数据中的价值是指可以通过挖掘大数据中的数据来发现隐藏在数据中的有价值的信息,而这些信息的价值不能通过传统分析数据的手段来得到。

2.3.2　大数据技术架构

大数据技术的一般流程可以分为数据采集与预处理、数据存储与管理、计算模式与系统以及数据分析与挖掘，如图 2-5 所示。

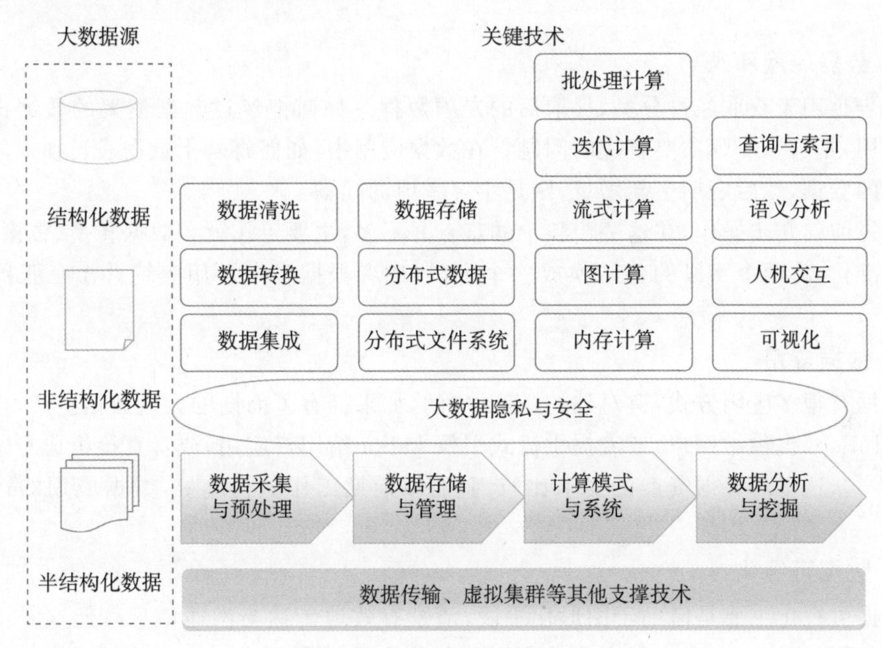

图 2-5　大数据技术架构

2.3.3　大数据的主要实现方式

大数据应用开发流程可以分为以下五个步骤。

1. 数据采集

该步骤用于获取原始数据。数据采集有线上和线下两种方式，线上一般通过爬虫抓取，或者通过已有应用系统进行采集。在这个阶段，可以做一个大数据采集平台，依托自动爬虫(使用 Python 或者 node.js 制作爬虫软件)、ETL 工具或者自定义的抽取转换引擎，从文件、数据库、网页中专项获取数据。如果这一步通过自动化系统来做的话，可以很方便地管理所有的原始数据，并且从对数据进行标签采集开始，便可以规范开发人员的工作，也可以更方便地管理目标数据源。

数据采集的难点在于多数据源，例如 MySQL、PostgreSQL、SQLServer、MongoDB、SQLlite，还有本地文件、Excel 统计文档，甚至是 DOC 文件。将它们规整、有条理地整理到大数据流程中，也是必不可缺的一环。

2. 数据汇聚

该步骤用于获取经过清洗后可用的数据。数据汇聚是大数据流程中最关键的一步，可以使数据标准化,也可以进行数据清洗与数据合并,还可以在这一步将数据存档,将确认可用的数据经过可监控流程进行整理归类,累积到了一定的量,就形成了一笔数据资产。

数据汇聚的难点在于如何使数据标准化,例如表名标准化、表的标签分类、表的用途、数据的量、是否有数据增量、数据是否可用等,因此需要下很大工夫进行整理。必要时,还要引入智能化处理方法,例如根据内容训练结果自动打标签,自动分配推荐表名、表字段名等。

3. 数据转换和映射

该步骤用于获取经过分类、提取后的专项数据。如何把经过数据汇聚的数据提供给用户使用,是这一步骤主要解决的问题。在数据应用中,如何将若干数据表转换成能够提供服务的数据,然后定期更新增量,则是主要考虑的问题。

经过前面几步操作,在这一步骤中的难点并不多,主要工作就是数据转换、数据清洗、数据标准化,将两个字段的值转换成一个字段,或者根据多个可用表统计出一张图表数据等。

4. 数据应用

数据有很多应用方式,有对外的、有对内的,如果拥有了前期的大量数据资产,可以通过 restful api 提供给用户,或者提供流式引擎 kafka 给用户应用,或者直接组成专题数据供应用户。这里对数据资产的要求比较高,所以前期工作做得越好,数据应用的途径就越多。

5. 数据可视化

数据可视化主要是借助于图形化手段,清晰有效地传达与沟通信息。但这并不意味着,数据可视化就一定因为要实现其功能而令人感到枯燥乏味,或者是为了看上去绚丽多彩而显得极端复杂。为了有效地传达思想、观念,美学形式与功能需要齐头并进,通过直观地传达关键的方面与特征,从而实现对于相当稀疏而又复杂的数据集的深入洞察。然而,设计人员往往不能很好地把握设计与功能之间的平衡,无法达到其主要目的,也就是传达与沟通信息。

2.3.4 大数据的应用

1. 基于大数据的工程招投标

目前,我国招投标过程中仍存在诸如串通投标、虚假招标等问题。而通过对工程大数据的收集、存储、分析后,既能快速核实招投标中各方的信息,预测招投标的相关情况,还能为交易决策提供强有力的数据支撑。此外,基于工程大数据,还能统计行业内的信用信息,建立招投标市场主体履约信息系统,促进工程招投标过程的公平、公正、公开。

2. 基于工程大数据的施工管理

在安全管理方面,工程项目具有一定的复杂性,传统施工项目难以对人、材、机等进行有效控制和管理,无法规避安全隐患。而通过工程大数据的采集、存储、分析等环节,可以实现有效利用上述工程因素,并对工程项目安全进行风险预控。

在进度管理方面,现阶段的施工进度计划管理难以离开现有的软件以及部分进度管理系统，基于现有软件、系统收集的进度数据，并对其进行汇集、分析，可得出影响进度的因素及工期履约情况。

在质量管理方面，依靠对工程大数据分析，施工单位能够全面掌握混凝土抗压强度、钢筋的焊接等数据，从而有效预判、管理和解决施工质量问题。

在环境管理方面，施工单位已陆续建立相关管理平台，对相关数据进行采集、存储和管理。例如，施工单位可以利用建筑废弃物监管系统，实现对现场废弃物的计量、运输、处理等环节的信息化管理，政府则能宏观地了解项目废弃物的总体排放、回收情况。

在应用中，大数据可视化则是研究如何转换数据，如何展示数据，图表只是其中的一部分，更多的工作还是对数据的分析。只有对数据和数据的应用有深刻的理解，才能开发出合适的可视化应用。

2.4 云 计 算

2.4.1 云计算的概念

云计算是分布式计算的一种，指的是通过网络“云”将巨大的数据计算处理程序分解成无数个小程序，然后通过多部服务器组成的系统处理和分析这些小程序，并将所得结果返回给用户的计算方法。早期的云计算就是简单的分布式计算，进行任务分发，并进行计算结果的合并。如图 2-6 所示，因而，云计算又称为网格计算。通过这项技术，用户可以在很短的时间内（几秒钟）完成对数以万计的数据的处理，从而实现强大的网络服务。

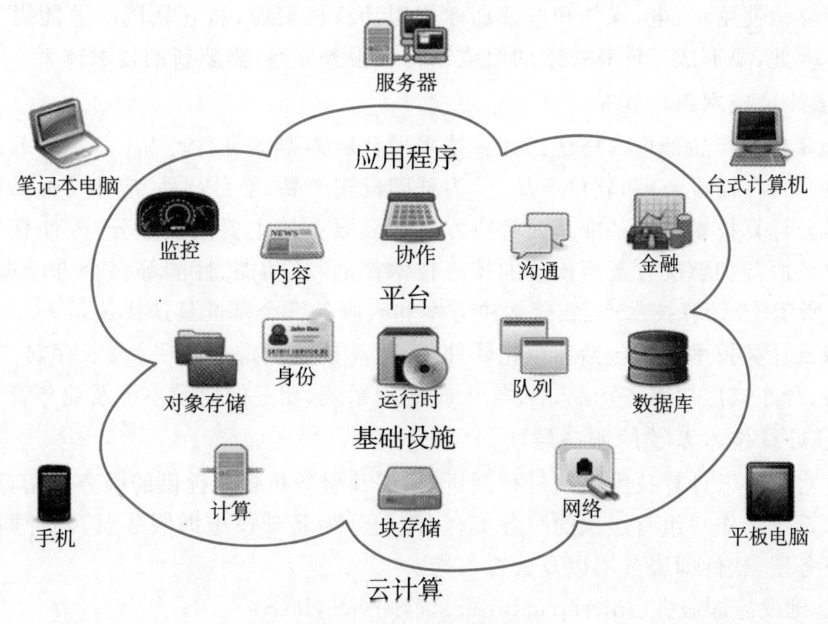

图 2-6　云计算概念图

现阶段所说的云服务已经不单单是一种分布式计算，而是分布式计算、效用计算、负载均衡、并行计算、网络存储、热备份冗余和虚拟化等计算机技术混合演进并跃升的结果。

狭义上讲，云就是一种提供资源的网络，并且可以看作无限扩展的，使用者可以随时获取“云”上的资源，按需使用，并按使用量付费。“云”就像自来水厂一样，用户可以随时接水，并且不限量，按照自己家的用水量，付费给自来水厂即可。

广义上讲，云计算是与信息技术、软件、互联网相关的一种服务，这种计算资源共享池叫作“云”。云计算把许多计算资源集合起来，通过软件实现自动化管理，只需要很少的人参与，就能实现资源的快速提供。也就是说，计算能力作为一种商品，可以在互联网上流通，就像水、电、煤气一样，可以方便地取用，且价格较低廉。

总之，云计算不是一种全新的网络技术，而是一种全新的网络应用概念。云计算的核心概念就是以互联网为中心，在网络上提供快速且安全的计算服务与数据存储，让每一个使用互联网的人都可以使用网络上的庞大计算资源与数据中心。

云计算是在信息时代继互联网后兴起的一种新技术，是信息时代的巨大飞跃。未来的时代可能是云计算的时代。虽然目前有关云计算的定义有很多，但总体上来说，其基本含义是一致的，即云计算具有很强的扩展性和需要性，可以为用户提供一种全新的体验，云计算的核心是可以将很多的计算机资源协调在一起，因此使用户通过网络就可以获取无限的资源，同时获取的资源不受时间和空间的限制。

2.4.2 云计算技术架构

云计算技术时代的目标是将计算机、服务和应用作为一种公共设施提供给公众用户，使人们能够像使用水、电、煤气和电话那样使用计算机资源，将互联网的效能提升到更高的水平。因此，要形成云计算技术的组成结构和服务体系，需要新的技术体系。

1. 云计算技术系统组成

云计算技术产品是指为搭建云计算技术平台所需要的硬件产品（主要形态云计算技术一体机和云存储设备）和软件产品（分为基础设施产品、平台产品、应用产品），以及云终端产品。云计算技术产品基准是云解决方案和云服务的主要组成部分，云计算技术产品主要针对云服务和解决方案所依赖的核心技术产品，从功能、性能等多个方面进行定义。如图 2-7 所示，云计算技术产品、云解决方案和云服务三个基准呈迭代关系。

目前云计算技术产品包括虚拟化软件、云计算技术资源管理平台、云存储产品、云数据库产品、分布式应用服务产品、各类 SaaS 应用系统、相关的监控系统及业务管理系统。

2. 云计算技术系统的服务层次

通过对现有云计算技术系统进行剖析，根据其服务集合所提供的服务类型，可以将云计算技术系统看作一组有层次的服务集合，并划分为基础设施即服务层、硬件即服务层、平台即服务层、软件即服务层以及云客户端。

1）基础设施即服务（Infrastructure as a Service，IaaS）

IaaS 提供给客户的服务是对所有设施的利用，包括处理、存储、网络和其他基本的计算资源。客户能够部署和运行任意软件，包括操作系统和应用程序。客户不管理或控制

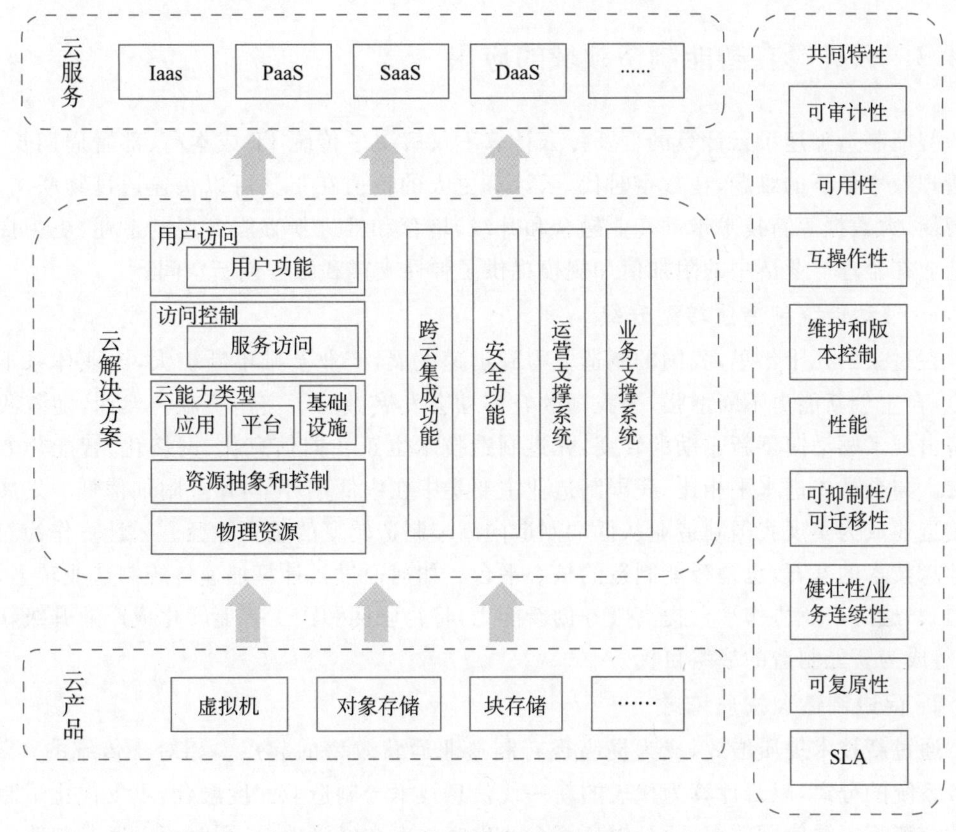

图 2-7　云计算技术基准库结构

任何云计算技术基础设施，但能控制操作系统的选择、储存空间、部署的应用，也可能获得有限制的网络组件（如防火墙、负载均衡器等）的控制。

2）平台即服务（Platform as a Service，PaaS）

PaaS 提供给客户的服务是把客户开发或收购的应用程序部署到供应商的云计算技术基础设施上。客户不需要管理或控制底层的云基础设施，包括网络、服务器、操作系统、存储等，但能控制部署的应用程序，也可能控制运行应用程序的托管环境配置。

3）软件即服务（Software as a Service，SaaS）

SaaS 提供给客户的服务是运营商在云计算技术基础设施上的应用程序，用户可以在各种设备上通过搜索客户端界面访问。客户不需要管理或控制任何云计算技术基础设施。

云计算的最终目的是通过网络将不同的计算机设备进行网络化组合，形成一个具有强大计算能力的计算系统。这个系统可以整合不同计算机设备的资源，形成强大的资源库。资源库可以将各种教学应用系统进行集成，根据需要对使用电源、信息服务和空间存储等方面进行计算。云计算技术的主要特点包含根据具体需求进行个性化的服务，使网络访问服务变得无处不在，实现资源池共享、快速弹性处理问题、进行相应的测量服务等。

2.4.3 云计算在智能制造领域的应用

智能制造加速了云计算的普及。云计算不仅解决了传统IT成本高、部署周期长、使用管理效率低下的难题，在数字时代，云计算更大的价值在于其可以快速通过物联网、人工智能、大数据等新技术带动产业融合和升级，培育和推进新兴服务型制造业，更为提高制造业在全球产业链中的附加值和规模提供了弹性支撑和服务创新空间。

1. 带动传统制造业转型升级

在过去的几十年里，我国的制造业得到迅速发展，产业基础不断扩大，产业体系不断健全，自主创新能力不断增强，为我国的经济社会发展做出了突出贡献。然而，随着我国经济由要素驱动向创新驱动的转变，先进制造技术也正在向信息化、网络化、智能化方向发展。与全球先进水平相比，我国制造业主要集中在中低端环节，产业附加值低。发展智能制造业成为实现我国制造业从低端制造向高端制造转变的重要途径。云计算作为新一代信息技术的基石，也是智能制造的核心平台。如何通过云计算加速传统制造业转型，提质增效，通过产业协作平台提高服务创新能力，将物联网和人工智能转化成产业升级新动能，将成为智能制造的战略目标。

2. 促进制造业提质增效

通过新技术提质增效，成为提高现有制造业运营效率的起点。相对于传统的IT与业务系统的分离，以云计算为代表的新一代信息技术与制造业深度融合，不仅优化了制造业的全流程资源使用效率，而且提高了企业生产效率和经济效益，同时可以通过制造业产业协作和重塑，带动中国制造业的整体提质、增效、升级。

传统制造业从研发、设计、制造、交付，到运营和管理等，系统之间存在大量数据孤岛，这成为传统制造业从规模型制造向柔性生产转型的技术瓶颈。同时，不同系统的数据无法共享，难以互联互通，无法通过全流程智能分析提高业务管理运营效率。在数字经济时代，个性化服务创新能力和市场快捷响应速度直接决定着企业的竞争力。现在越来越多的制造企业通过托管云和混合云替代传统IT，以提高业务响应速度和企业内部运营效率。

云计算深入渗透到制造企业的所有业务流程，能够根据用户的业务需求，经济、快捷地进行IT资源分配，实现实时、近实时IT交付和管理，快速响应不断变化的个性化服务需求。这不仅有助于促进创造优质附加值和制造业生产效率的提升，还提升了制造企业的整体竞争力，灵活应对复杂的国际环境变化，为经济全球化环境下制造企业实现智能制造打下坚实基础。

3. 推动制造业向服务型制造转型

提高服务在制造业中的占比，推动从传统制造业向服务型制造业转型，成为优化中国制造业格局的关键。《中国制造2025》提出，大力发展先进制造业，改造提升传统产业，推动生产型制造向服务型制造转变。在新发展阶段，推动传统制造业向服务型制造转型，是拓展盈利空间、打造新的竞争优势的重要途径，有利于巩固提升中国制造在全球产业链中的地位，有利于深化供给侧结构性改革，有利于畅通经济循环、构建新发展格局。

在新经济下，随着制造业产品复杂程度的不断提高，单纯的“以产品为中心”的制造业不仅产品开发周期长、产品附加值低、业务创新能力不足，同时整个产业链上、下游企业相互隔离，导致协作创新能力低下，难以实现高效协同生产。在数字经济时代，提高制造业产品附加值和实现产业链协作创新，成为制造业向服务型转型的关键因素。

云计算作为制造业服务创新平台，以大数据为基础，通过软件服务、协同服务、数据服务，形成资源共享、供需对接的生态服务，实现跨行业和跨企业的协作创新。此外，云计算平台通过上、下游产业链协作和全球协同，在延伸和提升价值链的同时，提高了全要素生产率、产品附加值和市场占有率，从而推动我国制造业向服务型转型。

4. 实现产业智能化升级

建设制造强国战略，要实现的是整个制造产业的智能化升级。我国政府加大在大数据、人工智能、物联网的政策导向和资金投入，让建设制造强国战略在技术上具有高起点，为我国成为制造强国奠定基础。基于大数据、云计算的产业协作平台，让数据智能成为制造业发展的新动能，人工智能、云计算、大数据、物联网与制造业的融合，成为制造业实现产业智能化升级的关键因素。

德国制造业领军企业（如西门子）正在打造工业 4.0 平台，以推动智能制造的进程。在建设制造强国战略政策驱动下，我国制造业领先企业纷纷开发智能制造平台，让制造业能够短平快地利用智能云平台，将物联网、人工智能、虚拟现实等新技术转化为企业发展的新动能，加速传统制造向个性化需求驱动的全智能生产转型。

云计算产业平台实现跨企业、跨行业、跨地域的协作创新，在保证各方数据权限管理的前提下，通过应用整合，提高资源利用率，优化用户体验，更快捷地满足用户需求。在业务全球化过程中，云计算产业平台以整个制造产业为依托，并结合物联网和人工智能，通过产业智能化协作平台，加速制造产业的智能升级。

5. 评估智能制造云计算服务水平的重要因素

制造业考虑的不仅是现在的业务升级能力，更多的是全球化服务能力、竞争力和响应速度。因此，制造业在智能制造转型升级过程中，更多的是从市场维度出发评估云计算服务水平。评估智能制造云计算服务水平时，应考虑以下几点重要因素。

1）服务水平和管理效率

传统制造业向智能制造演进是一个长期持续的过程。不同规模的制造企业处在不同的业务发展阶段，对云计算服务的需求也不同。因此，能够灵活提供 IaaS、PaaS、SaaS，并且保证优质的服务水平和管理效率，满足制造企业当前以及未来的业务需求，成为用户选择云计算服务的首要考虑因素。同时，具备全面云计算服务能力的提供商，能够让制造业在转型发展过程中迅速将虚拟现实技术和物联网技术转化为业务创新能力。

2）云计算的全球服务能力

通过智能制造提升我国制造在全球市场创新服务中的竞争力，是我国从“制造大国”到“制造强国”转变的关键所在。因此，云计算在全球的服务能力通常以云计算服务管理流程、跨全球多区域的云计算集中统一管理以及跨混合云和多云的业务支撑能力来衡量。云计算的全球服务，能够让制造企业在全球业务拓展中优化资源利用率和产销链流程，进而提高全球市场的响应速度和创新效率。

3）云计算服务的可信可靠度

在全球化业务拓展过程中，云计算逐步成为智能制造的核心业务平台。用户在评估核心应用“云化”过程中，云计算服务商在同等企业规模和行业的积累成为用户重要的评估指标。通过验证的企业级用户群意味着云计算服务商提供的云计算服务经过实践的验证，这对于确保企业业务的稳定安全，降低向云计算转型的业务风险至关重要。可信、可靠的企业级云计算服务，能够提高制造企业从研发到服务的全流程协作管理效率，加速从传统制造到柔性制造的转型。

6. 建筑业中的应用

得益于计算资源的高度整合与可扩展特性，云计算已成为被各个行业广泛采用的一种信息基础设施。通过与云技术集成，物联网可以受益于几乎无限的虚拟计算资源，以克服其自身设备数据处理能力的限制，实现可扩展的应用。

对于监测和检测节点数量巨大的建筑结构、桥梁来说，需要处理的数据也十分巨大，对计算机的性能要求很高。引入云计算技术的监测系统具备处理和计算大量数据的能力，给复杂建筑的实时监测带来了新的机会。通过云计算技术，将庞大的监测数据计算处理的程序通过网络拆分成无数个小程序，通过多部服务器组成的系统分析和处理这些小程序，得到结果，并将结果返回给用户，从而实现对复杂建筑结构的监测或检测。

基于云计算技术强大的计算能力，可将 BIM 应用中计算量大且复杂的工作转移到云端，以提升计算效率；基于云计算技术的大规模数据存储能力，可将 BIM 模型及其相关的业务数据同步到云端，方便用户随时随地访问并与协作者共享；云计算技术使 BIM 技术走出办公室，用户在施工现场可通过移动设备随时连接云服务，及时获取所需的 BIM 数据和服务等。

2.5 人工智能技术

2.5.1 人工智能概述

人工智能（Artificial Intelligence，AI）亦称为机器智能，指由人制造出来的机器所表现出来的智能。通常人工智能是指用普通计算机程序来呈现人类智能的技术。该词也指出研究这样的智能系统是否能够实现，以及如何实现。同时，通过医学、神经科学、机器人学及统计学等的进步，常态预测则认为人类的很多职业也逐渐被其取代，如图 2-8 所示。

人工智能在一般教材中的定义领域是“智能主体（intelligent agent）的研究与设计”，智能主体是指可以观察周遭环境并作出行动以达到目标的系统。约翰·麦卡锡于 1955 年的定义是“制造智能机器的科学与工程”。安德烈亚斯·卡普兰和迈克尔·海恩莱因（Michael Haenlein）将人工智能定义为“系统正确解释外部数据，从这些数据中学习，并利用这些知识通过灵活适用实现特定目标和任务的能力”。人工智能可以定义为模仿人类与人类思维相关的认知功能的机器或计算机，如学习和解决问题。人工智能是计算机科学的一个分支，它可以感知其环境，并采取行动，以最大限度地提高其成功机会。此外，人工智能能够从过去的经验中学习，做出合理的决策，并快速回应。因此，人工智能研究人员的科学目标是通过构建具有象征意义的推理或推理的计算机程序来理解智能。

随着我国建筑业的稳步发展，人口红利逐渐走低，导致劳动力数量锐减和人力成本高涨等行业痛点日益加剧，利用人工智能等高新技术促进建筑行业革新转型已经成为必然趋势。

图 2-8　星球大战里的人工智能球形机器人 BB-8

1. 人工智能的定义

与许多新兴学科一样，人工智能至今尚无一个被大家一致认同的定义，但目前最常见的人工智能定义有两个：一个是明斯基提出的“人工智能是一门科学，是使机器做那些人需要通过智能来做的事情”；另一个是尼尔森提出的“人工智能是关于知识的科学”。

在以上两个定义中，专业人士更偏向于第二个定义。一般来说，人工智能的研究是以知识的表示、知识的获取和知识的应用为目标。虽然不同学科致力于发现不同领域的知识，但应承认所有的学科都是以发现知识为目标。例如，数学研究数学领域的知识，物理研究物理领域的知识。而人工智能希望发现可以不受领域限制、适用于任何领域的知识，包括知识表示、知识获取及知识应用的一般规律、算法和实现方式等。因此，相对于其他学科，人工智能具有普适性、迁移性和渗透性。一般来说，将人工智能的知识应用于某一特定领域，就可以形成一个新的学科，如生物信息学、计算历史学、计算广告学、计算社会学等。因此，掌握人工智能知识已经不仅仅是对人工智能研究者的要求，也是时代的要求。

2. 人工智能的分类

人工智能按能力可以分为三类：弱人工智能、强人工智能和超人工智能。

弱人工智能（Artificial Narrow Intelligence，ANI），指的是只能完成某一项特定任务或者解决某一特定问题的人工智能，例如战胜世界围棋冠军的人工智能 AlphaGo。弱人工智能观点认为，“不可能”制造出能“真正”地推理和解决问题的智能机器，这些机器只不过“看起来”像是智能的，但是并不真正拥有智能，也不会有自主意识。

弱人工智能是对比强人工智能才出现的,因为人工智能的研究一度处于停滞不前的状态,直到人工神经网络有了强大的运算能力加以模拟后,才开始改变并大幅超前。但人工智能研究者不一定同意弱人工智能,也不一定在乎或者了解强人工智能和弱人工智能的内容与差别,并对定义争论不休。

强人工智能(Artificial General Intelligence,AGI),这个词最初是约翰·瑟尔针对计算机和其他信息处理机器创造的,其定义如下:"强人工智能观点认为,计算机不仅是用来研究人的思维的一种工具;相反,只要运行适当的程序,计算机本身就是有思维的。"在强人工智能阶段,由于机器已经可以比肩人类,也具备了具有"人格"的基本条件,机器可以像人类一样独立思考和决策。创造强人工智能比创造弱人工智能难得多。

超人工智能(Artificial Super Intelligence,ASI)。牛津大学人类未来研究院 Nick Bostrom 把超智能作如下定义:"在几乎所有领域都比最聪明的人类大脑聪明很多,包括科学创新、通识和社交技能。"在超人工智能阶段,人工智能已经跨过"奇点",其计算和思维能力已经远超人脑。此时的人工智能已经不是人类可以理解和想象的。人工智能将打破人脑受到的维度限制,人脑已经无法理解其所观察和思考的内容。

2.5.2 人工智能的计算方法

1. 人工智能的主要学派

从 1956 年正式提出人工智能学科算起,人工智能的研究发展已历经 60 多年。不同学科对人工智能有各自的理解,并提出了不同的观点,由此产生了不同的学术流派,其中对人工智能研究影响较大的主要有符号主义、连接主义和行为主义三大学派。

1) 符号主义

符号主义是一种基于逻辑推理的智能模拟方法,又称为逻辑主义、心理学派或计算机学派,其原理主要为物理符号系统假设和有限合理性原则,长期以来,该主义一直在人工智能中处于主导地位。

符号主义学派认为人工智能源于数学逻辑。该学派认为人类认知和思维的基本单元是符号,而认知过程就是在符号表示上的一种运算。符号主义致力于用计算机的符号操作来模拟人的认知过程,其实质就是模拟人的左脑抽象逻辑思维,通过研究人类认知系统的功能机理,用某种符号来描述人类的认知过程,并把这种符号输入能处理符号的计算机中,从而模拟人类的认知过程,实现人工智能。

2) 连接主义

连接主义又称为仿生学派或生理学派,是一种基于神经网络及网络间的连接机制与学习算法的智能模拟方法。这一学派认为人工智能源于仿生学,注重对人脑模型的研究。

连接主义学派从神经生理学和认知科学的研究成果出发,把人的智能归结为人脑的高层活动的结果,强调智能活动是由大量简单的单元通过复杂的相互连接后并行运行的结果。其中,人工神经网络就是其代表性技术。

3) 行为主义

行为主义又称为进化主义或控制论学派,是一种基于"感知—行动"的行为智能模拟方法。

行为主义最早来源于20世纪初的一个心理学流派，认为行为是有机体用以适应环境变化的各种身体反应的组合，它的理论目标在于预见和控制行为。控制论把神经系统的工作原理与信息理论、控制理论、逻辑及计算机联系起来。

2. 人工智能的主要计算方法

人工智能各个学派，因其理论基础不同，故采用的计算方法也不尽相同。基于符号逻辑的人工智能学派强调基于知识的表示与推理，而不强调计算(但并非有任何计算)。图搜索、谓词演算和规则运算都属于广义上的计算。显然，这些计算与传统的采用数理方程、状态方程、差分方程、传递函数、脉冲传递函数和矩阵方程等数值分析计算是有根本区别的。

随着人工智能的发展，出现了各种新的智能计算技术，如模糊计算、神经计算、进化计算、免疫计算和粒子群计算等，它们是以算法为基础的，也与数值分析计算方法有所不同。归纳起来，人工智能和智能系统中采用的主要计算方法有概率计算、符号规则逻辑计算、模糊计算、神经计算、进化计算与免疫计算。

2.5.3 人工智能的主要研究领域

目前，随着智能科学技术的发展和计算机网络技术的广泛应用，人工智能技术被应用到越来越多的领域。下面从感知智能、认知智能、计算智能和智能融合四个方面进行概述。

1. 感知智能

1）模式识别

模式识别是对表征事物或现象的各种形式的信息进行处理和分析，以对事物或现象进行描述、辨认、分类和解释的过程。模式通常具有实体的形式，如声音、图片、图像、语言、文字、符号、物体和景象等，可以用物理、化学及生物传感器进行具体采集和测量。模式识别研究的是计算机的模式识别系统，即用计算机代替人类或帮助人类感知的模式。计算机模式识别系统基本上由三部分组成，即数据采集、数据处理和分类决策或模型匹配。

2）计算机视觉

计算机视觉旨在对描述景物的一幅或多幅图像的数据进行计算机处理，以实现类似于视觉感知所要进行的图像获取、表示、处理和分析等，使整个计算机视觉系统成为有视觉的机器，从而可以对周围的景物提取各种有关信息，包括物体的形状、类别、位置及物理性等，以实现对物体的识别理解和定位，并在此基础上做出相应的决策。

计算机视觉已在机器人装配、卫星图像处理、工业过程监控、飞行器跟踪和制导及电视实况转播等领域获得极为广泛的应用。

3）自然语言处理

自然语言处理是用计算机对人类的书面和口头形式的自然语言信息进行处理加工的技术，主要任务在于建立各种自然语言处理系统，如文字自动识别系统、语音自动识别系统、语音自动合成系统、电子词典、机器翻译系统、自然语言人机接口系统、自然语音辅助教学系统、自然语言信息检索系统、自动文摘系统、自动索引系统、自动校对系统等。

2. 认知智能

1）逻辑与推理

逻辑与推理是人工智能的核心问题。逻辑是人脑思维的规律，是推理的理论基础，推理与逻辑是相辅相成的，即人脑思维首先设定逻辑规则，然后进行分析，如通过归纳和演绎等手段，对观测现象由果溯因（归纳）或由因溯果（推理），得到结论。

人工智能的逻辑与推理包括命题逻辑、谓词逻辑、知识图谱和因果推理等。命题逻辑是应用一套形式化规则对以符号表示的描述性陈述（称为命题）进行推理的系统。谓词逻辑把命题逻辑作为子系统，谓词逻辑部分则集中研究由非命题成分组成的命题形式和量词的逻辑性质与规律。知识图谱旨在以结构化的形式描述客观世界中存在的概念、实体及其间的复杂关系。因果推理是基于因果关系及其推理规则的一类推理方法的统称。

2）搜索技术

搜索就是为了达到某一“目标”而连续进行推理的过程。搜索技术就是对推理进行引导和控制的技术。智能活动的过程可看作或抽象为“问题求解”过程。而所谓的“问题求解”过程，实质上就是在显式或隐式的问题空间中进行搜索的过程。通常搜索有两种基本方式：一种是不考虑给定问题所具有的特定知识，系统根据事先确定好的某种固定排序，依次调用规则或随机调用规则，称为无信息引导的搜索，如盲目搜索，包括深度优先搜索和宽度优先搜索；另一种是考虑问题领域可应用的知识，动态地确定规则的排序，优先调用较合适的规则使用，称为有信息引导的搜索，如启发式搜索、博弈搜索等。搜索策略可采用树搜索和图搜索。

3）专家系统

专家系统是一个基于专门的领域知识求解特定问题的计算机程序系统，主要用来模仿人类专家的思维活动，通过推理与判断求解问题。专家系统主要由以下两部分组成，一部分称为知识库的知识集合，它包含要处理问题的领域知识；另一部分称为推理机的程序模块，它包含一般问题求解过程所用的推理方法与控制策略的知识。

专家系统从体系结构上可分为集中式专家系统、分布式专家系统、协同式专家系统、神经网络专家系统等；从方法上可分为基于规则的专家系统、基于模型的专家系统、基于框架的专家系统等。

4）数据挖掘与知识发现

数据挖掘的目的是从数据库中找出有意义的模式。这些模式可以是一组规则、聚类、决策树、神经网络或以其他方式表示的知识。一个典型的数据挖掘过程可以分为四个阶段，即数据预处理、建模、模型评估及模型应用。

知识发现系统通过各种学习方法，自动处理数据库中大量的原始数据，提炼出具有必然性且有意义的知识，从而揭示出蕴含在这些数据背后的内在联系和本质规律，实现知识的自动获取。

知识发现是从数据库中发现知识的全过程，而数据挖掘则是这个全过程的一个特定且关键的步骤。

3. 计算智能

计算智能是借助现代计算工具模拟人的智能求解问题（或处理信息）的理论与方法，

它是人工智能技术的重要组成部分，也是早期人工智能的深化与发展。如果说人工智能是以知识库(专家规则库)为基础，以顺序离散符号推理为特征，计算智能则是以模型(计算模型、数学模型)为基础，以分布、并行计算为特征。目前，计算智能的技术主要有进化计算、神经网络、模糊逻辑和模糊系统、人工免疫系统、粒子群智能、混沌系统、概率推理等。部分常见的智能算法在施工领域的典型应用见表2-2。智能算法具有以下共同的要素：自适应的结构、随机产生的或指定的初始状态、适应度的评测函数、修改结构的操作、系统状态存储器、终止计算的条件、指示结果的方法、控制过程的参数。智能计算的这些方法具有自学习、自组织、自适应的特征和简单通用、健壮性强、适于并行处理的优点，在并行搜索、联想记忆、模式识别、知识自动获取等方面得到广泛应用。

表2-2　部分智能算法在建筑施工中的应用

算法名称	算法描述	应　用
遗传算法	模仿自然界的进化机制	结构设计优化，进度计划优化
粒子群算法	模拟鸟或鱼的行为	建筑能耗优化，进度计划优化
蚁群算法	模拟蚂蚁的集体路由行为	施工现场布置优化，施工安全规划，建筑垃圾排放量估算
模拟退火算法	模拟退火过程	施工现场布置优化，项目资源优化
禁忌搜索算法	模拟人类的记忆过程	进度计划优化，项目资源优化
差分进化算法	通过个体间的竞争与合作优化搜索	进度计划优化，项目资源优化

1）记忆与联想

记忆与联想是机器实现计算的基础，是智能的基本条件，记忆映射了计算机的存储问题，联想映射了数据、信息或知识之间的联系。当前，在机器联想功能的研究中，人们就是利用人脑的按内容记忆原理，采用了一种称为“联想存储”的技术。联想存储的特点是可以存储许多相关(激励、响应)模式对；通过自组织过程可以完成这种存储；以分布、稳健的方式(可能会有很高的冗余度)存储信息；可以根据接收到的相关激励模式产生并输出适当的响应模式；即使输入激励模式失真或不完全，仍然可以产生正确的响应模式；可在原存储中加入新的存储模式。

2）机器学习

机器学习是人工智能的核心研究领域之一，是一门多领域交叉学科，涉及概率论、统计学、计算机科学等多门学科，它是使计算机具有智能的根本途径。学习是人类智能的主要标志和获取知识的基本手段。西蒙(Simon)认为：如果一个系统能够通过执行某种过程而改进它的性能，这就是学习。

机器学习研究的主要目标是让机器自身具有获取知识的能力，使机器能够总结经验、修正错误、发现规律、改进性能，对环境具有更强的适应能力。按照学习方法，机器学习可分为监督学习、无监督学习、半监督学习、深度学习、强化学习。

3）人工神经网络

人工神经网络（也称为神经网络计算或神经计算）实际上指的是一类计算模型，其工作原理模仿了人类大脑的某些工作机制。人工神经网络从信息处理的角度对人脑神经元网络进行抽象，建立某种简单模型，按不同的连接方式组成不同的网络。这种计算模型由大量的节点相互连接构成，每个节点代表一种特定的输出函数，称为激励函数。每两个节点间的连接都代表一个对于通过该连接信号的加权值，称为权重，这相当于人工神经网络的记忆。人工神经网络的输出则由网络的连接方式、权重和激励函数决定。人工神经网络自身通常是对自然界某种算法或者函数的逼近，也可能是对一种逻辑策略的表达。

4）深度学习

深度学习是指多层神经网络上运用各种机器学习算法解决图像、文本等各种问题的算法集合。深度学习是模仿人脑的机制来建立学习的神经网络，它通过设计建立适量的神经元计算节点和多层运算层次结构，选择合适的输入层和输出层，通过网络的学习和调优建立起从输入到输出的函数关系，可以尽可能地逼近现实的关联关系。使用训练成功的网络模型，可以实现对复杂事务处理的自动化要求。

5）强化学习

强化学习是指智能体以“试错”的方式进行学习，通过与环境进行交互获得奖赏的指导行为，目标是使智能体获得最大的奖赏。强化学习不同于连接主义学习中的监督学习主要表现在强化信号上，强化学习中由环境提供的强化信号是对产生动作的好坏做一种评价（通常为标量信号），而不是告诉强化学习系统如何产生正确的动作。由于外部环境提供的信息很少，强化学习系统必须靠自身的经历进行学习。通过这种方式，强化学习系统在“行动—评价”的环境中获得知识，改进行动方案以适应环境。

6）迁移学习

迁移学习是一种机器学习方法，是把一个领域（即源领域）的知识迁移到另外一个领域（即目标领域），使目标领域能够取得更好的学习效果。通常，源领域数据量充足而目标领域数据量较小，这种场景就很适合做迁移学习。

基于迁移学习的方法，一旦在某个领域中获得训练好的模型，就可以将这个模型引入其他类似的领域。因此，为了设计合理的迁移学习方法，找到不同领域的任务，准确的“距离度量方式”是必需的。

在机器学习中，领域之间的距离通常根据描述数据的特征来度量。在图像分析中，特征可以是图像中的像素或者区域，如颜色和形状。在自然语言处理中，特征可以是单词或者短语。一旦了解到两个领域非常接近，模型就可能从一个已开发好的领域迁移到另一个待开发的领域，从而使用更少的依赖数据。能够将知识从一个领域迁移到另一个领域，说明机器学习系统能够将其适用范围扩展到其源领域外。这种泛化能力使得在人工智能能力或者计算能力、数据和硬件等资源相对匮乏的领域内，更加容易实现迁移学习。

7）进化算法

进化算法是以达尔文的进化论思想为基础，通过模拟生物进化过程与机制求解问题的自组织、自适应的人工智能技术，是一类借鉴生物界自然选择和自然遗传机制的随机搜索算法。它包括遗传算法进化策略和进化规划。目前，进化算法被广泛运用于许多复杂系统的自适应控制和复杂优化问题等研究领域，如并行计算、机器学习、电路设计、神经网络、基于智能体(Agent)的仿真、元胞自动机等。

8）群智能算法

群智能算法中的群体是指一组相互之间可以进行直接通信或者间接通信的主体，这组主体能够合作进行分布问题求解。群智能算法在没有集中控制并且不提供全局模型的前提下，为寻找复杂的分布式问题的解决方案提供了基础。群智能算法主要模拟了昆虫、兽群、鸟群和鱼群的群体行为，这些群体按照一种合作的方式寻找食物，群体中的每个成员通过学习它自身的经验和其他成员的经验来不断地改变搜索方向。任何一种由昆虫群体或者其他动物社会行为机制而激发设计出的算法或分布式解决问题的策略均属于群智能。群智能优化算法的原则包括邻近原则、品质原则、多样性原则、稳定性原则、适应性原则。这些原则说明实现群智能的智能主体必须能够在环境中表现出自主性、反应性、学习性和自适应性等智能特性。群智能的核心是由众多简单个体组成的群体，能够通过相互之间的简单合作来实现某一功能或者完成某一任务。群智能理论研究的领域主要有蚁群算法和粒子群算法。

9）遗传算法

遗传算法是模拟达尔文生物进化论的自然选择和遗传学机制的生物进化过程的计算模型，是一种通过模拟自然进化过程搜索最优解的方法。其主要特点是直接对结构对象进行操作，不存在求导和函数连续性的限定；具有内在隐式并行性和更好的全局寻优能力；采用概率化的寻优方法，不需要确定的遗传算法就能自动获取和优化的搜索空间，可以自适应地调整搜索方向。

遗传算法以一种群体中的所有个体为对象，并利用随机化技术指导对一个被编码的参数空间进行高效搜索。遗传算法的核心内容包含五个基本要素：参数编码、初始群体的设定、适应度函数的设计、遗传操作设计、控制参数设定。

4. 智能融合

1）智能检索

数据库系统是存储大量信息的计算机系统。随着计算机应用的发展，存储的信息量越来越庞大，研究信息智能检索系统具有重要的理论意义和实际应用价值。智能检索系统应具备以下功能：① 能理解自然语言，允许用户使用自然语言提出检索要求，建立一个能够理解以自然语言陈述的询问系统；② 具备推理能力，能根据数据库存储的数据，推理产生用户要求的答案；③ 系统拥有一定的常识性知识，能根据这些常识性知识和专业知识演绎推理出专业知识中没有包含的答案。

2）智能规划

智能规划是一种基于人工智能理论和技术的智能规划系统，即用人工智能理论与技术自动或半自动地生成一组动作序列，用于实现期望的目标。目前主要的智能规划系统有两种：一种是基于消解原理的证明机器，它们应用通用搜索启发技术以逻辑演算表示期望目标；另一种采用管理式学习来加速规划过程，改善问题求解能力。20 世纪 80 年代以来，研发人员又开发出其他的规划系统，包括非线性规划系统、应用归纳的规划系统、分层规划系统和专家规划系统等；近年来又提出了基于人工神经网络的规划系统、基于多智能体的规划系统、进化规划系统等。

3）自动程序设计

自动程序设计是指根据给定问题的原始描述，自动生成满足要求的程序。它是软件工程和人工智能相结合的研究课题。自动程序设计主要包含程序综合和程序验证两方面内容。前者实现自动编程，即用户只需告知机器“做什么”，无须告知机器“怎么做”，这一步工作由机器自动完成；后者实现程序的自动验证，程序能自动完成正确性检查。

4）智能控制

智能控制是驱动智能机器自主地实现其目标的过程。许多复杂的系统难以建立有效的数学模型和用常规控制理论进行定量计算与分析，而必须采用定量数学解析法与基础知识定性法的混合控制方式。随着人工智能和计算机技术的发展，已有可能把自动控制和人工智能及系统科学的某些分支结合起来，建立一种适用于复杂系统的控制理论和技术。智能控制有很多研究领域，它们的研究课题既具有独立性，又相互关联。目前研究较多的是以下五个方面：智能机器人规划与控制、智能过程规划与控制、专家控制系统、语音控制及智能仪器控制。

5）机器人

机器人学是机械结构学、传感技术和人工智能结合的产物。1948 年美国研制成功第一代遥控机械手，1959 年第一台工业机器人诞生，从此相关研究不断取得进展。按照机器人从低级到高级的发展进程，可以把机器人分为三代：第一代为工业机器人，主要指只以“示教再现”方式工作的机器人，这类机器人的本体是一只类似于人的上肢功能的机械手臂，末端是手、爪等操作机构；第二代为自适应机器人，它配备相应的感应传感器，能获取作业环境的简单信息，允许操作对象发生微小变化，对环境具有一定的适发能力；第三代为分布式协同机器人，也称为智能机器人，它装备有视觉、听觉、触觉多种类型传感器，能在多个方向的平台上感知多维信息，并具有较高的灵敏度，能对环境信息进行精确感知和实时分析，协同控制自己的多种行为，具有一定的自主学习、自主决策和判断能力、能处理环境发生的变化，能和其他机器人进行交互，如图 2-9 所示。

图 2-9　一个具有表情等社交能力的机器人(Kismet)

从功能上考虑，机器人学的研究主要涉及两个方面：一方面是模式识别，即给机器人配备视觉和触觉，使其能够识别空间景物的实体和阴影，甚至可以辨别出两幅图像的微小差别，从而完成模式识别的功能；另一方面是运动协调推理，是指机器人在接受外界的刺激后，驱动机器人行动的过程。

6）智能体技术

智能体技术主要起源于人工智能、软件工程、分布式系统及经济学等学科。根据IBM给出的定义，智能体是一个软件实体，可以代表一个人类用户或者其他程序。智能体具有一个行为集合，且具有某种程度的独立性或者自主性。智能体在采取行动时，通常使用某些知识来表示用户的目标或者期望。从以上定义可知，一个智能体应该具有代表自己或者其他实体的操作，能够感知外界环境，同时可以通过知识或者推理实现某种特定的目的。与此同时，很多定义非常强调智能体应该是一种嵌入在环境中且持久化的计算实体。智能体通常具备自主性、主动性、反应能力、社会能力四种性质。

7）人机智能融合

人机智能融合，又称为人机协同系统，就是由人和计算机（含嵌入式控制系统）共同组成的一个系统，即充分利用人和机器的优点形成一种新的智能形式。其中，计算机主要负责处理大量的数据计算及部分推理工作（如演绎推理、归纳推理、类比推理等）。选择决策及评价等价值取向的主观工作，则需要由人来负责，这样才能充分发挥人的灵活性与创造性，从而产生一种“人＋机”大于“人”和“机”的效果。人与计算机相互协同，密切协作，可以更高效地处理各种复杂的问题。

人机协同系统的运行机制可以分为以下步骤。

（1）人把观测到的数据进行分析、推理和判断之后，将结果通过人机交互接口输入计算机。

（2）计算机通过数据库、规则库、进程方法库，对输入的结果进行分析、搜索、匹配和评价，并传输给推理机进行数据推理，推理机再把推理的结果反馈给人。

（3）人机协同推理，如果已知某些算法或模型，则通过人机交互接口确定某些参数，选择某些多目标决策的满意解。

（4）如果算法或模型未知，则基于人的自身经验对结果进行评价和选择，实现最终的推理与决策。

2.6　3D打印技术

随着工业技术的进步和计算机科学的发展，材料制造发展经历了等材制造、减材制造、增材制造三个阶段。所谓等材制造，是指通过铸、锻、焊等方式生产制造产品，材料质量基本不变，已有3000多年的历史。减材制造是指在工业革命后，使用车、铣、刨、磨等设备对材料进行切削加工，以达到设计形状，已有300多年的历史。增材制造（Additive Manufacturing，AM）技术是伴随着第三次工业革命浪潮发展起来的新型材料制造技术，采用逐渐累加的方法制造实体，相对于传统的材料去除切削加工技术，是一种“自下而上、积少成多”的制造方法。以数字模型文件为基础，通过软件与数控系统将专用的金属材料、非金属材料以及医用生物材料，按照挤压、烧结、熔融、光固化、喷射等方式逐层堆积，制造产品，融合了计算机辅助设计、材料加工与成形技术，是现代制造技术的新兴技术和发展方向。

建筑材料的制作和使用与工业技术水平息息相关，人类原始农耕模式阶段的建筑材料为黏土加工制作的砌块，在掌握了石器工具的制作和火的使用技术之后，烧制砖材和切割木材成为人类建造的主体材料。随着技术的不断进步，对金属的冶炼促进了建筑材料制造的发展，切割石材和空心砖砌体、陶瓷砖砌体逐渐进入建筑材料领域，为原始手工业和原始机械生产模式下大型工程建造提供支撑。在第一次工业革命之前，建筑材料以等材制造的各类砌体和减材制造的木材、石材为主。波特兰水泥的出现和金属冶炼技术的工业化发展，以及工业玻璃加工技术的提升，成为现代建筑材料更新换代的标志性特征。随着工业革命的发生和推进，蒸汽机和电气机械将钢材加工产业化，减材制造的高强钢材和等材制造的浇筑混凝土组合成为现代世界最为广泛应用的结构形式。随着第三次工业革命的出现，增材制造技术将钢材与混凝土分别从减材制造和等材制造导引进入增材制造方式，焕发了新的技术生命力，改变工程建造升级成为智能建造生产模式。工业制造经历了五个阶段：机械化、电气化、自动化、智能化到最后的智慧化。这也就是所谓的从工业1.0到工业5.0。智能建造由基于BIM技术、云计算技术的数字化策划、机器人操作、基于大数据技术的系统化管理和网络化控制组成，满足以下条件：信息化驱动、互联网传输、数字化设计和机械化施工。

2.6.1 3D打印增材制造成型工艺及其发展

3D打印是一种伴随着第四次工业革命浪潮发展起来的新型增材制造技术，被誉为“第四次工业革命最具标志性的生产工具”。作为数字化智能建造技术，3D打印通过软件与数控系统将金属或非金属材料以挤压、烧结、光固化、熔融、喷射等形式逐层堆叠成型。凭借其机械化程度高、节约材料、提高生产效率等优势，迅速成为一种全新的制造方式，在航空航天、生物医疗、轨道交通、智能建造等战略领域均展示出巨大的技术优势以及广阔的应用前景，也引领土木工程基础设施智能建造成为国家重要的战略方向。积极规划和探索智慧基础设施、智能建造等概念及其实现方法，推动绿色化建造的发展，不仅可以解决目前土木工程行业面临的劳动力不足、机械程度低、模板支护费工费时等一系列困境和难题，还可以为现代工业化建造和建设工程艺术化建造提供有力的支撑。

至今为止，3D打印技术主要经历了三个发展阶段，基本上每十年就有质的飞跃。

第一个阶段是20世纪80年代后期至90年代初期，第一台商用3D打印机问世，打印技术处于初级阶段，只能使用塑料类材料，打印速度、精度和质量水平有限，仅适用于制造小型构件。因此，当时3D打印技术多出现在艺术、工业设计、服装、建筑等领域，被用于制作设计原型或概念模型。和传统工艺相比，3D打印的原型制作速度快，设计变更成本较低，设计师可以更轻松地测试不同的产品版本，根据客户反馈及时修改方案，缩短设计时间。

第二个阶段是20世纪90年代后半期，塑料不再是3D打印的唯一原材料，新型打印机的出现使金属合金和耐高温聚合物加入这一行列，大大丰富了3D打印原型制作的种类。更关键的是，3D打印可以制作金属模具，用于取代传统制造技术中所需的造价高昂、工艺复杂、耗时冗长的定制模具。3D打印技术不仅可以在几个小时内完成之前数周的模具制造量，而且制作过程中的废料量较之传统工艺下降了40%，其中95%～98%的废料都可以回收利用，由此节约大量的时间成本和材料成本。

21世纪开始，3D打印技术迈入第三个阶段。随着材料和设备的不断改进，3D打印的成本逐渐降低，其速度、质量、精度和材料特性已经发展到可以直接制作成品的程度，3D打印不再是制造技术中的配角，而有能力取代整个生产环节，实现全数字化的生产过程。2020年，3D打印的成品产量在所有3D打印制品中占的比例达到50%。现今的3D打印技术不再局限于试验室和工厂，在人们日常生活中的普及度越来越高，商店、教室等场所都可以看到3D打印机的身影。未来这项技术必将完成从商用到民用的转化，实现3D打印家庭制造的模式。人们无须购买产品，而是购买下载产品的数据文件，通过打印机制作成型，十分方便快捷。3D打印成为人们手中的纸和笔，三维实体的设计和制作像绘画一样简单，每个人都可以轻松实现产品的私人定制。

目前，3D打印技术依据原材料及打印方式分为以下几类：光固化成型技术、选择性激光烧结成型技术（SLS）、熔融沉积成型技术（FDM）、粉末铺层成型技术（3DP）、材料挤出分层实体制造技术（LOM）、熔丝制造技术（FFF）、电子束熔融成型技术（EMB）等。3D ScienceValley统计数据显示，当前光固化成型技术设备占据主流市场的39.8%，其次是选择性激光烧结成型技术和材料挤出分层实体制造技术设备。2019年，我国已经以上海、浙江为中心形成了分布全国的打印产业规模。

2.6.2　混凝土增材制造技术

混凝土是工程建筑中用量最大、范围最广的建筑材料，传统混凝土采用模具浇筑成型的方式进行工程建造，属于等材制造方式，具有工序繁杂、依赖人力、质量良莠不齐等局限。混凝土增材制造融合信息技术与工业制造技术，以灵活、多变的生产方式来适应空间造型，具有无模生产、便捷高效、节约材料、绿色环保、一体性好等优点，拥有无可比拟的优势，在建筑领域得到探索应用和工程推广。采用3D打印技术进行混凝土增材制造，结构施工可以减少建筑垃圾30%～60%，节约劳动力成本50%～80%，节约生产时间50%～70%，具有重要的工程研究和推广应用价值。

1. 选择性黏结增材制造混凝土技术

1995年，美国学者Pegna提出利用蒸汽喷射黏结剂选择性黏结砂石，被视为3D打印建造技术的起点。2010年，意大利工程师Enrico Dini发明了基于选择性黏结砂石的3D打印建筑技术——D-shape设备。该设备将3D打印机砂子或砾石等建筑材料堆放在一起，根据计算机提供的图形文件，通过打印喷头选择性地散布黏合剂，实现建筑的一体化成型。2012年，西班牙Catalonia高级建筑研究所的Novikov研发了一种使用砂和土作为打印材料的粉末黏结打印系统。2014年，欧洲空间研究与技术中心采用月球土壤和金属氧化物为粉末材料，以MgCl为黏结剂，铺设层厚为5mm，打印得到抗压强度20.3MPa，抗弯强度7.1MPa的混凝土材料。2018年，Xia等基于D-shape工艺并采用矿渣粉和偏硅酸钠为粉末材料，以水和2-吡咯烷酮为黏结剂制备出了打印建筑材料，抗压强度为15.7～16.5MPa。

D-shape工艺的打印自由度高，适合建造复杂的异形结构，但打印结构尺度局限于打印设备大小，且后处理工程量较大。由于独有造型优势，2013年，荷兰建筑师Janjaap Ruijssenars使用D-shape建造了一座超现实主义的景观别墅Landscape House。该房屋设计借鉴了"莫比乌斯环"，外形呈现自环绕式，房屋的内壁面能够扭转成外壁面，拱背线条优美流畅。主体建筑结构通过D-shape 3D打印技术完成，建筑外部使用钢纤维混凝土来进行填充。同年，知名建筑师和承包商Adam Kushner计划将D-shape技术应用于建设位于纽约Gardiner的一座现代庄园。建筑总体设计为大跨度的空间结构，内部少有支撑柱，如同一张张收紧的网倒扣在地面上形成穹顶，施工难度极大。但D-shape技术可以在较短的时间内精准完成此类异形结构的建造，并且可以省下很多人工和材料成本。2014年，加泰罗尼亚先进建筑学院（IAAC）采用D-shape技术设计建造了世界上第一座3D打印行人桥（图2-10），2016年12月14日在马德里正式对公众开放。D-shape技术使得材料仅在需要的地方使用，在形状方面具有完全自由造型的能力，应用生成算法挑战传统施工技术，使材料最佳分配，并在建造过程中循环利用材料。

图2-10　加泰罗尼亚先进建筑学院的3D打印行人桥

除此之外，D-shape技术还可以应用于防护和修补桥梁、堤坝等基础设施。对于受损的桥梁墩柱、河堤、水坝，首先运用三维扫描技术探查其损伤情况，确定修补方案，然后就地取材，从河床中挖出砂子铺设作为打印材料，再通过3D打印无机黏合剂进行修复加固处理。

2. 轮廓成型增材制造混凝土技术

2004年，南加利福尼亚大学的Behrokh Khoshnevis教授提出轮廓工艺（Contour Crafting，CC）。这一技术利用起重机或机械臂带动打印喷头，沿着程序设定的轮廓路径挤出打印材料，逐层堆积形成建筑结构。一般可使用的建筑材料包括混凝土、地质聚合物、石膏、塑料、特殊金属合金等。CC技术的建造效率非常高，可以在24h内打印出一栋2500平方英尺（约232m^2）的二层楼房。经过十多年的发展，CC技术不仅能进行建筑外墙的制作，还可以铺设地板、水管、电线，甚至连上漆、贴墙纸这些工序都能全自动化实现，其应用领域也不再局限于住房、商业综合体、办公楼和政府建筑等基本的建筑结构，已经开始应用于地基基础、桥梁、铁塔等基础设施的建设。目前Behrokh Khoshnevis教授与美国国家航空航天局（NASA）达成进一步的合作，未来将利用CC技术在月球和火星上打印建筑，为人类进行行星探索提供外星栖息地。届时，主要的建筑材料可以取自月球风化物等原位资源，其余材料可从地球通过宇宙飞船进行运输。这项技术在各个国家的多项航空计划中都获得了高度的认可。

基于轮廓工艺挤压成型的技术原理，各类新兴的3D打印建筑技术层出不穷。2013年，荷兰的CyBe建筑公司推出了世界上第一台移动3D混凝土打印机，底部采用坦克式履带，即使在崎岖地形上也可以平稳移动。在机械臂的打印过程中，通过可伸缩的液压支脚使打印机保持稳定，这一装置还能增加总的可打印高度。这一设计使原本体积庞大、造价昂贵的3D打印机变得自由灵活，可以直接进入施工现场，原位完成建筑打印，节省了大量的运输打印板坯或结构的成本。

2015年，意大利WASP公司研发了基于轮廓工艺的Big-Delta打印机，该打印机长12m，打印直径为6m。2015年，俄罗斯Apis Cor公司摒弃传统三轴坐标打印设置理念，发明了一款圆形柱坐标3D打印机。打印机放置在中央平台上，通过旋转底座，利用伸缩臂由内而外地打印整个建筑物。这种做法大大减小了3D打印机的尺寸和质量，可以利用标准卡车进行移动，降低设备成本，同时施工更加快速便捷。2019年11月17日，我国中建技术中心研制了长、宽、高分别为16m、17m、10m的框架式混凝土打印设备，和中建二局华南公司合作建成世界首例原位3D打印双层示范建筑（图2-11）。建筑总高度7.2m，建筑面积约230m^2，该项目采用轮廓工艺打印中空墙体和构造柱，混凝土层宽5cm、厚2.5cm，打印速率为15cm/s。同规模的常规施工建筑建设周期约60d，施工人员需要15人左右，而该3D打印建筑主体打印部分用时仅3d，打印完成净用时约48.5h，同时节省了人工和成本。该建筑的打印建造表明我国在混凝土增材智能建造的设备和施工技术方面位居世界前列。

图2-11　中建技术中心和中建二局华南公司完成的世界首例原位3D打印双层示范建筑

2.7　3S技术

早期，3S技术是GPS、GIS、RS的统称，即全球定位系统、遥感（Remote Sensing，RS）和地理信息系统。现在，3S技术则是GNSS、RS、GIS的统称。其中，GNSS是指全球导航卫星系统(Global Navigation Satellite System),泛指所有全球卫星导航定位系统,包括GPS。3S技术是空间技术、传感器技术、卫星定位与导航技术和计算机技术、通信技术相结合,多学科高度集成的对空间信息进行采集、处理、管理、分析、表达、传播和应用的现代信息技术。

GNSS、RS和GIS在空间信息采集、动态分析与管理等方面各具特色,且具有较强的互补性。这一特点使得3S技术在应用中紧密结合,并发展成为一体化集成技术。其中,GNSS主要用于目标物的空间实时定位和不同地表覆盖边界的确定;RS主要用于快速获取目标及其环境的信息,发现地表的各种变化,及时对GIS进行数据更新;GIS是3S技术的核心部分,通过空间信息平台,对RS和GPS及其他来源的时空数据进行综合处理、集成管理及动态存取等操作,并借助数据挖掘技术和空间分析功能提取有用信息,使之成为决策的科学依据。以GNSS、RS、GIS为基础,将三种独立技术有机集成起来,构成强大的一体化技术体系,可实现对各种空间信息和环境信息的快速、机动、准确、可靠地收集、处理与更新,已显示出广阔的应用前景。

2.7.1 GNSS技术

GNSS是能在地球表面或近地空间的任何地点为用户提供全天候的三维坐标和速度以及时间信息的空基无线电导航定位系统。GNSS泛指所有的全球卫星导航系统,包括美国的GPS、俄罗斯的GLONASS、欧洲的GALILEO、中国的BDS,以及在建和以后要建设的其他卫星导航系统。国际GNSS系统是个多系统、多层面、多模式的复杂组合系统,具有高精度、全天候、使用广泛等特点。

1. GNSS系统组成

GNSS主要有三大组成部分:空间部分、地面监控部分和用户部分。空间部分即GNSS卫星,可连续向用户播发用于进行导航定位的测距信号和导航电文,并接收来自地面监控系统的各种信息和命令,以维持系统的正常运转。地面监控系统的主要功能是跟踪GNSS卫星,对其进行距离测量,确定卫星的运行轨道及卫星钟改正数,进行预报后,再按规定格式编制成导航电文,并通过注入站送往卫星。地面监控系统还能通过注入站向卫星发布各种指令,调整卫星的轨道及时钟读数,修复故障或启用备用件等。用户部分则是各类GNSS接收机,用来测定从接收机至GNSS卫星的距离,并根据卫星星历所给出的观测瞬间卫星在空间的位置等信息求出自己的三维位置、三维运动速度和钟差等参数。

2. GNSS技术原理

GNSS卫星发射测距信号和导航电文,导航电文中含有卫星的位置信息。用户接收机在某一时刻同时接收3颗以上卫星的信号,测量出测站点(用户接收机)至3颗卫星的距离,解算出卫星的空间坐标,再利用距离交会法(从两个已知点测量至某一待测点的距离,然后根据这两段距离的交点确定该待测点,这种方法称为距离交会法)就可以解算出测站点的位置。整个过程就是距离交会定位原理在卫星导航领域中的体现。卫星至用户间的距离测量是基于卫星信号的发射时间与到达接收机的时间之差,称为伪距。为了计算用户的三维位置和接收机时钟偏差，伪距测量要求至少接收来自4颗卫星的信号。GNSS卫星定位原理如图2-12所示。

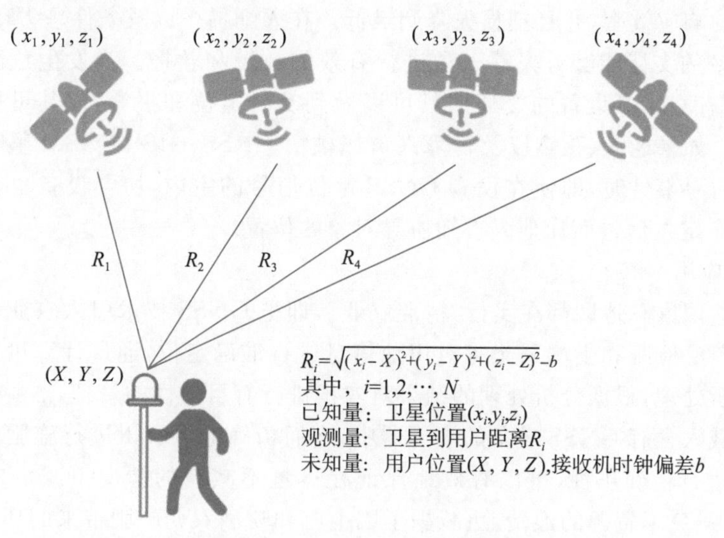

图2-12　GNSS卫星定位原理

3. GNSS工程应用

GNSS技术已经广泛应用于各行各业。工程建设、智慧交通、数字城市、地理信息服务等领域都离不开GNSS技术。在航空航天、军事行动、公共安全等领域中，GNSS技术的应用也越来越重要。随着科技的不断进步，GNSS技术也在不断完善和发展。例如，实时动态差分定位技术（RTK）、精密单点定位技术（PPP）、连续运行参考站系统（CORS）等新型GNSS技术的出现，进一步促进GNSS技术在相关领域得到广泛而深入的应用。

1）测绘应用

GNSS在测绘领域的应用十分广泛，其高精度、高效率的定位技术为测绘工作带来革命性的变革。GNSS在地形测量、地籍测量、工程测量、工程变形监测以及板块运动观测、大地测量、航空摄影测量等测绘领域中都有重要应用。相较于传统的光学和光电仪器测量方法，GNSS测量可以节省大量的人力、物力及时间。

2）交通应用

GNSS接收设备应用于空运方面，使驾驶员可以精确地对准跑道着陆，另外还可以使飞机排列紧凑以提升机场的利用率，引导飞机安全进离机场。在水运方面，应用GNSS能够实现船舶远洋导航和入港引水。在路运方面，汽车租赁、物流运输、出租车等领域可以利用GNSS技术对车辆进行跟踪以及调度管理，不仅能够以最快的速度响应用户的驾乘车或配送请求，最主要的是可以降低能耗，节省运输成本。今后，在城市里建立数字化交通电台，即时发播城市交通信息，车载设备通过GNSS进行精准定位，结合电子地图以及实时的交通状况，自动匹配最优路径，并实现汽车的自主导航。

3）公共安全和救援应用

在处理火灾、交通事故、案发现场以及交通堵塞的突发事件中，运用 GNSS 能够有效地提升事件的响应效率，并且把损失降到最低。在人烟稀少以及条件恶劣环境下，救援人员通过 GNSS 的支持能够对失踪人员进行有效的救援和救援。当发生危险情况以及突发情况时，配有 GNSS 设备的交通工具可以做到及时定位和报警，使其可以更快更及时地获得救援。如果老人、孩童以及智障人员佩戴由 GNSS、GIS 与 GSM 整合而成的协寻设备而发射协寻事件时，即使在没有 GNSS 定位信号的室内，协寻设备也会自动由发射器送出 GNSS 定位信号而让他人得知协寻对象的位置。

4）农业应用

许多发达国家和地区都在实行"精准农业"，即把 GNSS 技术引入农业生产中。利用 GNSS 进行产量检测和土壤采集等对田地信息进行准确定位，通过计算机系统对采集的数据进行分析处理，根据分析处理的结果对农田进行有目的性的管理，然后把产量和土壤状态的信息载入含有 GNSS 设备的喷洒器中，进而精确地对农田进行施肥和打药。通过选用 GNSS 进行精确耕种，可以有效地保证在尽量不减产的情况下减少农业生产的成本，这样不但避免了资源的浪费，更减少了因上肥和喷洒农药施肥带来的环境污染。

5）工程智能建造应用

GNSS 在智能建造中的应用主要体现在提高施工精度、效率和安全性等方面。GNSS 技术能够提供精确的三维定位信息，使得在建筑施工过程中可以更加准确地确定建筑物的位置、高度和基础边界。这种高精度的定位与测量有助于提高建筑物设计和施工的精度，确保建筑物按照设计要求进行建造，减少误差和返工的可能性。GNSS 技术可以与虚拟技术结合，实现建筑物的三维建模和虚拟仿真。这有助于建筑师和工程师在设计阶段更好地预见和规划施工过程中的各种问题，优化设计方案。同时，GNSS 还可以用于实时监测建筑物的变形和位移，确保施工过程中的安全性和稳定性。随着物联网和智能建筑技术的发展，GNSS 技术可以与智能设备、传感器等集成，形成智能化的施工管理系统。通过实时监测和数据分析，可以实现对施工过程的智能控制和优化，提高施工效率和质量。在施工现场，GNSS 技术还可以与 AR 技术结合，为工人提供实时的导航和定位信息，这有助于工人快速准确地找到施工位置，减少寻找和定位的时间，提高施工效率。

2.7.2 RS 技术

遥感从字面上可以简单理解为遥远的感知，泛指一切无接触的远距离的探测；从现代技术层面来看，"遥感"是一种应用探测仪器，从远距离感知目标反射或自身辐射的电磁波，对目标进行探测和识别的技术。遥感技术是一门综合性的科学技术，它包括研究各种地物的电磁波谱特性，研制各种遥感器和遥感平台以及研究遥感信息记录、传输、接收、处理方法和分析解释技术，是当代高新技术的重要组成部分。

1. RS 基本原理

任何物体都具有光谱特性，具体地说，它们都具有不同的吸收、反射、辐射光谱的性能。在同一光谱区，各种物体反映的情况不同，同一物体对不同光谱的反映也有明显差别。即便是同一物体，在不同的时间和地点，由于太阳光照射角度不同，它们反射和吸收的光谱也各不相同。遥感技术就是根据这个原理对物体进行探测。

遥感技术的类型有不同的划分方式。按工作方式可以分为主动遥感和被动遥感。主动遥感，即由传感器主动地向被探测的目标物发射一定波长的电磁波，然后接收并记录从目标物反射回来的电磁波；被动遥感，即传感器不向被探测的目标物发射电磁波，而是直接接受并记录目标物反射太阳辐射或目标物自身发射的电磁波。被动遥感成像过程如图 2-13 所示。

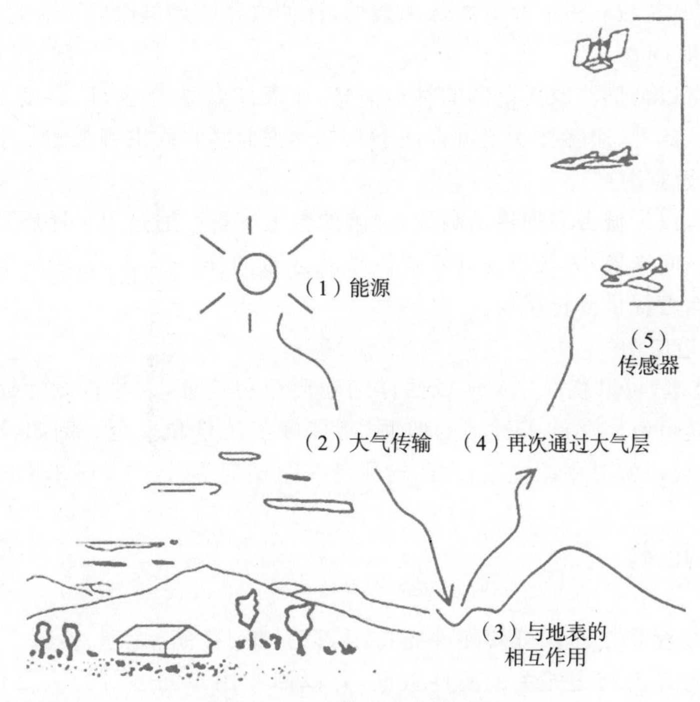

图 2-13 被动遥感成像过程

2. RS 系统组成

遥感是一门对地观测综合性技术，它的实现既需要一整套的技术装备，又需要多种学科的参与和配合。遥感系统由遥感器、遥感平台、信息传输设备、接收装置以及图像处理设备等组成。检测地物和环境辐射的或反射的电磁波的仪器称为遥感器，它是遥感系统的重要设备，它可以是照相机、多光谱扫描仪、微波辐射计或合成孔径雷达等。装载遥感器的工具称为遥感平台。飞机、气球、人造卫星和航天飞机等都可用作遥感平台。信息传输设备是飞行器与地面间传递信息的工具。图像处理设备对地面接收到的遥感图像信息进行处理（几何校正、滤波等），以获取反映地物性质和状态的信息。

3. RS 技术应用

遥感技术具有大范围覆盖、高时效性、多尺度观测、多波段信息获取等技术特点，已广泛应用于农业、林业、地质、海洋、气象、水文、军事、环保等领域。

1）资源调查和环境监测

RS技术可以提供大面积的地表覆盖信息、温度、植被类型、土壤湿度等参数，有助于开展水资源保护、气候变化研究、生物多样性监测、环境污染预警等。例如，可以用于监测水质、水量和水源地的情况，预测洪水和干旱的发生，为水利建设提供数据。可以监测工业企业的污染排放，及时发现污染事件，并采取紧急措施。

2）农业领域应用

RS技术在农业中发挥着重要作用，包括农作物生长监测、农业灾害监测、土壤环境监测以及农作物种植面积的测定和产量预测。通过无人机搭载的高分辨率相机和多光谱传感器，可以实时获取农田的高清图像和数据，评估农作物的健康状况和趋势。

3）林地资源调查

遥感技术可以帮助获取大范围的林地信息，如森林类型、覆盖度、高度等，为林业部门提供决策支持。此外，遥感技术还可以用于森林火灾监测和病虫害观测。

4）城市规划应用

遥感技术可以为城市规划提供高效、准确的数据支持。通过卫星遥感数据，可以快速收集大范围的空间影像，为城市规划者提供现状区域的详细信息，优化城市用地布局，并为城市管理与运营提供分析路径。

5）工程建造应用

通过RS技术，可以获取建筑区域的详细地形地貌信息，为建筑设计提供基础数据。同时，RS技术还可以用于施工过程的监测，确保施工质量和安全。例如，通过卫星或无人机遥感监测，可以实时跟踪施工进度，检测潜在的安全隐患，并及时采取相应措施。

2.7.3 GIS技术

地理信息系统是在计算机软硬件支持下，以采集、存储、管理、检索、分析和描述空间物体的定位分布及与之相关的属性数据，并以回答用户问题等为主要任务的计算机系统。

1. GIS的组成

GIS主要由五个部分组成，即计算机硬件系统、计算机软件系统、地理空间数据、应用分析模型、系统开发管理和使用人员。

1）计算机硬件系统

GIS的建立必须有计算机硬件系统作为保证。GIS的计算机硬件系统针对不同的网络结构，其配置、应用规模以及连接模式等各有不同，可以是单机模式、局域网模式或广域网模式。

2）计算机软件系统

计算机软件系统是指GIS运行所必需的各种程序及有关资料，主要包括计算机系统软件、地理信息系统软件和应用分析软件三部分。其中，常用的GIS软件，国外有ERSI公司的ArcGIS，Intergraph公司的MGE，MapInfo公司的Mapinfo；国内开发出的比较流行的GIS软件有中国地质大学的MAPGIS、北京超图公司的SuperMap，武汉大学的

Geostar 等。

3）地理空间数据

地理空间数据是 GIS 的操作对象，是 GIS 所表达的现实世界经过模型抽象的实质性内容，地理空间数据实质上就是指以地球表面空间位置为参照，描述自然、社会和人文经济景观的数据。这些数据来源主要有多尺度的各种地形图、遥感影像及其解译结果、数字地面模型、GPS 观测数据、大地测量成果数据、与其他系统交换来的数据、社会经济调查数据和属性数据等。

4）应用分析模型

GIS 应用分析模型的建立和选择是成功应用 GIS 的重要因素，这是由 GIS 的功能和目的所决定的。虽然 GIS 为解决各种现实问题提供了有效的基本工具，但对于某一专门应用目的的解决必须通过构建专门的应用分析模型，例如土地利用适宜性模型、选址模型、洪水预测模型、人口扩散模型、森林增长模型、水土流失模型、最优化模型和影响模型等才能达到目的。

5）系统开发、管理和使用人员

人是 GIS 中的重要构成因素，GIS 不同于一幅地图，而是一个动态的地理模型，仅有系统软硬件和数据还不能构成完整的 GIS，需要人进行系统组织、管理、维护和数据更新、系统扩充完善、应用程序开发，并采用地理分析模型提取多种信息。

2. GIS 的功能

在建立一个实用的 GIS 过程中，从数据准备到系统完成，内部必须经过各种数据转换，每个转换都有可能改变原有的信息。GIS 的基本数据流程如图 2-14 所示。GIS 的功能主要是完成流程中不同阶段的数据转换工作。

1）数据采集与输入

数据采集与输入，即在数据处理系统中将系统外部的原始数据传输给系统内部，并将这些数据从外部格式转换为系统便于处理的内部格式的过程。对多种形式、多种来源的信息，可实现多种方式的数据输入，主要有图形数据输入，如管网图输入；栅格数据输入，如遥感图像的输入；测量数据输入，如 GPS 数据的输入；属性数据输入，如数字和文字的输入。

2）数据编辑与更新

数据编辑主要包括图形编辑和属性编辑。属性编辑主要与数据库管理结合在一起完成，图形编辑主要包括拓扑关系建立、图形编辑、图形整饰、图幅拼接、图形变换、投影变换、误差校正等功能。数据更新即以新的数据项或记录来替换数据文件或数据库中相对应的数据项或记录，它是通过删除、修改、插入等一系列操作来实现的。由于空间实体都处于发展中的时间序列中，人们获取的数据只反映某一瞬时或一定时间范围内的特征。随着时间的推进，数据会随之改变。数据更新可以满足动态分析的需要，对自然现象的发生、发展做出合乎规律的预测和预报。

3）数据存储与管理

数据存储，即将数据以某种格式记录在计算机内部或外部存储的介质上。其存储方式与数据文件的组织密度相关，关键在于建立记录的逻辑顺序，即确定存储的地址，以便

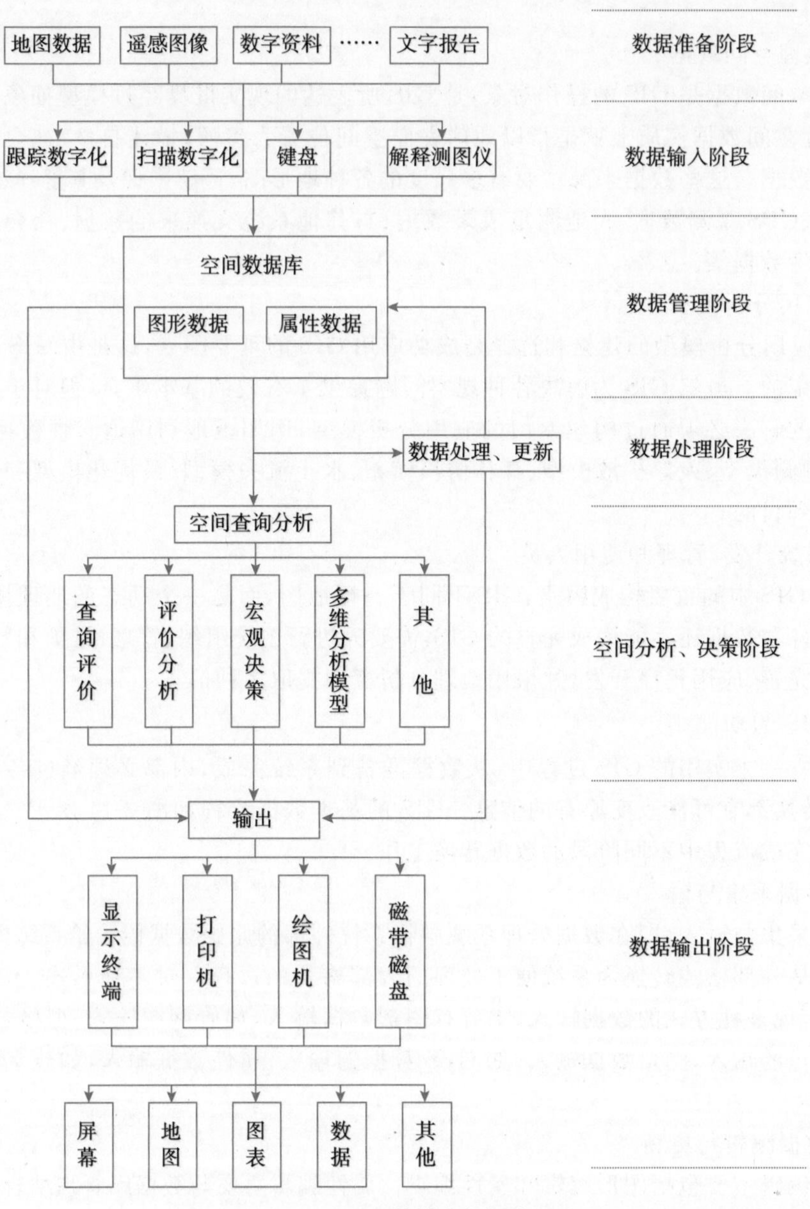

图 2-14 GIS 的基本数据流程

提高数据存取的速度。属性数据管理一般直接利用商用关系数据库软件,如 Oracle、SQL Server 等进行管理。空间数据管理是 GIS 数据管理的核心,各种图形或图像信息都以严密的逻辑结构存放在空间数据库中。

4）空间查询与分析

空间查询与分析是 GIS 的核心功能,是 GIS 最重要的和最具有魅力的功能,也是 GIS 有别于其他信息系统的本质特征,主要包括数据操作运算、数据查询检索与数据综合分析。数据查询检索即从数据文件、数据库或存储装置中,查找和选取所需的数据。为了满足各种可能的查询条件而进行的系统内部数据操作，如数据格式转换、矢量数据叠合、栅格数据叠加等操作，以及按一定模式关系进行的各种数据运算，包括算术运算、关系运算、逻辑运算、函数运算等。综合分析功能可以提高系统评价、管理和决策的能力，主要包括信息量测、属性分析、统计分析、二维模型分析、三维模型分析、多要素综合分析等。

5）空间决策支持

空间决策支持是应用空间分析的各种手段对空间数据进行处理变换，以提取出隐含于空间数据中的某些事实与关系，并以图形和文字的形式直接地加以表达，为现实世界中的各种应用提供科学、合理的决策支持。它主要以管理科学、运筹学、控制论和行为科学为基础，以计算机技术、仿真技术和信息技术为手段，利用各种数据、信息、知识、人工智能和模型技术，面对半结构化的决策问题，支持决策活动的人机交互信息系统。因此，空间决策支持将克服缺少对复杂空间问题决策的有效支持能力，拓展了 GIS 传统的空间数据获取、存储、查询、分析、显示、制图、制表的功能。

6）数据显示与输出

数据显示是中间处理过程和最终结果的屏幕显示，通常以人机交互方式来选择显示的对象与形式，对于图形数据根据要素的信息量和密集程度，可选择放大或缩小显示。GIS 不仅可以输出全要素地图，也可以根据用户需要分层输出各种专题图、各类统计图、图表及数据等。

3. GIS 的应用

GIS 可以应用于农业、土地利用规划、环境监测和管理、灾害风险评估、城市规划、交通规划、自然资源管理、公共卫生等多个领域，通过集成不同的数据源和功能模块，GIS 为各行各业提供强大的空间数据管理和分析能力。

1）城市规划

城市规划需要大量的数据和信息，包括地形图、地理信息、人口分布、经济发展、旅游资源等。GIS 地图技术可以将这些数据整合在一个地图上，并利用空间分析工具进行分析，帮决策者做出合理的决策。例如，城市规划者可以使用 GIS 地图技术来确定修建公园、学校、医院等基础设施的最佳位置，以及为不同类型的社区规划道路和交通系统。

2）农业

农业是一个复杂的系统，涉及土壤质量、光照条件、气候变化等要素，而这些要素都可以通过 GIS 地图技术进行分析和评估。例如，农业管理者可以使用 GIS 地图技术来分析土壤类型和水分含量，以更好地确定最佳的作物种植方案。此外，GIS 地图技术还可以帮助农民监测农田面积、生长情况和病虫害的发生。这些信息可以用来向农民提供任何必要的调整或治疗。

3）环境保护

GIS 地图技术可以帮助监测和评估水源和空气污染、灾害风险等重要环保问题。例如，GIS 地图技术可以帮助生态环境部门确定工业排放和废弃物的处理方法，并监测污染物的扩散情况。此外，GIS 地图技术也可以帮助减少自然灾害风险，如洪水、土地滑坡等。

4）公共卫生

GIS 地图技术可以帮助公共卫生部门监测并追踪传染病，以及预测疾病暴发的可能性。例如，GIS 地图技术可以用来确定特定地区的病例数量和病毒的传播范围，或者用来识别治疗设施和资源的缺乏。这些信息可以用来指导公共卫生部门的决策，以及制定更加有效的疾病防控措施。

5）旅游业

GIS 地图技术可以用来创建旅游线路、分析分布和流动情况、评估游客密度和需求等。例如，GIS 地图技术可以帮助旅游业者评估游客数量和密度，以知道如何更好地配备旅游资源，特别是在旅游旺季。此外，GIS 地图技术还可用于设计景点路线，提供游客导航指引等功能，从而让游客的体验更加优质。

6）工程建设

在工程建设前，GIS 技术可以利用多源的地理信息数据，包括地质地貌、地下水位和地质灾害等，进行综合分析和评估，为工程建设提供合适的选址方案和相关环境风险评估。在施工过程中，GIS 技术可以实时监控和管理施工现场的空间信息。通过对施工现场的图像数据和传感器数据进行采集和分析，可以实现对施工质量、进度和安全等方面的监控。在工程竣工后，GIS 还可以与 BIM、物联网等技术共同组成智慧运维系统。

2.8 虚拟现实技术

微课：虚拟现实技术

2.8.1 虚拟现实技术简介

1. 虚拟现实的概念

自 20 世纪末，虚拟现实技术逐渐崭露头角，它是一门高度综合性的技术，横跨了计算机图形学、多媒体技术、传感技术、人机交互、显示技术、人工智能等多个领域，体现出强大的交叉性。由于其广泛的应用前景，它在教育、医疗、娱乐、军事等众多领域都具有巨大的影响力。虚拟现实技术的引入，不仅彻底改变了传统的被动、单一的人与计算机之间的交互模式，更让用户和系统的交互方式变得积极主动、丰富多彩且自然流畅。因此，虚拟现实技术被认为是 21 世纪发展最为迅速、对人们的工作和生活产生深远影响的计算机技术之一。

虚拟现实是从英文 virtual reality 一词翻译过来的，简称“VR”，是由美国 VPL Research 公司创始人 Jaron Lanier 在 1989 年提出的，Lanier 认为：virtual reality 指的是由计算机产生的三维交互环境，用户参与到这些环境中，获得角色，从而得到体验。

我国著名科学家钱学森教授认为虚拟现实是视觉的、听觉的、触觉的以至嗅觉的信息，使接受者感到身临其境，但这种临境感不是真的亲临其境，只是感受而已，是虚的。为了使人们便于理解和接受虚拟现实技术的概念，钱学森教授按照我国传统文化的语义，将虚拟现实称为“灵境”技术。

目前学术界普遍认为，虚拟现实技术是指采用以计算机技术为核心的现代高新技术，生成逼真的视觉、听觉、触觉一体化的虚拟环境，参与者可以借助必要的装备，以自然的方式与虚拟环境中的物体进行交互，并相互影响，从而获得等同真实环境的感受和体验。

虚拟现实系统中的虚拟环境，包括以下几种形式。

(1) 模拟真实世界中的环境。这种真实环境可能是已经存在的，也可能是已经设计好但还没有建成的，或者是曾经存在但现在已经发生变化、消失或者受到破坏的，例如地理环境、建筑场馆、文物古迹等。

(2) 人类主观构造的环境。此环境完全是虚构的，是用户可以参与，并与之进行交互的非真实世界，例如影视制作中的科幻场景，电子游戏中三维虚拟世界等。

(3) 模仿真实世界中人类不可见的环境。这种环境是真实环境，客观存在的，但是受到人类视觉、听觉器官的限制，不能感应到，例如分子的结构，空气中的速度、温度、压力的分布等。

广义上的虚拟现实除了狭义的 VR 以外，还包括 AR(图 1-4)和 MR，三者合称"泛虚拟现实"。因此，有时也把泛虚拟现实产业称为 3R 产业。以计算机技术为核心，通过将虚拟信息构建、叠加，再融合于现实环境或虚拟空间，从而形成交互式场景的综合计算平台，这便是"泛虚拟现实技术"的核心。具体来说，就是建立包含实时信息、三维静态图像或者运动物体的完全仿真的虚拟空间，虚拟空间的一切元素按照一定的规则与用户进行交互。而 VR、AR、MR 三个细分领域的差异，就体现在虚拟信息和真实世界的交互方式上。这个虚拟空间既可独立于真实世界之外(使用 VR 技术)，也可叠加在真实世界之上(使用 AR 技术)，甚至与真实世界融为一体(使用 MR 技术)。

2. 虚拟现实技术的特性

虚拟现实技术，建立在动态环境建模技术、立体显示与传感器技术、系统开发工具应用技术、实时三维图形生成技术、系统集成技术等多项核心技术之上。其核心关注点在于确保虚拟环境表达的精确性、感知信息合成的真实感以及人与虚拟环境之间交互的自然性。通过解决实时显示、图形生成以及智能技术等问题，虚拟现实技术能够使用户仿佛亲自置身于虚拟环境中，进而实现对客观事物的深入探索与认知。

1994 年美国科学家 G. Burdea 和 P. Coiffet 在《虚拟现实技术》一书中提出，虚拟现实技术具有沉浸感(immersion)、交互性(interaction)和构想性(imagination)三个重要特性，常被称为虚拟现实的 3I 特征。

1) 沉浸感

沉浸感指用户感受到被虚拟世界所包围，好像完全置身于虚拟世界中一样。虚拟现实技术最主要的技术特征是让用户觉得自己是计算机系统所创建的虚拟世界中的一部分，使用户由观察者变成参与者，沉浸其中，并参与虚拟世界的活动。

虚拟现实系统基于人类对视觉和听觉的生理与心理感知，通过高端计算机设备和外部装置创造出极具真实感的三维立体图像。利用头盔显示器或类似设备，参与者能够完全沉浸在全新的、完全虚拟而又高度逼真的环境中。只要佩戴头盔显示器和数据手套等交互工具，用户即可成为这个虚拟世界的一部分。随着用户的头部移动，虚拟环境中的图像也会实时改变，同时用户的手部动作也能直接操控虚拟物体。这种沉浸式体验是多感官的，包括视觉、听觉、触觉甚至嗅觉，为用户带来前所未有的真实感，让他们仿佛真的置身于这个虚拟世界中。

2）交互性

交互性指用户对模拟环境内物体的可操作程度和从环境得到反馈的自然程度。交互性的产生，主要借助于虚拟现实系统中的特殊硬件设备，如数据手套、力反馈装置等，使用户能通过自然的方式产生与在真实世界中一样的感觉。虚拟现实系统比较强调人与虚拟世界之间进行自然的交互，交互性的另一个方面主要表现在交互的实时性。例如，虚拟模拟驾驶系统中，用户可以控制包括方向、挡位、刹车、座位调整等各种信息，系统也会根据具体变化瞬时传达反馈信息。用户可以用手直接抓取模拟环境中虚拟的物体，这时手有握着东西的感觉，并可以感觉物体的质量，视野中被抓的物体也能立刻随着手的移动而移动。崎岖颠簸的道路，用户会感觉到身体的震颤和车的抖动；上、下坡路，用户会感受到惯性的作用；漆黑的夜晚，用户会感觉到观察路况的不便等。

3）构想性

构想性指虚拟的环境是人想象出来的，同时这种想象体现出设计者相应的思想，因而可以用来实现一定的目标。虚拟现实虽然是根据现实进行模拟，但所模拟的对象却是虚拟存在的，它以现实为基础，却可能创造出超越现实的情景。所以，虚拟现实技术可以充分发挥人的认识和探索能力，从定性和定量等综合集成的思维中得到感性和理性的认识，从而进行理念和形式的创新，以虚拟的形式真实地反映设计者的思想、传达用户的需求。例如，在一个现代化的大规模景观规划设计中，需要对地形地貌、建筑结构、设施设置、植被处理、地区文化等进行细致、海量的调查和构思，绘制大量的图纸，并按照计划有步骤地进行施工。很多项目往往已经施工完成，却发现不适应当地季节气候、地域文化、生活习惯，无法进行相应改动，从而留下永久的遗憾。而虚拟现实以最灵活、最快捷、最经济的方式，在不动用一寸土地且成本降到极限的情况下，供用户任意进行设计改动、讨论和呈现不同方案的多种效果，并可以使更多的设计人员、用户参与设计过程，确保方案的最优化。

3. 虚拟现实系统的组成

一套完善的虚拟现实系统，主要由以下几个部分组成。

1）三维的虚拟环境产生器及其显示部分

这是虚拟现实系统的基础部分，它可以由各种传感器的信号来分析操作者在虚拟环境中的位置及观察角度，并根据在计算机内部建立的虚拟环境的模型快速产生图形，快速显示图形。

2）由各种传感器构成的信号采集部分

这是虚拟现实系统的感知部分，传感器包括力、温度、位置、速度以及声音传感器等，这些传感器可以感知操作者移动的距离和速度、动作的方向、动作力的大小以及操作者的声音。产生的信号可以帮助计算机确定操作者的位置及方向，从而计算出操作者所观察到的景物，也可以使计算机确定操作者的动作性质及力度。

3）由各种外部设备构成的信息输出部分

这是虚拟现实系统使操作者产生感觉的部分，感觉包括听觉、触觉甚至还可以有嗅觉、味觉等。正是虚拟现实系统产生的这些丰富的感觉，才能使操作者真正地沉浸于虚拟环境中，产生身临其境的感觉。

2.8.2　虚拟现实技术的工程应用

1. VR 虚拟样板间交底

该技术可使项目建设方针对质量样板区和标准层样板户型进行提前建模，在施工前对工程进行全方位展现，对施工难点和重点进行可视化的交底和方案论证；并利用 VR 技术对现场施工员进行交底，发现施工中存在或可能出现的问题，减少实际作业返工。

2. 4D 建模和可视化

混合现实解决方案可以用于建筑项目的 4D 建模和可视化，承包商和工程师可以通过直观的手势四处走动，并与数字模型进行交互。这些模型可以帮助承包商标记项目设计中的潜在错误，并可视化施工进度。

3. 施工安全教育

BIM 和 VR 技术可以建立施工信息化安全教育体系，利用 VR 技术的交互性，演示施工过程中潜在的危险场景，如触电、高处坠落、机械伤害等，使体验者预先识别危险源，提高安全施工意识。

2.9　5G 技术

5G 技术是第五代移动通信技术（5th Generation Mobile Communication Technology）的简称，它是一种具有高速率、低时延和大连接特点的新一代宽带移动通信技术。5G 网络（5G Network）则是由 5G 技术构建的移动通信网络。

与前几代移动通信技术相比，5G 技术具有更高的速度、更低的延迟和更大的连接密度。5G 的峰值理论传输速度可达 20Gbps，比 4G 网络的传输速度快 10 倍以上。它基于新的无线频谱和网络架构，支持更多的设备连接、更高的数据传输速度和更广泛的应用场景。5G 作为一种新型移动通信网络，不仅要解决人与人的通信，为用户提供增强现实、虚拟现实、超高清视频等更加身临其境的极致业务体验，更要解决人与物、物与物的通信问题，满足移动医疗、车联网、智能家居、工业控制、环境监测等物联网的应用需求。5G 将渗透到经济社会的各行业和各领域，成为支撑经济社会数字化、网络化、智能化转型的关键新型基础设施。

2.9.1　5G 的性能指标

5G 的关键性能指标是评估 5G 网络性能和技术优势的重要标准。为满足 5G 多样化的应用场景需求，5G 的关键性能指标更加多元化。

1. 峰值数据速率

峰值数据速率是指网络能够提供的最大数据传输速率，也就是常说的带宽。5G 网络的带宽远高于 4G，其峰值数据速率可以达到 20Gbps，以满足高清视频、虚拟现实等大数据量传输。这使得用户在下载或上传大文件时，可以更快地完成操作。理论上，5G 的下载速度可以达到 12Mbps，这意味着下载 1G 大小的文件只需大约 10s。

2. 时延

时延是指数据从源发送到目的地所需的时间。低时延意味着更快的响应和更高的安全性。5G 基站与终端设备间的时延可以降至 1ms 以下。这种低时延特性对于延迟要求较高的应用，如 VR/AR、自动驾驶、远程医疗、无人机控制等，具有非常重要的意义。

3. 连接密度

连接密度是指单位面积内可以同时支持的活跃设备数量。5G 具备百万连接/km^2 的设备连接能力，满足物联网通信。5G 网络可以同时连接大量的终端设备，并且保持稳定的数据传输速率。这使得物联网设备之间的通信更加便捷，也使得之前不可能的用例变为现实。

4. 用户体验数据速率

用户体验数据速率是指用户实际感受到的平均数据传输速率。连续广域覆盖和高移动性下，5G 用户体验速率达到 100Mbps；流量密度达到 10Mbps/m^2 以上；移动性支持 500km/h 的高速移动。最新的 5G 上行技术测试显示，峰值上传速度可以达到 273Mbps。这种高速上传能力对于需要频繁上传大量数据的应用非常有利。

5. 频谱效率

频谱效率是指在给定的频谱带宽内，网络能够传输的数据量。5G 采用了先进的无线技术和频谱共享方法，频谱效率要比 LTE（长期演进技术，3G 与 4G 技术之间的过渡）提升 3 倍以上。

2.9.2 5G 关键技术

5G 技术是由多项技术的集成而成，其中最重要的是毫米波技术、MIMO 技术和 NFV/SDN 技术。

1. 毫米波技术

毫米波技术是 5G 技术中最重要的技术之一。与 4G 技术使用的频段相比，毫米波技术的频段更高，传输速度更快，但传输距离更短。毫米波技术可以使用更高的频率来实现更高的传输速度，同时可以利用波束成形技术来实现更好的信号覆盖和干扰抑制。

2. MIMO 技术

MIMO 技术是指多输入多输出技术，它可以利用多个天线来实现更高的数据传输速度和更好的信号质量。5G 技术中，MIMO 技术的天线数量比 4G 技术的天线数量更多，可以实现更高的传输速度和更好的信号覆盖范围。

3. NFV/SDN 技术

NFV（网络功能虚拟化）和 SDN（软件定义网络）技术是 5G 技术中非常重要的技术。NFV 技术可以将网络功能虚拟化，从而可以实现更快的网络部署和更灵活的网络配置；SDN 技术可以将网络控制和数据转发分离，从而可以实现更灵活的网络管理和更优质的网络性能。

2.9.3　5G的应用领域

国际电信联盟(ITU)定义了5G的三大类应用场景,即增强移动宽带(eMBB)、超高可靠低时延通信(uRLLC)和机器类通信(mMTC),如图2-15所示。增强移动宽带主要面向移动互联网流量爆炸式增长,为移动互联网用户提供更加极致的应用体验;超高可靠低时延通信主要面向工业控制、远程医疗、自动驾驶等对时延和可靠性具有极高要求的垂直行业应用需求;机器类通信主要面向智慧城市、智能家居、环境监测等以传感和数据采集为目标的应用需求。因此,5G有广泛的应用领域,包括通信、工业、交通、能源、教育、医疗、文旅、智慧城市、信息消费、金融等,所图2-15所示。

图2-15　5G的三大类应用场景

1. 通信行业应用

5G技术将为通信运营商带来新的商机和增长点,并将推动通信行业的创新,如虚拟运营商、物联网服务提供商等。在5G网络的支持下,用户能够享受到更加流畅的高清视频、实时游戏和沉浸式虚拟现实体验。5G推动着物联网的快速发展,使得各种智能设备能够实时互联,实现智能化管理和控制。在智慧城市、智能交通、智能家居等领域,5G的应用使得城市管理更加高效,交通出行更加便捷,居家生活更加舒适。同时,5G也为远程医疗、在线教育等新兴行业提供了强大的技术支持,推动了行业的创新与发展。可以说,5G在通信行业的应用正逐步改变着人们的生活方式。

2. 工业领域应用

5G在工业领域的应用正日益广泛,为工业生产带来前所未有的变革,为工业领域未来的发展注入强大动力。5G的高速、低时延特性使得工业设备间的通信更为迅捷高效,大幅提升生产效率。同时,5G网络的大连接能力也支持接入更多的设备和传感器,实现工业物联网的广泛部署。通过5G技术,工业领域可以实现远程监控、预测性维护、自动化生产等智能化应用,降低运营成本,提高产品质量。此外,5G还支持工业领域的创新实践,如智能制造、智慧物流等,推动工业领域的数字化转型和升级。

3. 智能交通应用

5G在智能交通领域的应用正在逐步改变人们的出行方式，让交通更加便捷、高效和安全。借助5G技术的高速传输和低时延特性，智能交通系统得以实现车辆间的实时通信与协作，大幅提升道路安全性和交通效率。通过5G网络，车辆可以实时获取交通信息，智能选择行驶路线，减少拥堵现象。此外，5G还支持智能交通信号灯的优化调度，提升道路通行能力。同时，5G技术还为智能交通监控提供了强大支持，实现高清视频流的实时传输和处理，提升交通管理的智能化水平。

4. 智慧城市应用

5G助力智慧城市在安防、巡检、救援等方面提升管理与服务水平。在城市安防监控方面，结合大数据及人工智能技术，“5G＋超高清视频监控”可以实现对人脸、行为、特殊物品、车等的精确识别，形成对潜在危险的预判能力和紧急事件的快速响应能力；在城市安全巡检方面，5G结合无人机、无人车、机器人等安防巡检终端，可以实现城市立体化智能巡检，提高城市日常巡查的效率；在城市应急救援方面，5G通信保障车与卫星回传技术可以实现建立救援区域海、陆、空一体化的5G网络覆盖；“5G＋VR/AR”可协助中台应急调度指挥人员直观、及时地了解现场情况，更快速、更科学地制订应急救援方案，提高应急救援效率。

5. 智慧工地应用

智慧工地是智能建造的重要组成部分。5G智慧工地在平台方面，运用AI、大数据、视频监控、物联网、AR等新技术，赋能智慧建造；在网络方面，提供适用于建造过程的定制化网络服务，如5G专属站、5G切片、边缘计算等；在应用场景方面，提供基于建筑业诉求的多项创新应用，全面助力建筑业数字化转型。在解决一线工地通信痛点难点的基础上，充分运用云计算、物联网、大数据、人工智能、区块链、BIM等提供综合管理服务平台，汇集视频、AI、BIM管理、大数据分析等功能，为客户提供应用、监管云端的服务。

单元小结

智能建造与人工智能科学与技术、数据科学与大数据技术、物联网工程、通信工程等专业紧密相关，BIM、物联网、大数据、云计算、人工智能、3D打印、3S、VR、5G等作为智能建造的基础共性技术，在工业化生产、智慧工地管理、建筑机器人等方面有巨大的应用价值。将新一代信息技术和先进建造技术深度融合，以“数据驱动、人机协同、价值创造”为宗旨，围绕数字设计、智能工业化生产、智能施工、智慧运维等四个方面，将智能建造技术及其基础共性技术应用贯穿于设计、生产、施工、运维等项目的全生命周期管理，实现数据驱动管理、数据驱动工厂、数据驱动装备。通过数字化设计、自动化生产、信息化施工、智慧化运维，实现对传统建造行业的数字化变革和智能化转型。

复习思考题

一、单选题

1. (　　)软件不是BIM技术中常用的软件。

A. Revit　　B. Navisworks　　C. Photoshop　　D. 品茗BIM5D

2. (　　)不是BIM技术的特点。

A. 可视化　　B. 协调性　　C. 单一性　　D. 模拟性

3. BIM技术在(　　)阶段可以与GIS数字化、可视化规划评审等应用系统结合。

A. 规划与设计　　B. 招投标

C. 施工　　D. 运维

4. BIM技术在(　　)阶段可以用于招标策划和精准算量。

A. 规划与设计　　B. 招投标

C. 施工　　D. 运维

5. BIM技术在建筑行业的(　　)中开始被引入和应用。

A. 建筑设计初步构思阶段　　B. 建筑施工材料采购阶段

C. 建筑物竣工验收阶段　　D. 建筑构思到拆除的全生命周期管理

6. 被誉为"第四次工业革命最具标志性的生产工具"是指(　　)技术。

A. 机器人学　　B. 人工智能　　C. 物联网　　D. 3D打印

7. 被视为3D打印建造技术的起点,是指美国学者Pegna提出利用蒸汽喷射黏结剂选择性黏结砂石,这事发生在(　　)年。

A. 1980　　B. 1995　　C. 2005　　D. 2015

8. 3S技术指的是(　　)。

A. GIS、RS、GPS　　B. GIS、DSS、GPS

C. GIS、GPS、OS　　D. GIS、DSS、RS

9. GIS的主要组成部分包括(　　)。

A. 计算机软硬件系统、地理数据和用户

B. 计算机软硬件系统、地理数据和分析程序

C. 计算机软硬件系统、地理数据和绘图机

D. 计算机软硬件系统、网络和用户

10. GNSS的核心功能是(　　)。

A. 提供时间服务　　B. 提供天气预报

C. 提供定位与导航服务　　D. 提供通信服务

11. RS在资源调查中的主要优势是(　　)。

A. 实时获取大范围数据　　B. 精确测量地表高程

C. 提供高分辨率的静态图像　　D. 深入分析地物化学成分

12. 虚拟现实技术最重要的特性是(　　)。

A. 交互性　　B. 沉浸感　　C. 构想性　　D. 实时性

13. (　　)不属于虚拟现实系统的组成部分。

A. 三维的虚拟环境产生器及其显示　　B. 信号采集

C. 虚拟环境的构想　　D. 信息输出

14. 在虚拟现实中,用户与虚拟环境进行交互主要依赖(　　)设备。

A. 键盘　　B. 触控屏

C. VR 头盔和手柄　　D. 电视机

15. 虚拟现实技术中,(　　)负责捕捉用户的动作和声音,以便实现与虚拟环境的交互。

A. 虚拟环境产生器　　B. 信号采集

C. 信息输出　　D. 三维显示设备

16. 虚拟现实中的"构想性"指的是(　　)。

A. 用户能够完全沉浸在虚拟环境中

B. 用户可以与虚拟环境进行交互

C. 虚拟环境是用户或设计者想象出来的场景

D. 虚拟环境能够实时响应用户的操作

17. 下列技术中不属于局域网通信技术的是(　　)。

A. Wi-Fi　　B. 蓝牙

C. 4G 蜂窝通信技术　　D. Zigbee

18. 下列技术中属于工作于未授权频谱的无线传输技术的是(　　)。

A. NB-IoT　　B. LoRa

C. 4G 蜂窝通信技术　　D. 5G 蜂窝通信技术

19. 在物联网技术架构的各层级中,作用相当于人的眼、耳、鼻、皮肤等感觉器官,主要功能是识别和感知物理世界,采集信息的层级是(　　)。

A. 感知层　　B. 网络层　　C. 服务层　　D. 应用层

20. 蓝牙、Wi-Fi 等短距离传输技术属于物联网技术架构中(　　)层级的技术。

A. 感知层　　B. 网络层　　C. 服务层　　D. 应用层

21. 多媒体是多种媒体的综合,一般包括文本、声音和图像等多种媒体形式。利用麦克风、摄像头等设备采集声音和图像等多媒体信息,是(　　)的重要部分。

A. 感知层　　B. 网络层　　C. 服务层　　D. 应用层

22. 大数据是指不用随机抽样法采集数据,而是采用(　　)的方法。

A. 所有数据　　B. 绝大多数数据　　C. 适量数据　　D. 少量数据

23. 相比依赖于小数据和精确性的方法,大数据因为更加强调数据的(　　),帮助人们进一步接近事实的真相。

A. 完整性和混杂性　　B. 安全性

C. 完整性　　D. 混杂性

24. 大数据的发展,使信息技术变革的重点从关注技术转向为关注(　　)。

A. 信息　　B. 数字　　C. 文字　　D. 用户

25. 非结构化数据来源不包括(　　)。
A. 网页　B. 语音　C. 视频　D. 信息管理系统

26. (　　)可以有效解决数据的存储和管理难题。
A. 计算机文件系统　B. 分布式文件系统
C. 数据库　D. 云存储

27. 以下选项中不是云计算技术的特点的是(　　)。
A. 虚拟化　B. 超大规模　C. 按需服务　D. 高可视化

28. 以下不属于云计算的范畴的是(　　)。
A. 私有云　B. 公有云　C. 家庭云　D. 混合云

29. 以下不属于云计算技术的经济优势的是(　　)。
A. 基础设施即时性　B. 基础设施便捷性
C. 前期投资少　D. 利用资源更有效

30. 以下属于云计算技术的技术优势的是(　　)。
A. 可扩展性　B. 便捷性　C. 灵活性　D. 自动扩展

31. 近年来中国公有云市场规模及增速呈现(　　)。
A. 规模增加,增速增加　B. 规模减小,增速增加
C. 规模增加,增速减小　D. 规模减小,增速减小

32. 5G技术已经逐渐成熟,从1G到3G技术以“人对人”沟通为主,4G以“人对信息”处理为主,而5G将会实现“人对万物”以及“(　　)”的连接。
A. 万物对万物　B. 万物对人　C. 人对物联网　D. 物联网对人

33. 5G技术的显著特点不包括(　　)。
A. 高速率　B. 高时延　C. 大连接　D. 低功耗

34. (　　)不是5G的主要应用场景。
A. 增强移动宽带(eMBB)　B. 超高可靠低时延通信(uRLLC)
C. 机器类通信(mMTC)　D. 语音通信(VCS)

二、多选题

1. BIM技术在规划与设计阶段有(　　)应用。
A. 建模出图　B. 协同设计　C. 进度管理
D. 可视化　E. 性能化分析

2. BIM模型包含(　　)类型的信息。
A. 几何信息　B. 非几何信息　C. 采购信息
D. 财务信息　E. 个人信息

3. BIM技术中常用到(　　)软件。
A. AutoCAD　B. Revit　C. Navisworks
D. Microsoft Office　E. 品茗BIM5D

4. BIM技术主要应用在施工阶段的(　　)环节。
A. 进度管理　B. 质量管理　C. 安全管理
D. 建模出图　E. 深化设计

5.（　　）特点是 BIM 技术所具备的。

A. 可视化　　B. 协调性　　C. 模拟性

D. 单一性　　E. 不可更改性

6. 人工智能按能力可以分为（　　）。

A. 弱人工智能　　B. 强人工智能　　C. 超人工智能　　D. 深度人工智能

7. 一个典型的数据挖掘过程可以分为（　　）阶段。

A. 数据预处理　　B. 建模　　C. 模型评估　　D. 模型应用

8. 下列属于物联网技术优势的有（　　）。

A. 数据实时采集　　B. 智能控制和决策

C. 与信息技术结合性高　　D. 应用范围广

9. 下列属于全球卫星定位系统的有（　　）。

A. UWB　　B. BDS　　C. GLONASS　　D. GPS

10. 下列属于物联网技术传感层级别的技术有（　　）。

A. 传感器　　B. 二维码　　C. RFID　　D. LPWAN

11. 数据采集与预处理的操作包括（　　）。

A. 数据集成　　B. 数据清洗　　C. 数据转换　　D. 数据分类

12. 大数据的优势体现为（　　）。

A. 大数据通过全局的数据让人类了解事物背后的真相

B. 大数据有助于了解事物发展的客观规律，利于科学决策

C. 大数据改变过去的经验思维，帮助人们建立数据思维

D. 大数据改变了自然界的客观规律

13. 非结构化数据包括（　　）。

A. 各种格式的办公文档　　B. 各类报表

C. 图片和音频　　D. 视频信息

14. 以下属于基于标准云计算技术模式的有（　　）。

A. 公有云　　B. 私有云　　C. 混合云　　D. 家庭云

15. 以下属于混合云优势的有（　　）。

A. 降低成本　　B. 增加存储和可扩展性

C. 提高敏捷性和灵活性　　D. 应用集成优势

16. 以下属于云计算技术的经济优势的有（　　）。

A. 根据使用计算成本　　B. 更有效的开发周期

C. 流量溢出到云环境　　D. 前期基础设施投资少

17. GNSS 主要由（　　）部分组成。

A. 空间　　B. 地面监控　　C. 用户

D. 设备　　E. 数据

18. 以下关于遥感技术基础知识的描述中，（　　）是正确的。

A. 遥感技术利用不同地物反射或发射电磁波的差异来识别地物

B. 遥感技术只能用于获取静态的地理信息

C. 遥感技术获取的数据通常需要进行预处理和解析才能使用

D. 遥感平台可以是卫星、飞机、无人机等

E. 遥感技术受到天气条件(如云、雾、雨)的严重影响,无法在这些条件下工作

19. 关于GIS技术基础知识的描述中,(　　)是正确的。

A. GIS是一种用于存储、管理和分析地理数据的计算机系统

B. GIS只能处理矢量数据,不能处理栅格数据

C. GIS可以通过空间分析揭示地理现象之间的关系

D. GIS的输出仅限于地图形式

E. GIS可以与RS和GNSS集成使用

20. 虚拟现实技术的主要应用领域包括(　　)。

A. 教育　　B. 医疗　　C. 娱乐　　D. 军事

21. 虚拟现实技术的主要特性有(　　)。

A. 沉浸感　　B. 交互性　　C. 构想性　　D. 实时性

22. 虚拟现实系统由(　　)组成。

A. 三维的虚拟环境产生器及其显示部分

B. 信号采集部分

C. 信息输出部分

D. 虚拟环境的构想部分

23. (　　)技术与虚拟现实紧密相关。

A. 增强现实　　B. 混合现实

C. 人工智能　　D. 物联网

24. (　　)因素可能影响虚拟现实体验的质量。

A. VR设备的分辨率　　B. 虚拟环境的逼真程度

C. 用户的网络速度　　D. 用户的心理状态

25. 5G技术相比于4G技术,在(　　)方面有了显著提升。

A. 数据传输速率　　B. 时延性能　　C. 设备连接密度

D. 覆盖范围　　E. 频谱效率

26. 5G技术在(　　)领域有广泛的应用前景。

A. 家庭娱乐　　B. 工业制造　　C. 自动驾驶

D. 医疗健康　　E. 能源管理

三、简答题

1. 简述BIM技术在规划与设计阶段的主要应用。

2. 解释 BIM 模型中的“几何信息”和“非几何信息”。

3. 描述 BIM 技术在招投标阶段的应用及其优势。

4. 阐述 BIM 技术在施工阶段对项目管理的助力。

5. 分析 BIM 技术在运维阶段的重要性及其应用。

6. 物联网作为智能建造中的一项关键技术，起着对感知建造环境、生产和传递数据的关键作用，它在智能建造中的价值主要包括哪几方面的内容？

7. 物联网技术有哪些特点和优势？

8. 列举三种应用在智能建造中的物联网技术，并分别列举它们在建造过程中应用的三个方面。

9. 大数据的“4V”特征包括哪些具体内容？

10. 大数据技术架构可分为哪几部分？各部分的具体作用是什么？

11. 将大数据技术应用在智能建造中的优势是什么？

12. 简述云计算技术的定义及特点。

13. 简述云计算技术的技术优势。

14. 试分析云计算技术在建筑领域的应用前景。

15. 请列举人工智能的主要学派。

16. 目前建筑施工中可以应用哪些智能算法？

17. 简述在人机智能融合过程中的人机协同系统的运行机制。

18. 随着工业技术进步和计算机科学发展,材料制造发展经历了等材制造、减材制造、增材制造三个阶段,各个阶段有什么特点?钢筋混凝土材料中高强钢材和混凝土各属于哪个阶段?

19. 简述3S技术包括哪些部分,并简要描述它们的功能。

20. 3S技术在应用中具有哪些优势?

21. 简述虚拟现实技术的概念。

22. 虚拟现实技术的特性是什么？

23. 虚拟现实系统由哪些部分组成？

24. 列举虚拟现实技术在工程应用中的一个例子，并简要说明其作用。

25. 简述虚拟现实技术的未来发展前景。

26. 简述5G技术相比于4G技术,在数据传输速率和时延方面有哪些显著的改进。

第3单元　智能设计

单元知识导航

【思维导图】

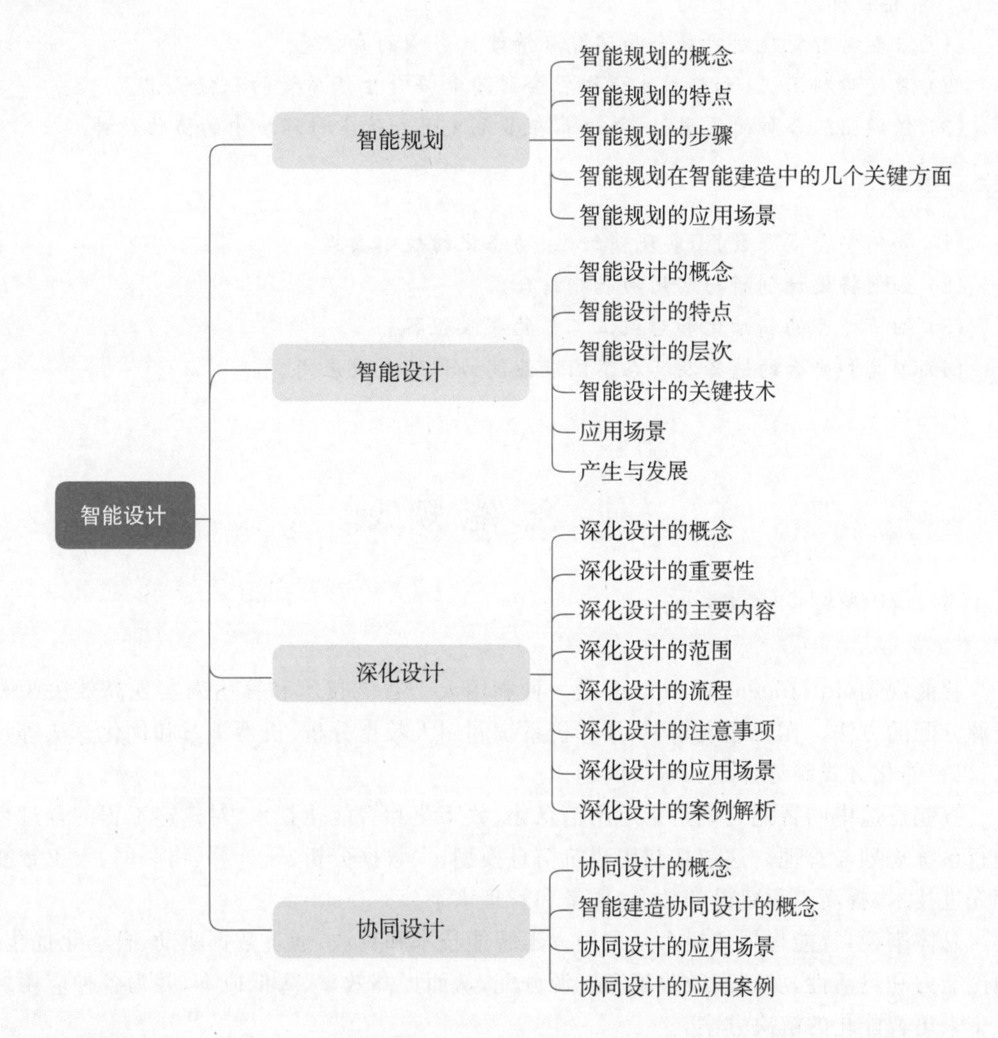

【学习目标】

1. 知识目标

(1) 了解智能规划的基本概念。

(2) 理解AI在设计过程中的应用。

(3) 掌握深化设计的流程和工具。

(4) 了解团队成员如何使用云平台和共享数据库进行实时协作,以及如何管理项目的多学科协同工作。

2. 技能目标

(1) 能够对建筑项目进行宏观规划和可行性分析。

(2) 提升将初步设计转化为详细施工图的能力。

(3) 培养跨专业协作的能力,尤其是在多学科团队中有效沟通和解决问题的技能。

(4) 培养提升深化设计在保障建筑安全和功能中的重要作用的能力。

3. 素养目标

(1) 培养对智能规划对社会和环境可持续性影响的责任感。

(2) 激发对利用AI和新技术促进社会进步和提升生活质量的积极认识。

(3) 强调团队合作的重要性,并培养在多元文化和跨学科环境中的协作精神。

【学习重难点】

(1) 如何整合多源数据,实现精细化、动态化的规划决策。

(2) 如何将设计创新与实用功能相结合。

(3) 细节处理的精细化和对施工工艺的深入理解。

(4) 工具和平台的选择及其在不同专业间协作的有效应用。

3.1 智能规划

3.1.1 智能规划的概念

智能规划(Intelligent Planning)是一种利用人工智能技术和算法来实现高效决策和资源分配的方法。在智能规划中,计算机系统利用大数据分析、机器学习和优化算法等技术,以智能化方式制订计划和解决问题。

智能建造中的智能规划是指运用信息化、数字化和智能化技术,对建造工程的全过程进行系统规划与管理。这包括利用建筑信息模型、大数据分析、云计算、物联网、人工智能等先进技术,提高工程建设的效率、质量和管理水平。

总体来说,智能规划的概念是利用人工智能技术和算法,通过数据驱动、自动化优化、预测能力和灵活性,实现高效决策和资源分配,从而提高效率、降低成本,并为各种应用场景带来更智能化的解决方案。

3.1.2 智能规划的特点

智能规划通常涉及以下几个方面的功能和特点。

数据驱动决策：智能规划利用大数据分析和数据挖掘技术，从大量数据中提取有用信息，帮助用户做出更准确的决策。

自动化优化：智能规划系统能够自动化地优化决策和资源分配，根据不断变化的情况做出实时调整。

预测能力：基于历史数据和模型训练，智能规划可以预测未来趋势和结果，帮助用户做出长期规划和决策。

灵活性和适应性：智能规划系统具有一定的灵活性和适应性，能够应对复杂、动态的环境，并根据新情况进行调整。

多领域应用：智能规划技术可以应用于多个领域，包括物流、交通、生产制造、项目管理等，为各种场景提供智能化的决策支持。

3.1.3 智能规划的步骤

智能规划的核心目标是通过分析和处理大量的数据，以优化决策和资源利用，从而提高效率和效果。它可以帮助解决复杂的问题，优化资源分配，降低成本，提高生产效率，并且在面对不确定性和变动性时能够灵活调整决策。

智能规划通常包括以下步骤。

(1) 数据收集和处理：收集相关的数据，并进行预处理和清洗，以确保数据的准确性和完整性。

(2) 问题建模：将实际问题转化为数学模型或规划问题，以便应用优化算法进行求解。

(3) 算法选择：选择适当的优化算法，如线性规划、整数规划、动态规划、遗传算法等，根据问题的特点和要求进行选择。

(4) 求解和优化：利用选定的算法对模型进行求解，并优化决策和资源分配，以达到预期的目标。

(5) 结果评估：评估求解结果的有效性和可行性，根据需要进行调整和优化。

智能规划在实践中有着广泛的应用，可以帮助企业和组织提高效率、降低成本，并在面对复杂的问题时提供决策支持。它的发展离不开人工智能技术的进步和数据分析能力的提升，随着技术的不断发展，智能规划在各个领域的应用也将得到进一步的扩展和创新。

3.1.4 智能规划在智能建造中的几个关键方面

1. 设计规划优化

利用BIM技术进行建筑设计，可以在虚拟环境中模拟建筑物的结构、性能以及施工过程，预测潜在问题，优化设计方案。通过大数据分析，可以对设计方案进行评估，确保规划满足功能需求，同时满足经济合理的目标。

2. 施工过程管理

运用智能化的施工管理系统，可以对施工进度、材料供应、人力资源进行优化配置。施工现场部署物联网设备，可以实时监控工程进度和质量，及时调整施工计划。

3. 资源与能源管理

智能规划能帮助用户实现资源的高效利用，如材料的精准备货与使用，减少浪费。通过智能监控与控制系统，可以实现能源消耗的优化，降低成本，提升环保水平。

4. 产业协同与供应链管理

构建建筑互联网平台，可以整合产业链资源，提高产业协同效率。通过智能化设备，如自动化生产线、机器人系统等，可以提升生产效率和产品质量。

5. 运维管理

在建筑物交付使用后，智能规划还包括利用传感器和智能分析系统对建筑物的运维进行管理，确保设施的高效运行和及时维护。

6. 虚拟现实和增强现实技术

运用虚拟现实和增强现实技术，设计师和建筑师可以在虚拟环境中模拟建筑设计和施工过程，帮助他们更好地理解空间布局、选择材料和施工流程。

7. 数据分析和预测

利用大数据分析和机器学习算法，智能规划可以对建筑项目的数据进行分析和预测，帮助项目团队做出更准确的决策，降低风险，并提高项目成功率。

8. 自动化施工和工艺

智能规划还涉及自动化施工和工艺的应用，包括使用机器人、无人机和3D打印技术来实现建筑施工的自动化和智能化，提高施工效率，并减少人为错误。

9. 可持续建筑设计

智能规划也强调可持续建筑设计的重要性，通过考虑能源效率、环境友好性和资源节约等因素，促进绿色建筑设计和施工实践。

10. 职业规划与教育

对于智能建造专业人才的培养智能规划，也涉及职业规划教育，如通过职业规划大赛等形式，提升学生的职业素养和实战能力。

3.1.5 智能规划的应用场景

智能建造中的智能规划应用场景广泛，以下是一些主要的应用场景。

1. 建筑设计优化

利用人工智能生成设计方案，优化建筑的功能布局、结构设计、能源效率和美观性。运用建筑信息模型技术对建筑项目进行三维可视化以及施工过程模拟，可以预测和解决设计中可能出现的问题。

2. 施工策略规划

利用模拟和预测工具，为施工过程的每个阶段规划最优的作业方法和时间安排，减少施工过程中的返工和延误。采用预制建筑组件和自动化施工技术，提前在工厂中完成部分制造工作，现场进行组装即可，提高施工速度和质量。

3. 资源调度与管理

使用高级调度算法和物联网技术进行资源（如劳动力、机械设备、材料）的动态调度和管理，以优化利用效率。实时跟踪施工资源的位置和状态，通过预测分析确保资源供应与需求平衡。

4. 风险管理和安全规划

通过分析历史数据和实时监控数据，可以预测可能的安全风险，制订相应的预防措施和应急计划。应用 AI 和机器学习技术，对施工现场的监控图像进行实时分析，以识别潜在的安全隐患。

5. 能源和环境规

运用智能算法优化建筑的能源消耗，可以通过设计高效的建筑外壳、合理的空间布局和智能的能源系统来降低建筑的整体能耗。通过生命周期评估（LCA）来规划建筑材料和施工方法，以减少环境影响。

6. 土地利用和城市规划

利用地理信息系统和 AI 分析多源数据，进行城市土地利用规划，优化城市基础设施布局和交通网络。利用智能规划工具进行区域规划，考虑人口增长预测、经济发展需求和环境保护要求。

7. 项目进度和成本管理

运用项目管理软件，结合人工智能提供的预测分析，可以进行项目进度跟踪和成本控制。通过智能算法进行成本估算和预算优化，确保项目在预算范围内按时完成。

8. 后期运维管理

利用智能建筑管理系统对建筑进行日常运营的监控和管理，优化能源使用和空间利用。运用预测性维护技术，基于数据分析，可以预测建筑设备的维修和更换时间，避免突发故障。

这些应用场景体现了智能化技术在建造行业中的渗透和发展，不仅提高了建造效率和质量，也推动了建造行业向更加可持续和智能化的方向发展。随着技术的不断进步，新的应用场景将不断涌现，将为建造行业带来更多创新和变革。

3.2 智能设计

3.2.1 智能设计的概念

智能设计是指应用现代信息技术，采用计算机模拟人类的思维活动，提高计算机的智能水平，从而使计算机能够更多、更好地承担设计过程中的各种复杂任务，成为设计人员的重要辅助工具。

在工程和技术领域，智能设计指的是在产品设计过程中应用高级信息技术、人工智能和计算机辅助设计技术来创造更加智能、高效和用户友好的产品。例如，可以通过使用传感器、数据分析和机器学习算法来使产品更加智能化，以适应用户的需求和环境变化。

智能设计是一个跨学科的领域，它结合了设计学、人工智能技术、计算机科学以及工程技术等多个学科的知识和技能。其核心目标是利用人工智能技术来辅助甚至部分替代人类设计师进行创意设计工作，提高设计效率，优化设计方案，并最终创造出更加符合用户需求和期待的产品。

3.2.2 智能设计的特点

以设计方法学为指导。智能设计的发展，从根本上取决于对设计本质的理解。设计方法学对设计本质、过程设计思维特征及其方法学的深入研究是智能设计模拟人工设计的基本依据。

以人工智能技术为实现手段。借助专家系统技术在知识处理上的强大功能，结合人工神经网络和机器学习技术，较好地支持设计过程自动化。

以传统 CAD 技术为数值计算和图形处理工具。提供对设计对象的优化设计、有限元分析和图形显示输出上的支持。

面向集成智能化。不但支持设计的全过程，而且考虑到与 CAM 的集成，提供统一的数据模型和数据交换接口。

提供强大的人机交互功能。使设计师对智能设计过程的干预，即与人工智能融合成为可能。

3.2.3 智能设计的层次

智能设计按设计能力可以分为三个层次：常规设计、联想设计和进化设计。

1. 常规设计

常规设计即已经规划好设计属性、设计进程、设计策略，智能系统在推理机的作用下，调用符号模型（如规则、语义网络、框架等）进行设计。国内外投入应用的智能设计系统大多属于此类，如日本 NEC 公司用于 VLSI 产品布置设计的 Wirex 系统，华中理工大学开发的标准 V 带传动设计专家系统（JDDES）、压力容器智能 CAD 系统等。这类智能系统常常只能解决定义良好、结构良好的常规问题，故称为常规设计。

2. 联想设计

研究可分为两类：一类是利用工程中已有的设计事例，进行比较，获取现有设计的指导信息，这需要收集大量良好且可对比的设计事例，对大多数问题是困难的；另一类是利用人工神经网络数值处理能力，从试验数据、计算数据中获得关于设计的隐含知识，以指导设计。这类设计借助于其他事例和设计数据，实现了对常规设计的一定突破，故称为联想设计。

3. 进化设计

遗传算法(Genetic Algorithms,GA)是一种借鉴生物界自然选择和自然进化机制,高度并行、随机且自适应的搜索算法。20 世纪 80 年代早期,遗传算法已在人工搜索、函数优化等方面得到广泛应用,并推广到计算机科学、机械工程等多个领域。进入 20 世纪 90 年代,遗传算法的研究在其基于种群进化的原理上,拓展出进化编程(Evolutionary Programming,EP)、进化策略(Evolutionary Strategies,ES)等方向,它们并称为进化计算(Evolutionary Computation,EC)。

3.2.4 智能设计的关键技术

智能设计系统的关键技术包括设计过程的再认识、设计知识表示、多专家系统协同技术、再设计与自学习机制、多种推理机制的综合应用、智能化人机接口等。

1. 设计过程的再认识

智能设计系统的发展取决于对设计过程本身的理解。尽管人们在设计方法、设计程序和设计规律等方面进行了大量探索,但从计算机化的角度看,设计方法学还远不能适应设计技术发展的需求,仍然需要探索适合计算机处理的设计理论和设计模式。

2. 设计知识表示

设计过程是非常复杂的,它涉及多种不同类型知识的应用,因此单一知识表示方式不足以有效表达各种设计知识,如何建立有效的知识表示模型和有效的知识表示方式,始终是设计类专家系统成功的关键。

3. 多专家系统协同技术

较复杂的设计过程一般可分解为若干个环节,每个环节对应一个专家系统,多个专家系统协同合作、信息共享,并利用模糊评价和人工神经网络等方法,可以有效解决设计过程多学科、多目标决策与优化难题。

4. 再设计与自学习机制

当设计结果不能满足要求时,系统应该能够返回相应的层次进行再设计,以完成局部和全局的重新设计任务。同时,可以采用归纳推理和类比推理等方法获得新的知识,总结经验,不断扩充知识库,并通过再学习达到自我完善。

5. 多种推理机制的综合应用

智能设计系统中,除了演绎推理,还应该包括归纳推理、基于实例的类比推理、各种基于不完全知识的模糊逻辑推理方式等。上述推理方式的综合应用,可以博采众长,更好地实现设计系统的智能化。

6. 智能化人机接口

良好的人机接口对智能设计系统是十分必要的。对于复杂的设计任务以及设计过程中的某些决策活动,在设计专家的参与下,可以得到更好的设计效果,从而充分发挥人与计算机各自的长处。

3.2.5 应用场景

智能控制系统:如智能家居、智能建筑等,它们可以根据用户行为和环境变化自动调整系统设置。

产品设计:包括工业产品设计、智能产品设计等,利用智能设计软件进行外形、结构、功能等方面的优化。

交互设计:在人机交互界面(UI/UX)设计中,智能设计可以辅助创建更加直观、易用的用户界面。

多媒体技术:如数字媒体艺术、游戏设计、动画制作等领域,智能设计可以提高内容创作的效率和效果。

3.2.6 产生与发展

智能设计的产生可以追溯到最初应用专家系统技术的时期,其初始形态都采用了单一知识领域的符号推理技术——设计型专家系统,这对于设计自动化技术从信息处理自动化走向知识处理自动化有着重要意义,但设计型专家系统仅仅是为解决设计中某些困难问题的局部需要而产生的,只是智能设计的初级阶段。

近 10 年来,计算机集成制造系统(Computer Integrated Manufacturing System,CIMS)的迅速发展向智能设计提出了新的挑战。在 CIMS 环境下,产品设计作为企业生产的关键性环节,其重要性更加突出。为了从根本上强化企业对市场需求的快速反应能力和竞争能力,人们对设计自动化提出了更高的要求,在计算机提供知识处理自动化(这可由设计型专家系统完成)的基础上,实现决策自动化,即帮助人类设计专家在设计活动中进行决策。需要指出的是,这里所说的决策自动化绝不是排斥人类专家的自动化。恰恰相反,在大规模的集成环境下,人在系统中扮演的角色将更加重要。人类专家将永远是系统中最有创造性的知识源和关键性的决策者。因此,CIMS 这样的复杂巨系统必定是人机结合的集成化智能系统。与此相适应,面向 CIMS 的智能设计走向了智能设计的高级阶段——人机智能化设计系统。虽然它也需要采用专家系统技术,但只是将其作为自身的技术基础之一,与设计型专家系统之间存在根本的区别。

设计型专家系统解决的核心问题是模式设计,方案设计可作为其典型代表。与设计型专家系统不同,人机智能化设计系统要解决的核心问题是创新设计,这是因为在 CIMS 大规模知识集成环境中,设计活动涉及多领域和多学科的知识,其影响因素错综复杂。CIMS 环境对设计活动的柔性提出了更高的要求,很难抽象出有限的稳态模式。换言之,即使存在设计模式的自豪感,设计模式也是千变万化,几乎难以穷尽。这样的设计活动必定更多地带有创新色彩,因此创新设计是人机智能化设计系统的核心所在。

设计型专家系统与人机智能化设计系统在内核上存在差异,由此可派生出两者在其他方面的不同点。例如,设计型专家系统一般只解决某一领域的特定问题,比较孤立和封闭,难以与其他知识系统集成,而人机智能化设计系统面向整个设计过程,是一种开放的体系结构。

智能设计的发展与CAD的发展联系在一起,在CAD发展的不同阶段,设计活动中智能部分的承担者是不同的。传统CAD系统只能处理计算型工作,设计智能活动是由人类专家完成的。在ICAD(Intelligent Computer Aided Design,智能计算机辅助设计)阶段,智能活动由设计型专家系统完成,但由于采用单一领域符号推理技术的专家系统求解问题能力的局限,设计对象(产品)的规模和复杂性都受到限制,这样ICAD系统完成的产品设计主要还是常规设计,不过借助计算机的支持,设计的效率大大提高。而在面向CIMS的ICAD,即I3CAD阶段,由于集成化和开放性的要求,智能活动由人和机共同承担,这就是人机智能化设计系统,它不仅可以胜任常规设计,而且可以支持创新设计。因此,人机智能化设计系统是针对大规模复杂产品设计的软件系统,它是面向集成的决策自动化,是高级的设计自动化。

3.3 深化设计

3.3.1 深化设计的概念

深化设计(Design Development)是一个项目设计过程中的阶段,它跟在初步设计(Conceptual or Schematic Design)之后,通常在施工图(Construction Documents)编制之前进行。深化设计的核心目的是对初步设计方案进行细化和提升,使之达到可以进行施工的详细程度。这个阶段需要详细考虑和决定建筑物的所有主要元素和系统,包括材料、结构、机电系统、内外装饰等。

3.3.2 深化设计的重要性

深化设计阶段在整个建筑设计与施工过程中扮演着至关重要的角色,具体的重要性体现在以下几个方面。

1. 项目目标的明确化

深化设计可以帮助所有相关方清楚地了解项目目标和要求,包括功能需求、预算限制、时间表、可持续性目标等。

2. 技术问题的解决

在深化设计阶段,设计师需要解决初步设计中出现的各种技术问题,确保设计方案的可行性和稳定性。

3. 成本控制与优化

通过对材料、结构和施工方法的深入研究,深化设计有助于在不牺牲设计质量的前提下,优化成本效益,减少浪费。

4. 法规和标准的遵守

在深化设计过程中,设计师会对照相关建筑法规和标准对设计进行审核,确保方案的合法性和合规性。

5. 细节的完善

细节设计是深化设计的核心，良好的细节处理过程能提升建筑的美学品质，提高建筑的使用性能和维护便捷性。

6. 施工图纸的准备

深化设计为编制施工图纸奠定了基础，这些图纸将直接用于指导施工。

7. 风险管理

通过对设计的深化和细化，可以预见并规避施工过程中可能出现的问题，从而减少变更订单的数量，减少施工风险。

8. 沟通和协调

深化设计过程的图纸和文件是设计师、工程师、承包商以及业主之间沟通的重要工具，有助于确保所有参与方对项目的理解一致。

9. 后期维护和运营考虑

在深化设计时，考虑建筑的后期维护和运营，有助于减少未来的运营成本和维护难度。

10. 提升用户体验

在深化设计阶段，考虑用户的实际使用需求，可以提升建筑的功能性和用户的满意度。

通过深化设计，建筑项目能够在效率、成本、可持续性、合规性和用户满意度等方面取得平衡。这一阶段的成功完成对于确保项目顺利进行至关重要。

3.3.3 深化设计的主要内容

深化设计阶段是将初步设计概念转换为详细建筑方案的过程，以下是深化设计的主要内容。

1. 细化设计

对初步设计进行细化，包括建筑平面、立面、剖面等图纸的详细绘制，以及室内设计的细化。

2. 结构设计

与结构工程师协作，根据建筑物的形式、功能和地理位置确定合适的结构系统，并计算结构组件的尺寸。

3. 机电系统设计

设计建筑的机械、电气、管道和通风系统（Mechanical，Electrial and Plumbing，MEP），确保它们满足功能需求，并且经济高效。

4. 材料选择

根据功能性、美观性、耐久性和成本效益来选择合适的建筑和装饰材料。

5. 环境可持续设计

深化设计阶段要考虑建筑的环境影响和能效，包括选用绿色建筑材料、能源使用的优化和废物处理等。

6. 建筑细节

详细解决建筑的各个连接点、转角、边缘等详细问题，这些细节对于建筑的整体品质和功能至关重要。

7. 遵从规划和法规

确保设计遵从当地的规划要求和建筑法规，包括消防安全、无障碍设计和节能标准等。

8. 成本估算和控制

提供更精确的成本估算，并进行价值工程，旨在不牺牲项目质量的前提下优化成本。

9. 准备施工图纸

准备详细的施工图纸和技术规范，这些文档将用于施工过程中的引导和参考。

10. 协调与整合

确保所有设计元素和系统之间的协调一致，包括结构、机电、建筑皮肤和室内设计。

11. 模型和模拟

使用计算机软件进行建筑模型的模拟，包括结构模拟、能源模型和光照模拟，以验证设计的性能。

12. 审查和修改

与客户和用户进行沟通，根据反馈对设计进行必要的调整和改进。

深化设计阶段是一个迭代过程，需要设计师与其他专业人员（如结构工程师、机电工程师和施工经理）紧密合作，确保设计方案的可实施性、安全性、功能性和经济性。

3.3.4 深化设计的范围

深化设计阶段，也常称为施工图设计阶段，它的范围通常涉及以下几个方面。

1. 建筑设计深化

详细绘制建筑平面图、立面图、剖面图。设计建筑细部、节点、构造方案。详细设计门窗、楼梯、电梯等建筑要素。深化室内设计，包括空间布局、固定家具、装饰材料等。

2. 结构设计深化

基础和主体结构的设计与计算。结构构件的详细尺寸设计和配筋图。特殊结构解决方案（如抗震设计）的细化。预应力和后张应力系统的设计。

3. 机电设计深化（MEP 设计）

供电、照明、插座和其他电气设施的详细布局。暖通空调（HVAC）系统的设计。给排水、消防系统的设计。弱电系统、自动化控制系统的设计。

4. 外围保护系统设计

建筑外墙、屋面、门窗的详细设计，防水、保温、隔声系统的详细设计。

5. 园林景观设计

园林绿化、硬质铺装的设计，室外照明、小品、家具的设计。

6. 可持续性设计

能效优化、太阳能利用、雨水回收等可持续设计策略的实施，绿色建筑认证标准（如LEED、BREEAM）的应用。

7. 施工准备

施工图纸的编制，包括所有详图和施工细节；技术规范书的编写，确立材料和工艺标准；施工组织设计，包括施工方法和施工顺序的规划。

8. 成本控制

详细的工程量清单和预算编制。施工成本的估算和控制。

9. 协调与沟通

与客户、施工团队、供应商和审批机构的沟通协调，解决设计与实施过程中的冲突和问题。

10. 审查与合规

确保设计满足所有相关的建筑法规、规范和标准，对设计方案进行审查，以确保安全、合理和可施工。

深化设计的范围非常广泛，需要跨学科的合作和综合各种因素，以确保设计在实际施工中能够顺利实施并达到预期的效果。

3.3.5 深化设计的流程

深化设计流程是将初步设计方案转变为详细施工图纸和技术文件的过程，涵盖了多个步骤，通常包括以下几个阶段。

1. 项目启动

客户和设计团队就深化设计的目标、范围和时间表进行详细讨论；审查和确认初步设计方案，明确深化设计的具体要求。

2. 收集资料

收集相关的地形、地质、气候、法规和现场实测数据；研究适用的建筑规范和标准。

3. 设计协调会议

组织建筑师、结构工程师、机电工程师和其他顾问的协调会议；确定设计中的关键问题和冲突点，并制订解决方案。

4. 深化建筑设计

细化平面图、立面图和剖面图，包括尺寸标注和详细说明；设计详细的建筑节点、门窗、楼梯等。

5. 结构设计深化

结构分析与计算，确保结构安全合理；制作结构施工图，包括基础、柱、梁、楼板等。

6. 机电设计深化

设计水、电、暖通、消防等系统的详细布局和管线走向；准备系统的施工图和配线/管道的详细图纸。

7. 材料和设备选择

确定建筑和装饰材料的具体品种和规格；选择机电设备，并与供应商协调，确保符合设计要求。

8. 编制施工图纸和技术文件

准备详尽的施工图纸和施工细节图；编写技术规范书和材料设备清单。

9. 成本估算

基于设计和材料选择进行成本估算；如有需要，运用价值工程的理论与方法进行成本优化。

10. 设计审查

进行内部审核，确保设计满足所有要求；如有必要，修改设计，以满足客户反馈或合规要求。

11. 提交设计成果

将深化设计文件提交给客户和审批机构；解释设计意图和特点，协助审批过程。

12. 施工准备

协助或指导施工团队理解设计；准备施工现场的监理或技术支持。

13. 施工阶段的设计支持

在施工过程中提供技术支持和解决现场问题；处理变更请求，更新图纸和文件。

这个流程是迭代的，可能需要多次调整和优化，以确保设计方案的质量、合规性、可行性和控制成本。在实际操作中，根据项目的规模和复杂性，深化设计的具体步骤和顺序可能有所不同。

3.3.6 深化设计的注意事项

在进行深化设计时，需要注意以下几个关键点，以确保设计的高质量和工程的顺利实施。

1. 合规性

确保设计严格遵守所有相关的法律法规、建筑规范、安全标准和行业标准；考虑到可访问性标准、环境保护要求等。

2. 与初步设计的一致性

深化设计应基于批准的初步设计方案，保持设计的连贯性和整体性；对初步设计进行修改时，应与客户和相关利益相关者沟通，并获得批准。

3. 细节处理

详细考虑施工细节和建造方法，减少施工中的变更和返工；重视节点设计，确保不同材料和系统的正确对接。

4. 材料选择

选择适当的建筑和装饰材料，考虑性能、耐久性、维护、可持续性和成本；考虑材料的供应链和可用性，以免影响工程进度。

5. 成本控制

通过深化设计过程中的成本估算，持续监控项目成本；进行价值工程，通过优化设计降低成本，但不牺牲质量。

6. 协调与沟通

建立和维护良好的跨学科沟通，确保建筑、结构和 MEP 设计协调一致；定期召开协调会议，解决设计中的问题。

7. 施工技术可行性

考虑施工方法和施工技术的实际可操作性；设计时，应考虑施工安全和工人操作的便利性。

8. 可持续性和能效

应用可持续设计原则，优化能源使用和环境影响；考虑建筑的生命周期成本，包括运营和维护。

9. 系统集成

确保各系统之间的兼容性和集成性，特别是机电系统；计划好空间布局，以便于系统的安装和维护。

10. 图纸和文档的清晰度

确保所有施工图纸和技术文件清晰、准确、无歧义；图纸应包含足够的细节，方便施工团队理解和执行。

11. 风险管理

识别设计和施工中可能的风险，制订相应的预防和应对措施；进行设计审查，以发现并解决潜在的问题。

12. 用户和运营需求

深入理解用户的需求和使用习惯，确保设计满足功能性和舒适性要求；考虑建筑的运营和维护方面，简化维护工作，并降低长期成本。

13. 技术更新和创新应用

保持对最新建筑技术和材料的关注，评估是否适合应用于当前项目；利用先进技术(如 BIM)来提升设计质量和工作效率。

通过注意这些事项，可以使深化设计更加精确和高效，降低施工过程中的错误和延误，最终达到预期的建筑质量和功能要求。

3.3.7 深化设计的应用场景

深化设计的应用场景广泛，涵盖了建筑项目的多个方面，以下是一些常见的应用场景。

1. 建筑详图制作

创建详细的建筑施工图，包括尺寸、材料、结构等信息，确保施工团队能够准确执行设计意图。

2. 结构工程深化

结构设计师根据建筑设计要求，进行结构计算和细部设计，输出结构施工图和施工细节，确保建筑的安全性和稳定性。

3. MEP 系统设计

对机械、电气和管道系统进行深化设计，制订详细的布局方案，以及各种系统的集成方案，确保系统的有效性和高效性。

4. 室内设计和装修

对室内空间进行详细设计，包括材料选择、家具布局、照明设计等，以满足功能性和美观性的要求。

5. 外观和立面设计

对建筑的外观立面进行深化设计，包括材料选择、色彩搭配、装饰元素的设计等，以体现建筑的整体风格和特色。

6. 景观设计

对建筑周边的自然景观和人造景观进行深化设计，包括植被安排、硬质铺装、户外家具、照明和水景等。

7. 施工图纸审核

在施工前，对深化设计的图纸进行详尽的审核，确保施工图纸和设计图纸的一致性，减少施工过程中的变更和返工。

8. 预算和成本控制

利用深化设计的详细信息，进行更准确的成本预算和控制，以保证项目不超出预算。

9. 建筑性能模拟

在深化设计阶段，对建筑的能耗、热舒适性、照明、声学等性能进行模拟分析，以优化设计方案。

10. 施工规划与协调

基于深化设计文档，施工团队可以制订详细的施工计划和物流管理方案，以及与供应商和承包商之间的协调工作。

11. 预制构件设计

对于采用预制建造方式的项目，深化设计阶段需要详细设计预制构件的尺寸、接口和安装要求。

12. 建筑法规和标准的遵循

确保设计满足当地建筑法规、规范和标准，包括消防安全、无障碍设计、节能环保标准等。

深化设计阶段是将初步设计概念转化为可实施施工的技术文件的关键过程，对于确保设计质量、控制成本和缩短工期至关重要。

3.3.8 深化设计的案例解析

案例:某高端商业综合体深化设计。

1. 案例背景

项目名称:蓝海国际商业中心。

项目类型:商业综合体。

项目规模:总建筑面积约 15 万 m^2,包含购物中心、办公楼和酒店。

设计理念:创造一个集购物、娱乐、办公和居住于一体的综合环境,以现代化的建筑风格和智能化的建筑管理系统打造城市地标。

2. 设计难点

结构复杂性:该项目要求在有限的土地面积内实现多功能的立体空间布局,需要解决复杂的结构设计和楼层承载问题。

空间利用:商业中心的空间需求多变,需要通过灵活的内部空间来适应未来租户的多样化需求。

智能化系统集成:要求建筑内部的智能化系统能够高效整合,以实现能源管理和用户舒适性的最优化。

环境可持续性:设计中要充分考虑节能减排,实现绿色建筑标准。

3. 深化设计措施

(1) 结构设计深化:① 采用混合结构系统,结合钢结构和混凝土框架,优化结构布置;② 引入专业结构工程顾问,进行模拟分析,确保结构安全和稳定。

(2) 室内空间深化:① 设计可移动隔墙系统,允许未来空间重新配置;② 针对商业区域,设计多种布局方案,以适应不同商户需求。

(3) 智能化系统深化:① 整合楼宇自动化系统、智能照明和 HVAC 系统,采用先进的控制技术,确保能源使用最优化;② 引入物联网技术,通过传感器和数据分析优化建筑运营。

(4) 绿色建筑设计深化:① 设计高效的外墙保温系统,减少能量损失;② 安装绿色屋顶,收集雨水用于灌溉和冲厕,同时提供良好的保温性能。

4. 实施效果

结构稳定:经过深化设计,结构系统满足所有安全需求和功能性需求。

空间灵活性:室内空间设计的灵活性受到租户的欢迎,能够快速适应市场变化。

智能化成效显著:智能系统的实施降低了能源使用,提升了用户体验。

绿色环保目标达成:建筑的节能减排效果良好,获得了绿色建筑认证。

5. 经验总结

专业团队合作:在复杂项目中,需要跨专业团队紧密合作,尤其是在结构和机电系统方面。

技术集成:智能化和绿色技术的集成,需要从设计开始就深入考虑,确保技术和空间设计的无缝对接。

拓展阅读：如何在深化设计过程中应对可能出现的风险

灵活性设计：商业空间的设计不仅要满足当前需求，还要考虑未来的灵活性和可持续性。

可持续性原则：绿色建筑设计不仅是为了达到标准，更是一种对环境负责的态度，需要贯穿于设计的各个方面。

通过这个案例，可以看到深化设计是将初始概念转化为可行、详细设计方案的过程。它涉及多个层面的决策和优化，要求设计团队不断调整和改进，以满足实际的建筑要求和使用功能。

3.4 协同设计

微课：协同设计概念

3.4.1 协同设计的概念

协同设计是一种设计方法，强调团队合作、信息共享和集体决策，旨在提高设计效率、创新性和质量。以下是协同设计的一些关键概念。

(1) 团队合作：协同设计鼓励团队成员之间的合作与协作。不同专业背景和技能的人员共同参与设计过程，通过共同努力，充分发挥各自的专长，实现设计目标。

(2) 信息共享：在协同设计中，团队成员共享设计文件、数据和信息，以便所有人都能了解项目的最新进展、设计方向和决策。信息共享有助于减少信息孤岛，确保团队成员在同一页面上。

(3) 实时协作：协同设计通常涉及实时协作，团队成员可以同时编辑设计文件、进行讨论和提供反馈。实时协作有助于团队快速响应变化、解决问题和做出决策。

(4) 交叉学科合作：协同设计鼓励不同专业背景的人员之间的交叉学科合作。通过跨学科团队的合作，可以获得更全面、多样化的设计方案，促进创新性和创造性。

(5) 设计决策：在协同设计过程中，团队成员共同参与设计决策。通过集体讨论和协商，团队可以共同制订最佳的设计方案，确保设计符合各方的需求和标准。

(6) 迭代设计：协同设计强调设计的迭代过程，团队成员反复审查、修改和完善设计方案。通过不断地迭代，团队可以逐步改进设计，达到更优秀的设计结果。

综合来看，协同设计是一种注重团队合作、信息共享和集体决策的设计方法，旨在促进设计效率、创新性和质量，适用于各种设计领域和项目类型。

3.4.2 智能建造协同设计的概念

智能建造协同设计是指在建筑和建造领域中，利用智能技术和数字化工具，通过协同合作的方式实现设计和建造过程的优化和创新。这种方法结合了智能技术、数据分析和协同工作，旨在提高建筑项目的效率、质量和可持续性。

智能建造协同设计包括以下关键点。

(1) 数字化建模与仿真:利用建筑信息模型等数字化建模工具,团队成员可以共享实时更新的设计信息和数据,进行建筑模型的多维度仿真分析,有助于优化设计方案和预测项目效果。

(2) 虚拟现实与增强现实:通过使用虚拟现实和增强现实技术,团队成员可以在虚拟环境中模拟建筑设计,进行实时的沟通和协作,检查设计冲突,提前发现问题,并做出调整。

(3) 实时协作与远程工作:智能建造协同设计倡导实时协作和远程工作,团队成员可以通过协同工作平台进行远程会议、文件共享、实时编辑,从而提高团队之间的沟通效率和协作效果。

(4) 数据驱动决策:通过数据分析和可视化工具,团队可以利用大数据分析、人工智能等技术来辅助设计决策,优化建筑性能、节能效果和可持续性,提升设计质量。

(5) 生产和数字化施工:智能建造协同设计还包括数字化生产和智能化施工技术的应用,如机器人施工、3D 打印等,以提高施工效率和质量。

通过智能建造协同设计,建筑团队可以实现更高效、创新和协同的设计与建造过程,为建筑行业带来更多的发展机遇和可持续发展。

3.4.3 协同设计的应用场景

协同设计(Collaborative Design)是智能建造中的一项重要应用,涉及多个专业领域的专家共同在虚拟环境中进行设计工作,以提高设计效率和质量。以下是协同设计在智能建造中的一些应用场景。

1. 建筑信息模型技术应用

通过 BIM 软件,建筑师、结构工程师、MEP 工程师能够共同在统一的模型上工作,实现设计信息的实时共享和更新。

2. 虚拟现实与增强现实技术应用

利用 VR 和 AR 技术,设计团队可以共同浏览和评审三维设计模型,即使身处不同地点,也能进行有效地沟通和协作。

3. 云计算和云协作平台

设计数据和软件部署在云端,允许团队成员随时随地访问设计模型,并提供计算资源,加速设计分析和模拟过程。

4. 实时设计审查和修改

在设计阶段,各专业工程师可以实时审查其他专业的设计成果,及时提出修改意见,减少后期的返工和修改成本。

5. 跨专业数据集成

结合各专业工具和数据库,实现设计数据的无缝对接,如将结构分析数据直接应用到建筑设计模型中,提高设计的精准度和效率。

6. 模拟与分析

多专业团队协作，进行能源效率分析、结构安全评估、施工模拟等，以验证设计方案的可行性和合规性。

7. 智能设计辅助

利用人工智能算法辅助设计过程，如自动化布局、性能预测等，协助设计师做出更加科学合理的设计决策。

8. 项目管理和通信

在项目管理软件中整合设计任务，协调各方进度，确保设计阶段的高效推进和资源优化配置。

9. 施工阶段的协同

施工团队可以基于设计团队的模型，进行施工规划和协调，及时反馈现场问题，调整设计，以适应实际施工条件。

智能建造领域的协同设计不仅仅局限于上述场景，随着技术的发展，将会有更多创新的应用场景出现。这些应用能够显著提高设计质量、降低成本、缩短工期，并增强项目的可持续性和安全性。

3.4.4 协同设计的应用案例

呼和浩特生产调度指挥中心项目为呼和浩特市的新地标，也是智能建造协同设计成功应用的典范之一，如图 3-1 所示。以下是关于呼和浩特生产调度指挥中心智能建造协同设计应用的详细阐述。

图 3-1 呼和浩特生产调度指挥中心效果图

1. 项目概况

本工程位于呼和浩特市赛罕区二纬路以南、阿吉泰路以西，距离内蒙古自治区政府约 2km，距离呼和浩特市政府约 900m，距离呼和浩特东站 1.5km，距呼和浩特白塔国际机场 5km，处于呼和浩特市最核心位置。

项目包括地下地库和 2 幢 15 层高的综合楼（商务办公、生产调度）。总建筑面积约 $54450m^2$，其中地上建筑面积约 $40400m^2$，地下建筑面积约 $12600m^2$。

2. 项目难点

超长大体积结构：本工程车库结构尺寸约为 100m×140m，属于超长超大的混凝土结构，其中地下室外墙厚 400mm，底板最厚混凝土厚度为 1.8m。底板最大一次浇筑的混凝土量达 $5000m^3$，确保混凝土结构不会因温度变化及徐变产生有害裂缝，是本工程施工的重点。

超长跨度劲性结构：本工程存在多处竖向构件框架柱，水平构件梁的劲性结构，最大框架柱构件高度为 15m，梁最长跨度为 28m，如何保证对位准确，混凝土和钢结构组合成型质量，是本工程的重点和难点。

不规则异形结构：本工程存在多处异形结构，如塔楼外侧圆弧梁、梁柱交接部位节点多，屋面不规则椭圆形梁、板等多处异形结构，如何准确无误地完成施工任务是本工程的重点和难点。

高大空间结构：科技报告厅长 29.15m、宽 25.8m、高 10.12m，顶梁最大截面积为 650mm×1800mm，属于预应力混凝土结构，此部位高度、跨度及质量均超过一定规模的危大工程。

外立面复杂：外立面幕墙造型复杂，LOW-E 玻璃、玻璃幕墙背衬铝板、穿孔铝板、单面陶板、双面陶板、陶棍、镜面不锈钢、精制钢等 11 种幕墙材料，广泛使用单曲玻璃、双曲玻璃，构造复杂、施工精度要求高。

弱电系统复杂：本工程弱电系统分为 6 个大系统，33 个小系统，系统复杂，管线较多，机电管线预埋及综合排布较为重要。

3. BIM 技术的应用

设计团队在呼和浩特生产调度指挥中心项目中广泛应用 BIM 技术。BIM 技术使设计团队能够在一个统一的数字化平台上创建、管理和共享建筑数据。团队利用 BIM 建立建筑的几何形状、结构、材料信息等，实现设计与施工的无缝协同。

1）更为直观的图纸会审（图样会审）

在本工程中，利用 BIM 的设计能力与可视化的特点，为本工程的图纸会审与设计交底工作，提供最为便利与直观的沟通方式。首先，BIM 团队采用 Autodesk Revit 系统软件，根据本工程的施工设计图纸进行三维建模。通过建模工作可以复核各专业原设计中不完整、不明确的部分，经整理后，以图样会审方式提供给设计单位。其次，结合 BIM 技术的设计能力，对各主要系统进行详细的复核计算，提出优化方案供业主参考，见图 3-2～图 3-7。

图 3-2 潜污泵立管与散热器碰撞

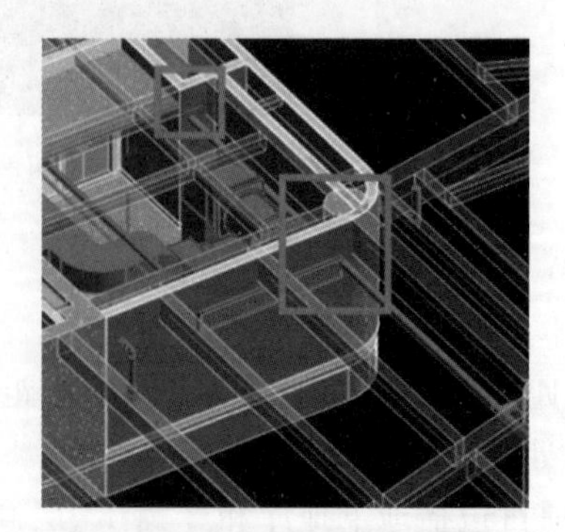

图 3-3 喷淋管道与风口碰撞

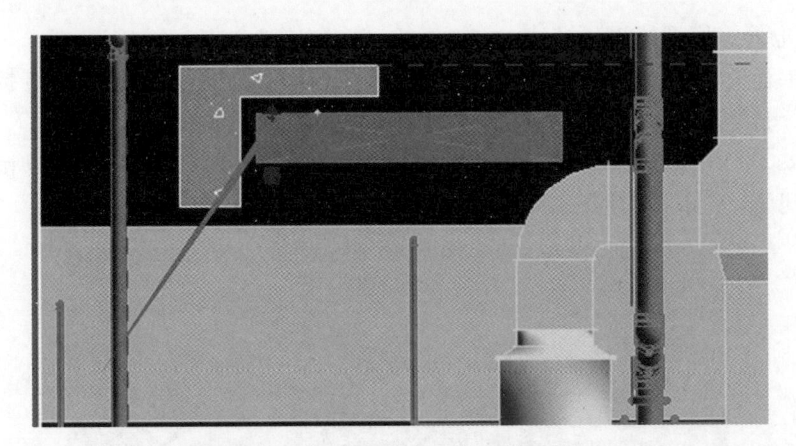

图 3-4　空调立管与风管立管碰撞

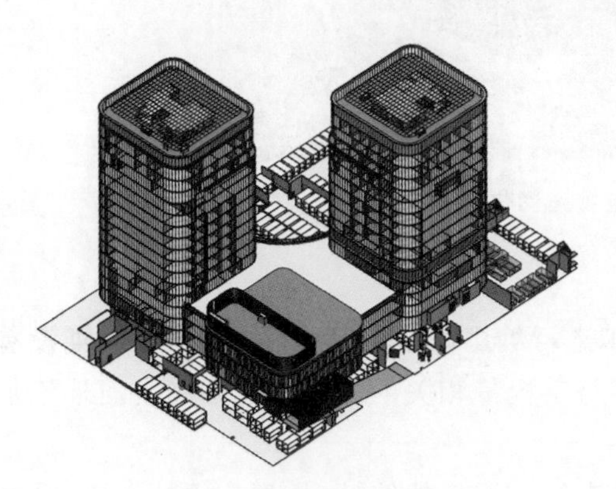

图 3-5　建筑专业模型

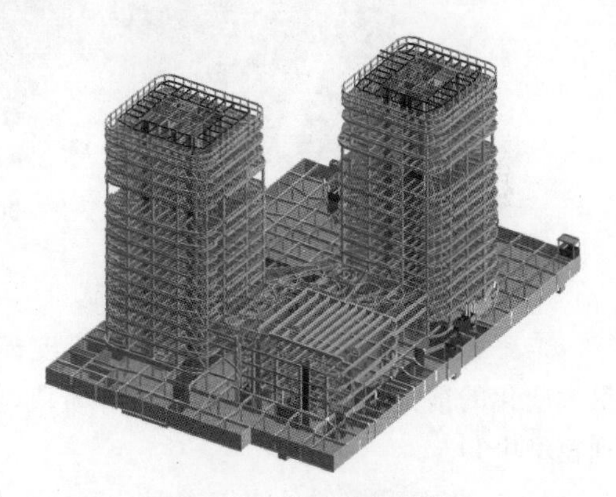

图 3-6　结构专业模型

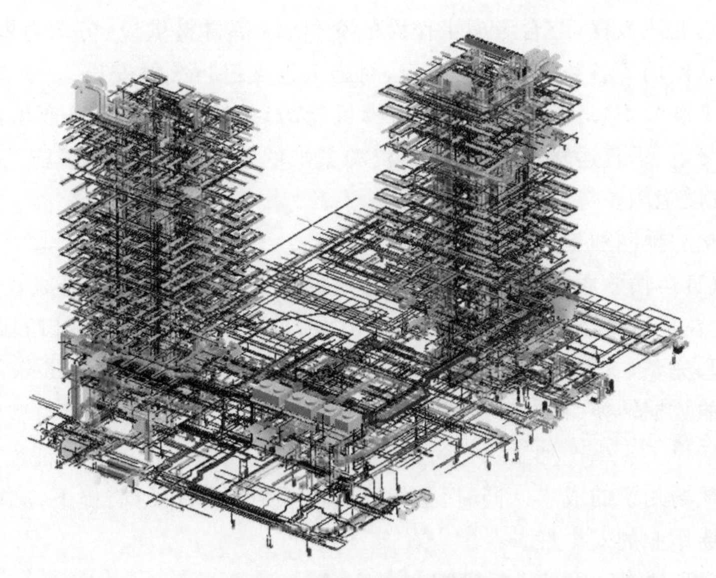

图 3-7　机电设备专业模型

2）机电管综模型的深化设计

在本工程中，基于 BIM 的协同设计特点，在 Revit 中将建筑、结构模型链接至机电模型中，进行机电管线的优化，并在 Revit 中进行碰撞检查，或将其导入 Autodesk Navisworks 软件中做碰撞检测，并根据检测结果加以调整。这样，不仅可以快速找到并解决碰撞问题，还能够创建更加合理美观的管线排列，如图 3-8 所示。

图 3-8　机电管线优化

3）利用 BIM＋进行施工进度控制

本工程中，采用 BIM 技术的施工进度模拟进行编排。在工程总量与施工总工期没有重大变化的前提下，首先，在深化设计阶段，将与工程量相关的图元参数准确全面地添加到模型中。

其次，将模型按项目施工进度分区或分层进行工程量的统计，从而获得分区段、分系统工程量分析，并从中分别提取出设备、材料、劳动力需求等数据。

最后，借用上述数据，综合考虑工作面的交付、设备材料供应、劳动力资源、垂直运输能力、临时设施使用等各类因素的平衡点，对施工进度进行统筹安排。

借用 BIM 模型 4D、5D 功能的统计与模拟能力，解决施工高峰所产生的施工管理混乱、临时设施匮乏、垂直运输不力、劳动力资源紧缺的矛盾，同时避免了施工低谷期造成的劳动力及设备设施闲置等资源浪费现象。

4）BIM 化的预制加工方案

工程的垂直运输矛盾是制约项目顺利推进的困扰。工厂化预制是减轻垂直运输压力的重要途径。在项目中，预制加工设计通过 BIM 实现的。在深化设计阶段，项目部可以制作较为合理、完整、又与现场高度一致的 BIM 模型，把它导入 Autodesk Inventor 软件中，通过必要的数据转换、机械设计以及归类标注等工作，可以把 BIM 模型转换为预制加工设计图纸，指导工厂生产加工。通过模型实现加工设计，不仅可以保证加工设计的精确度，也减少了现场测绘的成本。同时，在保证高品质管道制作的前提下，减轻垂直运输的压力，提高现场作业的安全性。

5）利用模型对施工质量进行管控

由于在模型的管线综合阶段，已经一一查找并解决所有碰撞点，且模型是根据现场的修改信息即时调整。因此，可以以 BIM 模型为衡量标准，判断施工现场是否是按模型施工，如图 3-9 所示。

图 3-9　利用 BIM 模型进行现场质量管控

6）系统调试工作

呼和浩特生产调度指挥中心是一座系统庞大且功能复杂的建筑，系统调试的好坏将直接影响本工程的顺利竣工及日后的运营管理。因此，利用 BIM 模型把各专业系统逐一分离出来，结合系统特点与运营要求在模型中预演，并最终形成调试方案。在调试过程中，项目部把各系统调试结果在模型中进行标记，并将调试数据录入模型数据库。在帮助完善系统调试的同时，进一步提高了 BIM 模型信息的完整性，为项目竣工后的日常运营管理提供必要的资料储备。

4. 设计与施工协同

利用 BIM 技术，设计团队与施工团队之间实现了高效的协同工作。设计团队通过 BIM 模型提供详细的设计信息，包括结构、机电设备等，使施工团队能够在建造过程中更好地理解设计意图，减少设计变更和施工误差。

5. 虚拟现实技术的运用

项目中也广泛运用 VR 技术。设计团队利用 VR 技术创建虚拟建筑模型，使团队成员可以在虚拟环境中体验建筑设计，进行实时的讨论和决策。这有助于团队更好地理解建筑设计，发现潜在问题，并提出改进方案。

6. 数据驱动决策

在呼和浩特生产调度指挥中心项目中，设计团队利用 BIM 数据和分析工具进行数据驱动的决策。通过分析建筑物的能源利用、结构性能等数据，设计团队能够优化建筑设计，提高建筑的效率和可持续性。

7. 协同设计平台的应用

设计团队还借助协同设计平台，实现团队成员之间的实时协作和信息共享。通过协同设计平台，团队成员可以共同编辑设计文件、进行讨论和决策，确保团队在同一页面上高效地完成设计任务。

通过应用上述智能建造协同设计，呼和浩特生产调度指挥中心目实现了设计与施工的高效协同，优化了建筑的设计质量和施工效率，展示了智能技术在建筑行业中的重要作用和潜力。

【知识拓展】

2022年住房和城乡建设部印发通知，公布《"十四五"建筑业发展规划》，确立了建筑行业未来五年的发展蓝图，勾画出推动行业进步的宏伟目标与具体任务。规划中特别提出了智能设计的重要性，将之视为提升建筑业效率和质量的关键手段。该规划鼓励建筑企业借助BIM、AI和大数据等前沿技术，实现建筑业的数字化转型；同时，新型基础设施的快速建设也为智能设计提供了广阔舞台。此外，绿色发展的推进亦需依赖智能设计在项目早期阶段的综合评估与优化；而在创新层面，新技术、新材料的运用无疑以智能设计为先导。产教融合的号召则旨在通过教育培训，为行业输送精通这些新兴工具和理念的人才。

《"十四五"建筑业发展规划》的发布，不仅是对建筑业未来发展方向的明确指引，更是对智能设计在行业革新中核心作用的强调与认可。数字化转型的深入、新型基础设施的智能化规划建设、绿色生态的系统性优化以及工程建设的创新实践，均将智能设计置于关键节点。产教融合策略的推进，更是着力于培育与时俱进的设计人才，旨在缔造更高效、更绿色、更智能的未来建筑业。这一系列政策举措，将引领中国建筑业走向全面创新、和谐发展的新时代。

单元小结

本单元综合介绍了智能规划、智能设计、深化设计和协同设计四个关键环节。智能规划侧重于项目前期的数据驱动决策，智能设计利用高级建模工具和人工智能算法优化设计方案，深化设计则聚焦于细节的精确打磨，确保设计方案的施工可行性。协同设计强调多学科团队间的实时通信与合作，通过共享的数字平台整合各方信息，以提高项目的整体效率和质量。整体而言，这些环节共同构成了智能建造中设计阶段的骨架，引领建筑设计流程向智能化、精准化和高效化转型。

【任务思考】

复习思考题

一、单选题

1. 智能规划中使用的数据通常来自(　　)。
   A. 传统测绘　B. 建筑规范　C. 遥感技术　D. 用户反馈
2. 在智能设计过程中,(　　)不是参数化设计软件的典型功能。
   A. 生成复杂的几何形状　B. 数据驱动的设计决策
   C. 自动执行结构分析　D. 手动绘制设计草图
3. 深化设计的主要目的是(　　)。
   A. 提升设计的创新性　B. 确保设计满足建筑规范
   C. 加快设计的速度　D. 优化设计的成本
4. 协同设计中,(　　)通常不参与直接设计工作。
   A. 建筑师　B. 结构工程师　C. 施工经理　D. 客户代表
5. BIM 在智能建造中的作用主要体现在(　　)。
   A. 项目成本核算　B. 设计可视化　C. 施工过程模拟　D. 所有选项
6. 在智能建造中,(　　)技术不是用于提高能源效率的。
   A. 太阳能面板　B. 地热供暖
   C. 3D 打印建筑元件　D. LED 照明

二、多选题

1. 智能规划阶段主要考虑的因素包括(　　)。
   A. 土地利用效率　B. 环境保护要求　C. 预算限制
   D. 施工技术　E. 法规遵守
2. 智能设计阶段通常用到的技术有(　　)。
   A. 参数化设计　B. AI 算法　C. 虚拟现实
   D. 3D 扫描　E. 人工智能优化
3. 在深化设计阶段,设计团队需协作完成的任务包括(　　)。
   A. 结构分析　B. 审核施工图纸　C. 选择材料
   D. 编制预算　E. 制订施工方案
4. 协同设计中通常使用的协作工具包括(　　)。
   A. 版本控制系统　B. 在线会议软件　C. 项目管理软件
   D. 云存储服务　E. 邮件通信
5. 智能设计可以帮助解决的问题包括(　　)。
   A. 设计方案的多样性　B. 提升设计效率　C. 成本控制
   D. 施工过程中的安全问题　E. 后期维护的便捷性
6. 在智能建造项目中,(　　)参与方可能会参与协同设计。
   A. 建筑师　B. 结构工程师　C. 机电工程师
   D. 施工方代表　E. 项目投资者

三、简答题

1. 智能规划在建筑项目中的作用是什么？

2. 智能设计如何改变传统建筑设计流程？

3. 深化设计阶段通常包括哪些具体内容？

4. 简述深化设计在建筑设计阶段中的作用和重要性。

5. 协同设计有哪些优势？

6. 智能建造中的“智能”具体指什么？

7. 某项目是集合商业、酒店、办公于一体的城市综合体，机电工程影响建筑工程的整体性能质量，机电工程中的机房工程又是重点和难点，在机房工程 BIM 建模的一个重点就是管线综合排布，请简述机房工程 BIM 建模中的管线排布原则。

8. 协同绘图的两种主要方式是什么？其各自的优缺点是什么？

第4单元 智能生产

单元知识导航

【思维导图】

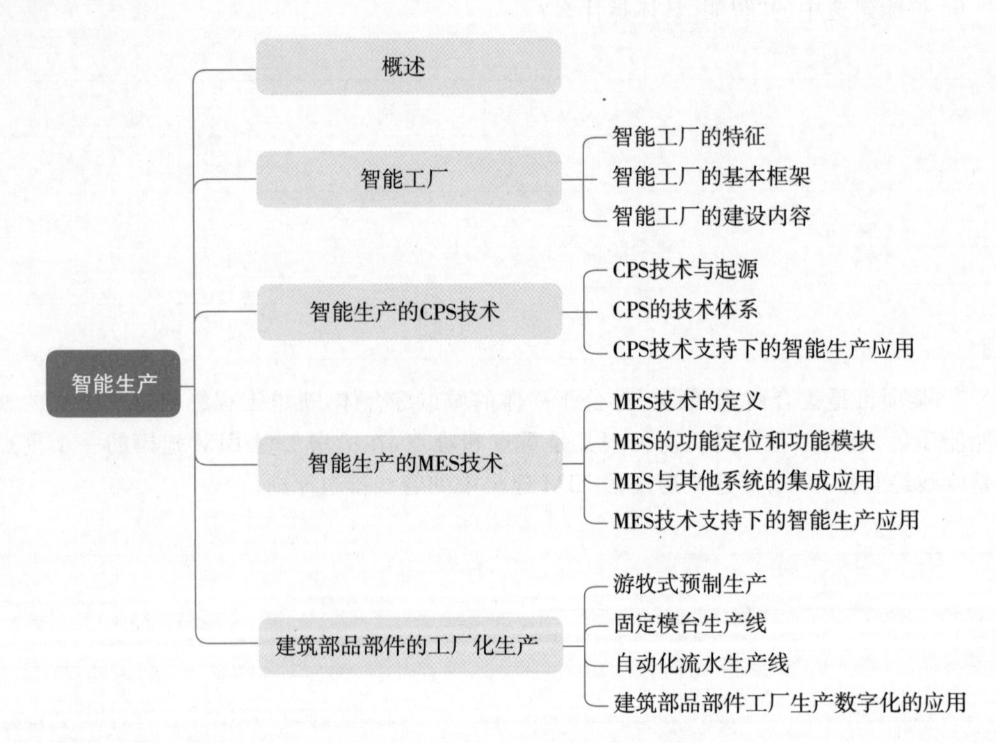

【学习目标】

1. 知识目标

(1) 掌握 CPS 的技术框架及其内容。

(2) 掌握 MES 技术及其内容。

(3) 掌握智能工厂的建设框架。

(4) 熟悉 MES 与其他系统的联系。

2. 技能目标

(1) 具备智能生产框架的设计能力。

(2) 具备自我分析问题的能力。

3. 素养目标

(1) 培养注重实践的务实意识。

(2) 提升专业爱岗的奉献精神。

【学习重难点】

(1) CPS 技术及其内容。

(2) MES 技术。

4.1 概 述

智能生产都是在工厂里进行的，智能工厂主要研究智能化生产系统及其过程和网络化分布生产设施的实现，其特征主要包括利用物联网技术实现设备间高效的信息互联，数字工厂向“物联工厂”升级，操作人员间实现获取生产设备、物料、成品等相互间的动态生产数据，满足工厂全天监测需求；基于庞大数据库实现数据挖掘和分析，使工厂具备自我学习能力，并在此基础上完成能源消耗的优化、生产决策的自动判断等任务；引入基于计算机数控机床、机器人等高度智能化的自动化生产线，工厂能满足客户个性化定制和柔性化生产的需求，有效缩短产品生产周期，并大幅度降低产品成本；基于配套智能物流仓储系统，管理人员通过自动化立体仓库、自动输送分拣系统、智能仓储管理系统等，可实现仓库管理各环节数据的实时录入，以及对货物入库的高效管理；工厂内配备的电子看板显示生产的实时动态，操作人员可远程参与生产全过程的修正或指挥。

建筑领域智能生产的最初表现形式是将传统现浇施工搬到工厂进行预制生产。在智能化发展趋势和背景下，更强调信息化与工业化高度融合的建筑工业化生产。传统的建造方式湿作业工作量大、所需的人工多、能耗较大、周期较长、机械化程度较低，以现浇为主的建造方式显然已无法满足建筑业的发展需求和部分国家政策的要求。随着工业化和装配式建筑的发展，越来越多的预制构件工厂开始出现，已将施工现场大部分的现浇作业搬到工厂中进行，这推动着建造方式由过去的半手工半机械化模式向自动化生产过程的转变，而建造也正在逐步走向“制造”。

4.2 智 能 工 厂

微课：智能生产

2012 年美国通用电气提出“工业互联网”的概念，2013 年德国提出“工业 4.0”，2015 年中国提出“中国制造 2025”，这三者最重要的目标就是建立智能化工厂，实现智能制造。智能制造就是面向产品全生命周期，实现泛在感知条件下的信息化制造，通过智能化的感知、人机交互、决策和执行技术，实现设计过程、制造过程和制造装备的智能化。智能生产是智能制造的主线，而智能工厂是智能生产的主要载体。

在建筑行业的实践中，智能工厂尚处于起步阶段，较为常见的是装配式预制构件工厂，以预制件、部品为主要产品类型。目前的生产工厂以固定模台和自动流水生产线为主，即使是全自动流水生产线也未达到完全智能建造的要求。

智能工厂有自主能力，可采集、分析、判断、规划；通过整体可视技术进行推理预测，利用仿真及多媒体技术，将实现扩增展示设计与制造过程。系统中各组成部分可自行组成最佳的系统结构，具备协调、重组及扩充特性，已系统具备自我学习、自行维护的能力。因此，智能工厂实现了人与机器的相互协调工作，其本质是人机交互。智能生产是以智能工厂为核心，将人、机、料、法、环连接起来，多维度进行融合。在工业物联网、移动通信、云计算等技术的推进下，未来智能工厂中，人类、机器和资源能够互相通信。智能生产线的产品"知道"它们是什么时候被生产的，如何被生产出来的，也知道它们的用途，甚至知道"对我进行处理应该使用哪种参数""我将运输到哪个工地"等信息。

4.2.1 智能工厂的特征

智能工厂的管理全过程有几个典型的特征，即全要素数字化、全流程网络化和数据驱动的决策智能化。这几个特征相辅相成，相互赋能，从生产阶段一直延伸到施工、运维阶段。

1. 全要素数字化

对生产阶段的全要素进行数字化是从产品设计数字化模型表达，向工艺、制造、服务等全生命周期阶段全要素的数字化模型的表达延伸。人、机、料、法、环是全面质量管理理论中五个影响产品质量的核心要素的简称，在智能工厂的体系构架中，也要对这五个要素进行数字化和虚拟化，打破原有以文档和图纸为核心的产品描述方式，建立统一的建筑产品，以及构件或部品的 BIM 三维模型及标准。基于 BIM 三维模型，统一数据源管理，产品能在研发、生产、施工和运维过程保持唯一数字化模型的不断迭代，并在全生命周期活动，通过建立共享的数据库和知识库，实现全生命周期的 BIM 三维工程应用。

2. 全流程网络化

全流程网络化实际上是指在工厂中搭建畅通的传感网络，获取单工厂、多工厂、智能设备、构件或部品仓储、生产执行等工程大数据，形成全要素的数据信息传输通道，实现数据网络化，确保数据在流程上的贯通，以及各业务环节数据智能协同，并形成闭环。产品全生命周期及生产全生命周期向一体化和价值链广域协同模式进行转变。

3. 数据驱动的决策智能化

数据驱动的决策智能化是基于工厂生产中工业大数据和工程大数据的挖掘与应用，持续改进生产过程的性能和生产决策效率。其通过全流程网络传输的数据，利用智能化算法和仿真持续改进生产性能，开展资源约束的最优化排产、生产全过程管控、产品质量全过程监控、预测偏差等管理活动。这一特征可以实现从经验决策模式向工程大数据支撑下的智能化管理模式的转变。

4.2.2 智能工厂的基本框架

智能工厂拥有三个层次的基本框架，分别为顶层的计划层、中间的执行层及底层设备的控制层，大致可对应 ERP（企业资源计划）系统、MES（Manufacturing Execution System，制造执行系统）以及 PCS（过程控制系统），如图 4-1 所示。

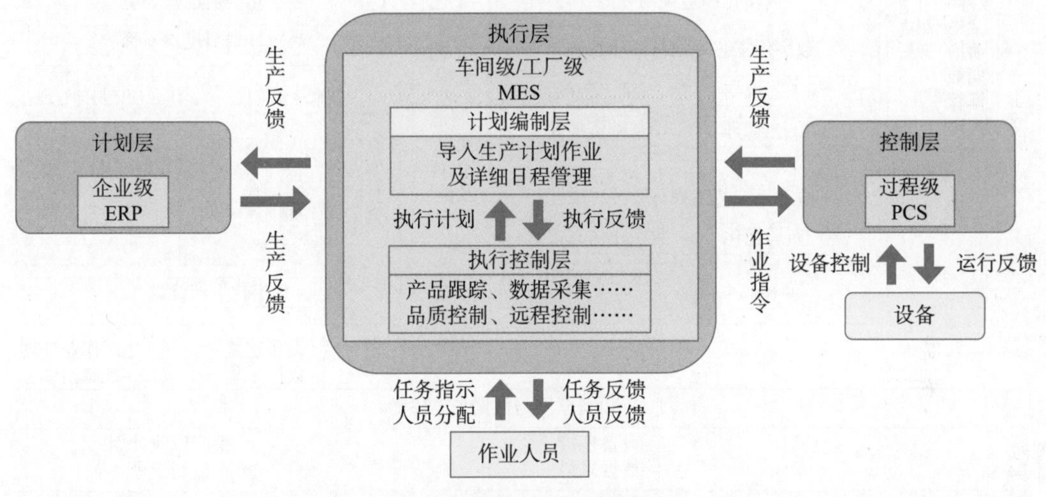

图 4-1 智能工厂的基本框架

这三个层次的基本架构和三个典型特征决定了智能工厂建设需要得到三个方面的技术支撑：一是工厂生产的数字化，二是信息物理融合系统，三是制造执行系统技术。

4.2.3 智能工厂的建设内容

从本质上来讲，智能工厂是智能建造落地的重要组件。由于工厂的生产场景相对固定，产品标准化程度高，流程清晰，面向建筑产品的智能生产过程更接近于制造业，借鉴智能制造的成熟经验，智能工厂的实现需要纵向生产管理集成和横向供应链集成，其总体建设框架如图 4-2 所示。

1. 数字化工艺规划与设计系统

数字化工艺规划与设计系统解决方案以 PBOM（即在产品工艺的基础上，加入了工艺流程的信息）为核心，提供数字化一体环境下的工艺规划、设计、管理和发布的完整能力，通过打通设计工艺数据流，确保设计工艺业务流程的顺畅衔接；并实现结构化的工艺信息管理，建立设计、工艺一体化管控环境，实现设计、工艺与制造的协同，支持产品设计、工艺设计均在同一产品数据管理（Product Data Management，PDM）平台上实现管理。该平台是一种帮助工程师和其他人员管理产品数据和产品研发过程的工具，统一数据源；为企业形成全生命周期数据链管理提供支撑，确保型号设计技术状态与制造技术状态的一体化管理及工艺信息结构化管理需要。

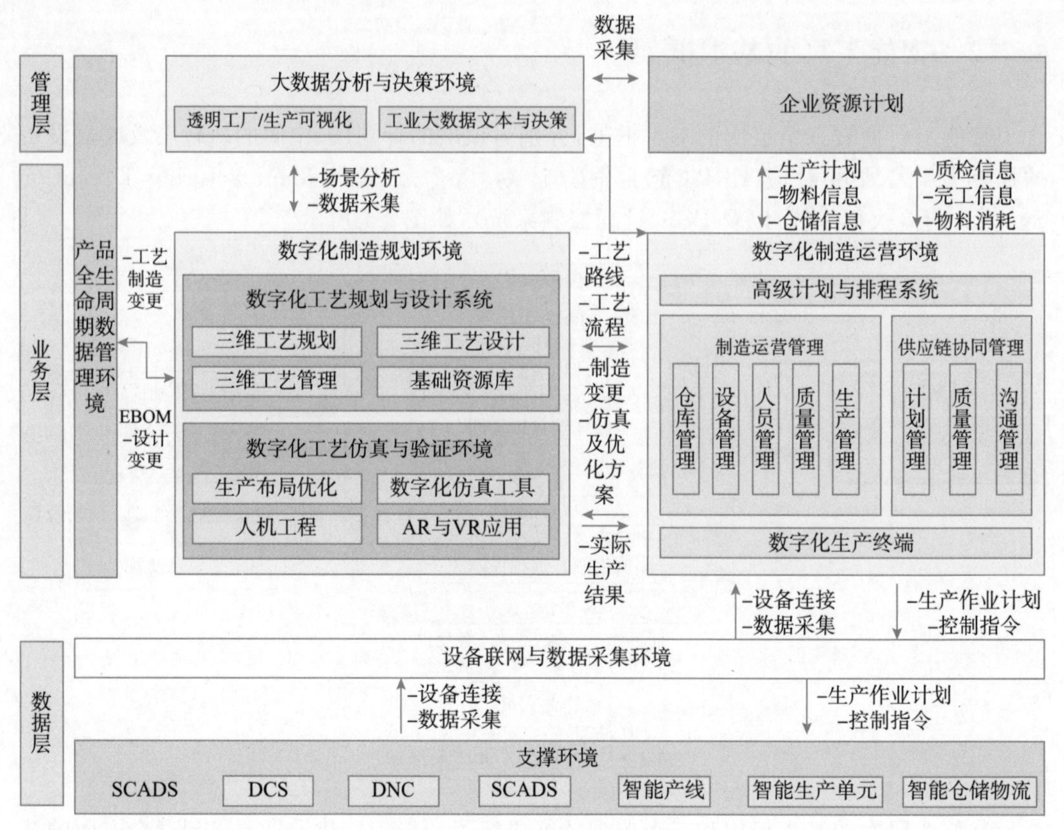

图 4-2 智能工厂的建设框架

2. 数字化工艺仿真与验证环境系统

数字化工艺仿真与验证环境系统解决方案通过建立与设计制造一体化环境的集成，充分利用设计输出的三维模型开展数字化工艺仿真；同时提供完整的可视化和仿真校验环境，用于生产布局优化仿真、数字化装配及焊接工艺仿真、人机工程仿真。它可以帮助用户在新产品开发、产品实际生产制造、调试检测之前的规划阶段，对制造规划进行审批、仿真、校验，及时发现产品设计、工艺设计等方面存在的问题，有效减少产品缺陷和故障率，降低因干涉等问题而进行的重新设计和工程更改，可有效保证产品质量，降低生产成本，提高生产效率。

3. 高级计划与排程系统

高级计划与排程系统解决方案以运筹学理论为基础，以生产计划排程优化、供应链优化、运输优化、仓储优化为目标，将实际业务问题转化为数学模型，通过建立数学模型及相关算法，同步考虑多种资源约束，融合相关信息系统数据，在所有可能的决策方案中，利用高效算法快速找到符合各种条件约束和目标的优化解决方案，同时支持插改单和计划调整，为企业实现供应链及相关生产过程计划优化管理提供支撑。

4. 制造运营管理系统

制造运营管理系统解决方案不仅覆盖传统 MES 管理服务领域业务，而且将与制造相关的所有执行业务均纳入统一平台管理。通过与前端设计工艺系统的集成,实现数据统一地从生产设计到现场执行的信息传递;同时,统一数据模型、统一数据库可以实现物流、生产、质量等业务相互关联;通过总结与提炼标准业务组件,支持多种制造模式,更适应新业务扩展变更需求;提供制造流程智能分析包,以及实时可视化车间动态看板,显示各关键指标,为生产决策提供数据支撑。

5. 供应商协同管理系统

供应商协同管理系统解决方案是基于价值链横向集成概念,建立企业与供应商协同交流的载体,实现对计划、评审、质量、物资、生产过程的关键节点的系统有效管控,转变工作模式,促使业务管理人员成为知识管理人员。面向订单、计划、质量、采购、合同、供应商进行全要素的结构化、精细化的全面管控,产品及供应商服务质量会得到提升。通过过程化透明管理、数据统计与可视化展示、决策分析与优化,实现企业与供应商之间的全面高效协同。

6. 数字化生产终端

数字化生产终端解决方案通过部署在车间现场的无纸化计算机终端,为制造检验现场人员的核心业务应用提供统一且集成化的交互式工作桌面环境,从而避免多个信息化系统切换带来的复杂操作,提升现场人员的工作效率;实现生产及检验过程的技术资料电子化查看,降低技术文件打印成本,提升技术文件传递效率,确保现场能及时查看到最新发布的技术文件及变更状态,避免因产品变更频繁导致技术状态信息难以及时传递到现场的问题,实现生产及检验问题无纸化反馈与闭环管理。这能有效跟踪问题闭环情况,提升产品制造质量。

7. 设备联网与数据采集环境系统

设备联网与数据采集环境系统解决方案面向人员、设备、材料、方法、环境、检测等众多采集内容,通过 TCP/IP 以太网、数据采集卡、系统集成、人工辅助等方式,实现生产设备的联网,构建出车间生产现场综合数据的交换,可以将设备状态、车间工况、生产数据予以采集、传递、分析等,最大限度地满足生产管理需要,实现生产管理的大数据存储以及云计算功能,从而为智能建造生产环节提供技术支撑。

8. 透明工厂/生产可视化系统

透明工厂/生产可视化系统解决方案在计算机内的虚拟空间进行工厂建模,同时考虑现实工厂的状况驱动虚拟工厂运行,并进行动画处理,描述虚拟世界数字模型间的交互,提高制造端创造价值过程的透明度,使复杂系统的正确决策与建立成为可能。面向制造执行过程,工厂以过程控制和智能分析技术为核心,通过搭建数字化生产管理平台,支持生产过程的可控、可追溯和柔性化,信息模型描述生产系统在现实世界中的行为及交互,跟踪控制制造过程,保障生产运行平稳,提供服务支持,虚实同步、虚实融合,支持制造系统的持续改进与优化。

9. 工业大数据应用与分析

工业大数据应用与分析将给制造企业带来众多的创新和变革。通过物联网等带来的低成本感知和高速设备连接,可实现信息技术和工业系统的深度融合,分布式计算和场景应用分析与决策优化;在新产品创新研发、产品故障诊断与预测、工业生产线物联网分析、工业企业供应链优化和产品精准营销等诸多方面,创新并优化企业的研发、生产、运营、营销和管理方式,给制造企业带来更快的速度、更高的效率和更强的洞察力。

4.3 智能生产的CPS技术

微课:智能工厂

4.3.1 CPS技术与起源

CPS是信息物理系统(Cyber Physical System)的缩写。2015年7月13日,《人民邮电报》的《信息物理系统:智能制造"炼金术"》一文中,将CPS定义为一个包含计算、网络和物理实体的复杂系统,通过3C(Computation、Communication、Control)技术的有机融合与深度协作,以及人机交互接口实现和物理进程的交互,使信息空间以远程、可靠、实时、安全、智能化、协作的方式操控一个物理实体。在制造业中,通过CPS系统将智能机器、存储系统和生产设施融入整个生产系统中,并使人、机、料等能够独立地自动交换信息、触发动作和自主控制,实现一种智能、高效、高质、个性化的生产方式,推动制造业向智能化发展。

简单来讲,CPS就是让整个世界互联起来,如同互联网改变了人与人的互动一样,CPS将会改变人们与物理世界的互动。CPS构建物理空间与信息空间中人、机、物、环境、信息等要素相互映射、实时交互、高效协同的复杂系统,这套系统能够将物理空间的各种"隐性数据"(尺寸、温度、气味等)不断采集并传输到信息空间,使其成为"显性数据",在信息空间对数据进行分析理解,然后转换成有价值的"信息",并计算出在一定目标约束下及一定范围内的最优解,形成对外部环境理解的"知识"储备。同时,将这个最优解以物理空间和物理实体能够接收的形式"优化数据"作用到物理空间。

CPS的智能化实现逻辑大致分为四个阶段。第一阶段是"状态感知",CPS对系统环境信息的自主感知;第二阶段是"实时分析",在通过传感器网络后的感知信息后,CPS对获取到的信息进行适当处理,例如对信息进行分类等;第三阶段是"科学决策",在建立数据库的基础上,对CPS进行整体系统的建模,完成认知任务;第四阶段是"精准执行",通过整体模型与数据库,实现最终决策与系统控制。

CPS的本质是构建一套信息空间与物理空间之间,基于数据之间自动流动的状态感知,实时分析、科学决策、精准执行的闭环赋能体系,解决生产制造、应用服务过程中的复杂性和不确定性问题,提高资源配置效率,实现资源优化。

最早的CPS的科学研究和应用开发的重点是在医疗领域,利用CPS技术在交互式医疗的器械、高可靠医疗、治疗过程建模及场景仿真、无差错医疗过程和易接入性医疗系统等方面进行改善,同时开始建立政府公共的医疗数据库,将其用于研发和管理,实现医疗系统在设计、控制、医疗过程、人机交互和结果管理等方面的技术突破。随后,CPS技术又被运用到交通、能源、市政管理和制造等领域。

4.3.2　CPS的技术体系

1. CPS的系统级划分

资源优化配置的范围可大可小，可优化多台工业机器人协作、优化整个工厂生产规划，根据数据在不同的量级维度闭环自动流动，CPS划分为单元级、系统级、SoS级(System of Systems，系统之系统级)三个层次。

1）单元级

单元级是具有不可分割性的信息物理系统的最小单元，可以是一个部件或一个产品，通过物理硬件、自身嵌入式软件系统及通信模块，构成含有“感知—分析—决策—执行”数据自主流动基本的闭环。

2）系统级

在单元级CPS的基础上，通过引入工业网络，可以实现系统及CPS的协同调配。在这一层级上，多个单元级CPS及非CPS单元设备的集成构成系统级CPS，典型的例子是一条含机械臂和AGV小车的智能装配线。

3）SoS级

在系统级CPS的基础上，可以通过构建CPS智能服务平台，实现系统级CPS之间的协同优化，在这一层级上，多个系统级CPS构成了SoS级CPS，如多条生产线或多个工厂之间的协作，以实现产品生命周期群流程及企业全系统的整合。

需要注意的是，任何一种层次的CPS都要具备基本的感知、分析、决策、执行的数据闭环，都要实现一定程度的资源优化，其信息空间的映射体不一定是视觉上与物理实体相似的模型，其重点是对该实体的关键数据进行数字化建模。

从建筑全生命产业链的各种活动来看，CPS的应用大到包括整个建造体系，小到一个简单的可编程序控制器，这些是一切智能系统的核心。

2. CPS的技术体系构架

CPS被业界及相关政策机构认为是智能制造的“关键核心技术”。CPS主要是通过通信控制技术和实体设备高效集成所产生的智能化体系，可有效借助网络空间实现对实体设备和运行程序的感知、数字化采集和集成、智能化分析和预测，最终实现资源的优化配置，达到网络空间与实体空间在自我组织、协调、适应方面的独立化。

从工业互联网产业联盟(AII)发布的《工业互联网体系架构》中可以看出，CPS不是一项简单的“技术”，而是具有清晰架构和使用流程的工业智能技术体系框架，即以多源数据的建模为基础，并以智能连接、智能分析、智能网络、智能认知和智能配置与执行作为其技术框架体系，具体如图4-3所示。

1）第一层：智能连接层

智能连接层作为物理空间与信息空间交互的第一层，肩负着建立连通性的使命。这一层主要负责数据的采集与信息的传递，其可能的形式之一是利用本地代理在机器上采集数据，在本地做轻量级的分析来提取特征，之后通过标准化的通信协议将特征传输至能力更强的计算平台。随着边缘计算、云计算协同工作机制的不断完善，智能感知层可以自

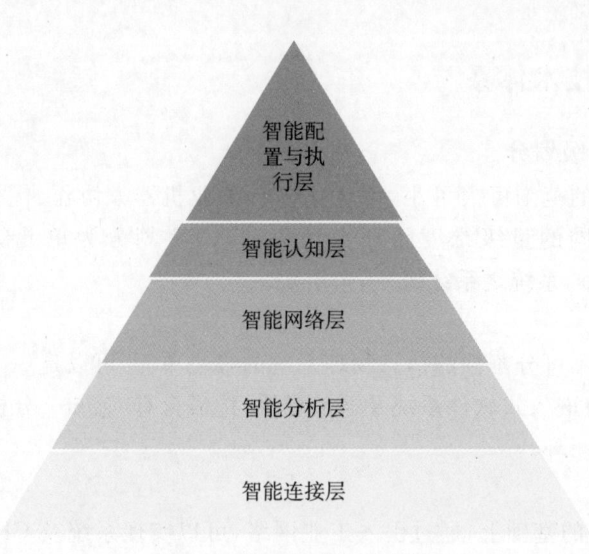

图 4-3　CPS 技术体系架构

动为复杂的预测性分析提供"有用信息",成为信息空间的数字化入口。

智能连接层可在实体空间中完成,对应的自适应控制部分在信息空间中完成,由此形成信息—实体空间的数据按需获取,图 4-4 所示为智能连接层流程。

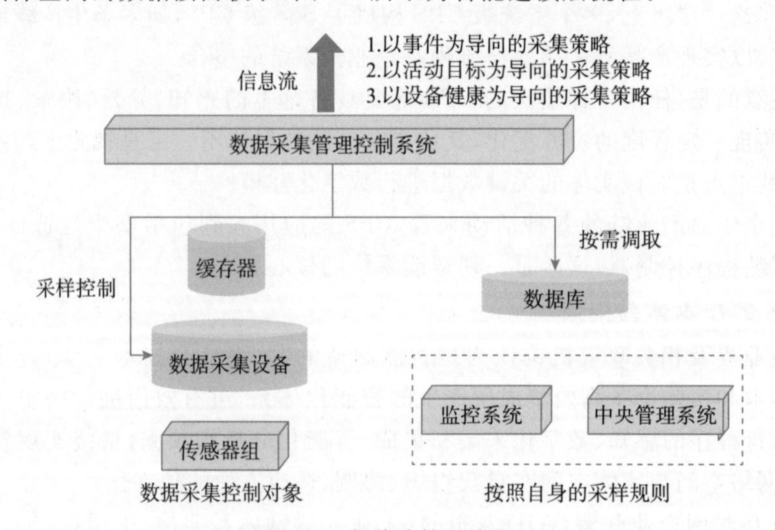

图 4-4　智能连接层流程

2）第二层:智能分析层

在数据导入后,需要对其进行预测性分析,进而将数据转化为用户可执行的信息。根据不同的作业场景,机器学习与统计建模的算法可以识别数据的模型状态,从而进行故障检测、故障分类与故障预测。高维的数据流将被转化为低维、可执行的实时信息,为用户迅速做决策提供实证支持。而从高维到低维的转化并不是简单达成的,而是需要依靠专业领域的知识处理与分析,这是智能分析层的核心。具体做法是以专业领域的文本知识、集成性的专家知识为蓝本进行分析类比,通过信息频率及海量解决方案来完成数据信息智能筛选、储存、融合、关联、调用，形成“自记忆”能力，图 4-5 所示为智能分析层流程。

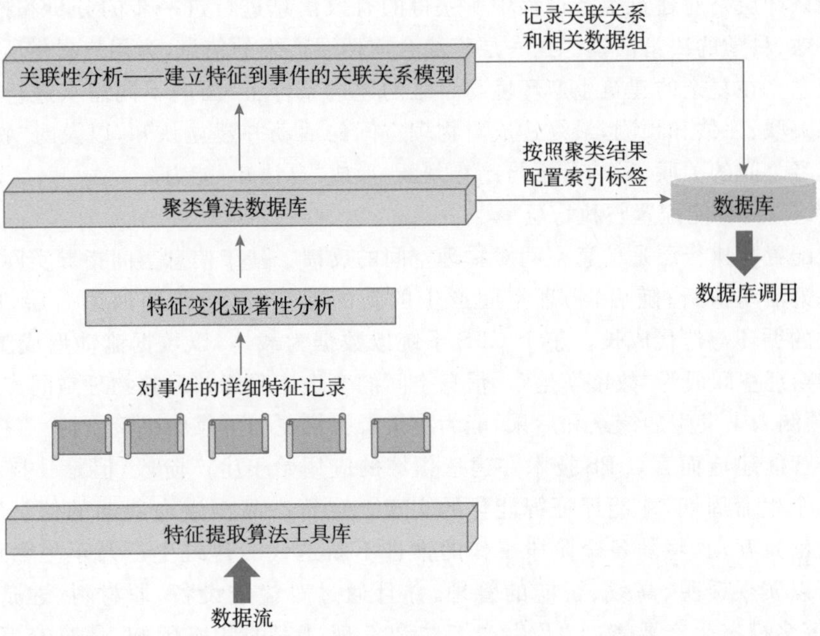

记录关联关系
和相关数据组
关联性分析——建立特征到事件的关联关系模型
按照聚类结果
配置索引标签
聚类算法数据库
数据库
数据库调用
特征变化显著性分析
对事件的详细特征记录
特征提取算法工具库
数据流

图 4-5　智能分析层流程

3）第三层：智能网络层

智能网络层是整个 CPS 的内核。它是体系架构的信息集散中心，也是发挥 CPS 对互联、大规模集群建模优势的关键层。针对 CPS 的系统需求，通过处理生产过程中的设备、环境活动所构成的大数据环境，进行存储、建模、分析、挖掘、评估、预测、优化、协同等处理，进而获得信息和知识，并与设备对象的设计、测试和运行性能表征相结合，产生与物理空间的深度融合、实时交互、互相耦合、互相更新的信息空间，并在信息空间形成体系性的个体机理模型空间、环境模型空间、群体模型空间以及对应的知识推演空间，进而对信息空间知识指导物理空间的活动过程起到支撑作用。

智能网络层的实现过程实质上可以分为两大部分：空间模型建立和知识发现体系构建。

(1) 空间模型建立：包括针对信息空间中的个体空间、群体空间、活动空间、环境空间及对应的知识推演空间，建立有效的模型，尤其是以数据驱动为核心的 CPS 数据模型，以形成面向对象的完备智能网络系统。

(2) 知识发现体系构建：通过记录建筑生产活动中的参与各方与环境的活动、事件、变化和效果，在信息空间建立知识体系，形成完整且可自主学习的知识结构，并结合建立起的机理空间、群体空间、活动空间、环境空间和推演空间知识库及模型库，构建“孪生模型”，完成在信息空间中的实体镜像建模，形成完整的 CPS 知识应用与知识发现体系、并以有效的知识发现能力，支撑其他 CPS 单元或系统通过智能网络层进行相互连接与信息共享。而知识发现的过程则遵循了从自省、预测、检验到决策的智能化标准流程，并完成信息到知识的转化。

4）第四层：智能认知层

智能认知层是对建筑生产过程中所获得的有效信息进行进一步的分析和挖掘，以做出更加有效、科学的决策活动。这一层将综合前两层产生的信息，为用户提供所监控系统的完整信息。在复杂的建筑生产环境与多维的建造条件下，面向不同需求进行多源化数据的动态关联、评估和预测，最终达成对物理空间的活动并建立认知，以及对"物""环境""活动"三者之间的关联、影响分析与趋势判断，形成"自认知"能力。

5）第五层：智能配置与执行层

智能配置与执行层是信息空间对物理空间的反馈。基于信息空间指导实际建筑生产过程中决策活动执行；随后，物理空间产生的新的感知，又可传递回第一层，由此形成CPS架构的循环与迭代成长。整个CPS系统以数据为载体，以数据流动形成闭环，让信息空间和物理空间成为"数字孪生"。信息空间的孪生体验能够反映物理空间实体系统的变化，并预测未来发生的情景和后果，能为决策者提供更加可靠的决策支持。

对于智能建造而言，CPS技术在建造领域的应用始于生产阶段，但是其技术逻辑需要贯穿于全生命周期，才能保证智能化的实现。建筑产品全生命周期的信息空间和实体空间的信息互动，将随各个阶段工作的推进不断迭代。建筑生产乃至生命周期的各项活动可以实现透明、高效、智能的管理，并且通过对建造设备、原材料、建造行为、工艺、流程等多模态生产要素，以及生产工艺和管理过程的状态感知、信息交互，对所得的大量数据进行实时分析、计算，从感知、交互、分析、决策到精准执行的闭环CPS，实现对整个建造系统的智能控制。随着CPS、MES等智能化技术的不断发展，未来的建造全生命周期活动将实现在智能终端设备控制下的自动化生产，并在全局信息化的基础上建立精益生产和精益管理的持续改善机制，并最终达到机器换人、减少劳动成本的目的。

4.3.3 CPS技术支持下的智能生产应用

CPS技术可广泛应用于产品的设计、生产、服务、应用中，在电网、交通、航空、工业、建筑领域都具有广泛的应用前景。

在建筑业，CPS技术装配式建筑生产颇有成就。远大住工集团创建的"PC-CPS智造系统"，针对预制混凝土构件生产量身打造了整体解决方案，该系统是以生产为出发点，向前端设计、客户及后端施工延伸的智能管理系统，即通过构建基于数据自动流动的闭环体系，对人流、物流、信息流、资金流进行状态监测。实时分析、科学决策、精准执行，解决生产制造、应用服务过程中的复杂性和不确定性，实现资源配置和运营的按需响应、动态优化，从而大幅度提升经营效率。

其原理是在信息空间完成设计、生产、物流、施工、运维的全过程，将不确定的建筑实施过程确定化，并通过物理空间的数字空间精准映射，虚实交互、智能干预，指导物理空间的建筑建造实施。

如图4-6所示，CPS智造系统从客户端开始植入CPS理念，确保与客户的合作从价值认同与共赢开始。在针对项目的商务接洽中。生产者导入自有的先进技术体系，为客户提供设计、生产与施工全流程的咨询服务，消除客户对合作的流程与技术疑问，提供成本更低、效率更高的可行性技术方案。在项目合同签订前，会基于与客户共赢的原则，针对项目从客户等级、项目体量、技术体系、构建标准化程度、成本与利润等多方面进行分析，确保项目实时的双赢。签订合同后，工厂成立项目小组，主导客户项目的导入，从设计、工厂、工地三个方面聚焦打造数字项目产品。数字产品完成后，便是数字制造过程，该过程的主要目标是建立项目生产模型，对所有构件进行一物一码的生成，对生产资源进行数字化定义，基于构件制作的仿真模拟结果，对项目的生产组织与计划进行数字化预排，至此完成信息阶段的工作。在物理阶段，即工厂实体制造过程，尤其是基于数据驱动与柔性制造，通过供应链管理与PC制造管理相分离的方式来实现对项目构件的高效率、高质量、低成本的准时交付过程。

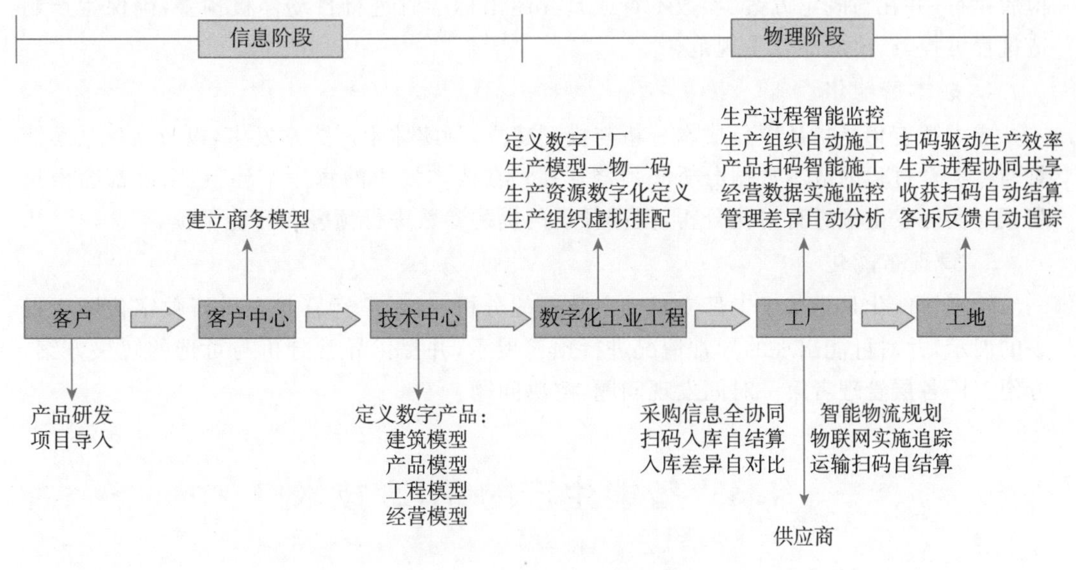

图4-6　CPS智造流程示意

在远大住工的实践中，预制混凝土构件的智能生产是基于智能工厂和数字建造方案，采用柔性制造和物联网数据驱动技术，高效率、高品质、成本可控且精准地满足客户成套产品需求的模式。柔性制造主要体现在模具通用化、流程标准化、台车共享化、作业简单化等方面。物联网数据驱动技术则是通过对材料、构件、生产区域、运输工具等进行一物一码标识和扫码驱动工作，来实现从原材料到半成品、构件制作与运输及工地吊装全流程的追踪。由此，实体生产中的生产工艺智能化、资材智能化、作业智能化、成本智能化和管理智能化得以全部实现。最终，装配式建筑全生命周期各环节能实现关键数据的共享与协同，达到从原来的供给端技术指令型生产向需求端数据驱动型生产的转变。

1. 生产工艺智能化

生产工艺智能化是指堆码装车方案、模具方案、构件生产工艺方案等工艺设计工作，可以从现有标准化方案资源库中，根据当前项目特点进行自动匹配与拉式生成。改善实体制造过程中的工艺问题时，同样可以通过对采集数据的分析进行决策，匹配出适用的改良工艺措施。

2. 资材智能化

资材智能化是指计划信息流与物料流的匹配，可以通过 PC-CPS 系统的数据采集、分析与看板系统来进行智能管控。通过一物一码的数据驱动，系统可以自驱动向工厂下达成套的生产计划指令、跟进分析计划执行进度、提供计划达成率分析报表、同时可以对工厂原材料、半成品、成品状态物料的数量、物理位置、成套情况进行分析，并根据岗位需求分别匹配对应的数据分析报表。

3. 作业智能化

作业智能化是指在少量人工的操作下，根据收到的电子生产指令、图纸及清单进行自检后执行，并在与既定方案、参数不符或差异超出标准时进行自动停机预警，确保生产制造过程可控，产出成品合乎规范。

4. 成本智能化

成本智能化是指从项目成本分析与模型建立，到实体生产成本发生，以及项目结案清算与存档全过程的成本数据分析与预警管控。在成本发生的每一个环节，系统都会根据定额与实际发生额进行对比分析，根据预设的提醒参数进行预警和智能干预。

5. 管理智能化

管理智能化是指基于工厂实时动态数据的分析，对工厂运营状态进行数字化图文报表的展示，并对可能出现的异常情况进行预警展示，并提供异常分析与可选的解决方案，方便工厂各层管理者第一时间发现问题，解决问题。

4.4 智能生产的 MES 技术

4.4.1 MES 技术的定义

智能生产的核心是 MES，在制造业的信息化进程中，工厂或车间的信息化是关键环节，发展 MES 技术是提升工厂或车间自动化水平的有效途径。智能工厂 MES 负责从订单下单到产品成型整个生产增值过程各个阶段的管理优化，以及后期产品服务和产品质量追溯，采用实时数据，并对数据反映的实时风险、事件进行快速响应和处理，做到监控和反馈生产现状。智能工厂 MES 的本质是通过集成优化的技术方法，将离散生产过程中分散的数据进行有效的集成优化和整合，以此合理安排生产资源，实现以最少的投入产出最好的产品。MES 是智能工厂信息管理的核心和主体，通过控制人员、物料、设备等生产资源，达到统一集成管理，实现生产数字化和智能化。

1990 年美国先进制造研究会（Advanced Manufacturing Research，AMR）提出了 MES 的概念，并将 MES 定义为“位于上层的计划管理系统与底层的工业控制之间，面向车间层的管理信息系统”。它为操作人员、管理人员提供了计划的执行，跟踪以及表达所有资源（人、设备、物料、客户需求等）的当前状态。MES 是处于计划层和车间层操作控制系统之间的执行层，主要负责生产管理和调度执行，它通过控制包括物料、设备、人员、流程指令在内的工厂资源来提高制造竞争力，提供一种在统一平台上集成诸如计划处理、质量控制、文档管理、生产调度等多功能的管理模式，从而实现企业实时化的 ERP/MES/DNC 三层管理架构，如图 4-7 所示。其中，ERP 为企业资源计划，DNC（Distributed Numerical Control）为分布式数字控制，MDC（Manufacturing Data Collection）为制造数据采集。

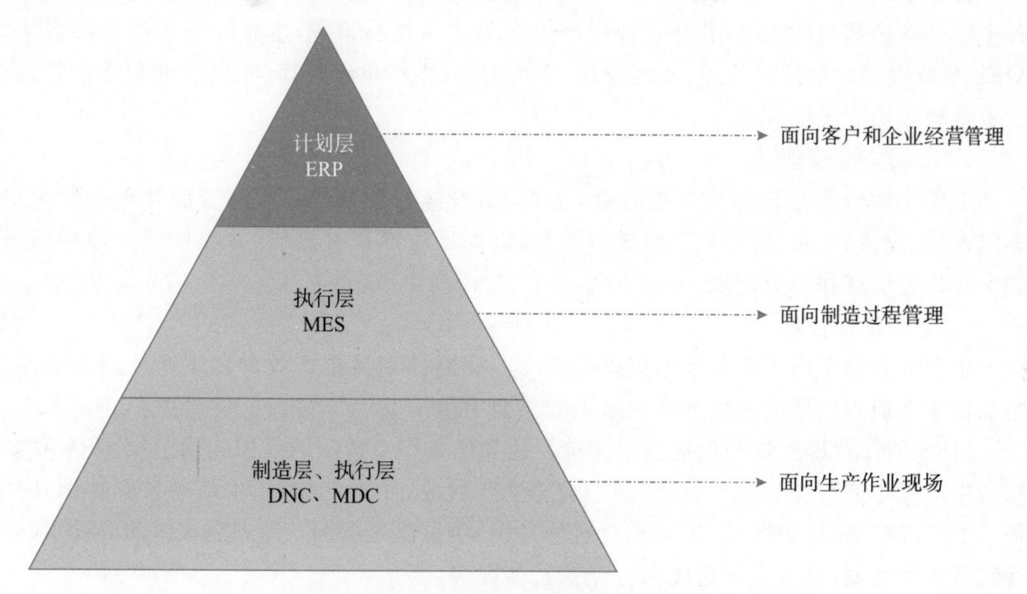

图 4-7 MES 在智能工厂基本架构中的位置

4.4.2 MES 的功能定位和功能模块

1. MES 的功能定位

制造企业逐渐认识到信息化的重要性，很多企业陆续实施了以管理研发数据为核心的产品全生命周期管理（Product Lifecycle Management，PLM）系统，以物料管理、财务管理、生产计划为重点的 ERP 系统，以及企业日常事务处理的办公自动化（Office Automation，OA）等系统，这些系统在各自领域都发挥了积极作用。但由于市场环境变化和生产管理理念的不断更新，单纯依靠这些系统还不能帮助企业实现高效的运营，很多环节还处于不可控、不科学的状态，例如如何实现计划和实际生产的密切配合；如何使企业和生产管理人员在最短的时间内掌握生产现场的变化，从而做出准确判断和快速应对；如何保证生产计划得到合理、快速的修正等。虽然 ERP 和现场自动化设备发展都已经很成熟了，但 ERP 服务对象是企业管理的上层，一般不对车间层的管理流程提供直接和详细的支持。尽管车间拥有众多高端数字化设备，也在使用各类 CAD/CAM/CAPP 软件，但在信息化管理方面，特别是车间生产现场管理部分，如计划、排产、派工、物料、质量等，还处于传统的管理模式，影响和制约了车间生产能力的发挥。而 MES 恰恰就是 ERP 等上游系统与 DNC/MDC 等下游系统之间的桥梁，MES 强调控制、协调和执行，使企业信息化系统不仅有良好的计划系统，而且能使生产计划落到实处。MES 可以将 ERP 的主生产计划按照车间设备、人员、物料等实际情况，分解成每一工序、每一设备、每一分钟的车间工序级计划。它能使企业生产管理数字化、生产过程协调化、决策支持智能化，有力地促进了精益生产落地及企业智能化转型升级。

2. MES 的功能模块

智能生产 MES 的主要用户是生产管理部门、质量管理部门、物料管理部门以及企业各个层级管理部门的人员，它是企业生产管理集成的核心系统，也是一个生产指挥系统，MES 系统提供计划排程管理、文档管理、生产追溯、生产单元管理、物料管理和质量管理、设备管理等功能模块管理。

1）车间资源管理

工厂车间资源是制造生产的基础，也是 MES 运行的基础。车间资源管理主要是对车间人员、设备、工装、物料和工时进行管理，以保证生产正常进行，并提供资源使用情况的实时状态信息和历史记录。

2）生产排程管理

生产计划是车间生产管理的重点和难点。提高计划员排产效率和生产计划准确性，是优化生产流程以及改进生产管理水平的重要手段。

MES 的计划排程管理包括生产订单下达和任务完工情况的反馈。从上层 ERP 系统同步生产订单或接受生产计划，根据当前的生产状况（如生产能力、生产准备和在制任务等）、生产准备条件（如图纸、工装和材料等）以及项目优先级别及计划完成时间等要求，合理制订生产计划，监督生产进度和生产执行情况等。

在计划排程优化中，通常需借助各种算法和工具进行优化。高级排产是通过各种算法，自动制订科学的生产计划，细化到每一工序、每一设备、每一分钟。对逾期计划，系统可提供工序拆分、调整设备、调整优先级等灵活处理措施。

3）生产过程管理

生产过程管理可实现生产过程的闭环可视化控制，以减少等待时间、库存和过量生产等浪费。生产过程中采用条码、触摸屏和机床数据采集等多种方式实时跟踪计划生产进度。生产过程管理的目的在于控制生产，实施并执行生产调度，追踪车间里的工作和工件的状态，对于当前没有能力加工的工序，可以外协处理，实施工序派工、工序外协和齐套等管理功能，并且可通过看板实时显示车间现场信息以及任务进展信息等。

4）质量管理

生产制造过程的工序检验与产品质量管理，能够实现对工序检验和产品质量过程的追溯，严格控制不合格品以及整改过程。其功能包括实现生产过程关键要素的全面记录以及完备的质量追溯，准确统计产品的合格率和不合格率，为质量改进提供量化指标。根据产品质量分析结果，对出厂产品进行预防性维护。

5）生产监控管理

生产监控管理是从生产计划进度和设备运转情况等多维度对生产过程进行监控，实现对车间报警信息的管理，包括设备故障、人员缺勤、质量及其他原因的报警信息，及时发现问题、汇报问题并处理问题，从而保证生产过程顺利进行且可控。结合分布式数字控制

DNC 系统、MDC 系统进行设备联网和数据采集，从而实现设备监控，提高瓶颈设备利用率。

6）库存管理

库存管理是对车间内的所有库存物资进行管理。车间内物资有自制件、外协件、外购件、工具、工装和周转原材料等。其功能包括通过库存管理实现库房存储物资检索、查询当前库存情况及历史记录；提供库存盘点与库房调拨功能，在原材料、工具和工装等库存量不足时，设置告警；提供库房零部件的出入库操作记录，包括工具的借入、归还、报修和报废等操作。

7）物料跟踪管理

二维码技术可用于对生产过程中的物流进行管理和追踪。物料在生产过程中，通过二维码扫描跟踪物料在线状态，监控物料流转过程，保证物料在车间生产过程中快速高效流转，并随时查询。

8）生产任务管理

生产任务管理包括生产任务接收和管理、任务进度展示等。

9）统计分析

统计分析能够对生产过程中产生的数据进行统计查询，分析后形成报表，为后续工作提供参考数据与决策支持。生产过程中产生丰富的数据，系统可根据需要来定制不同的统计查询功能，包括产品加工进度查询；车间在制品查询；车间和工位任务查询；产品配套齐套查询；质量统计分析；车间产能（人力和设备）利用率分析；废品率、次品率统计分析等。

4.4.3　MES 与其他系统的集成应用

企业在面向智能生产转型的过程中，作为企业生产管理的核心软件之一，MES 将不仅是专注生产信息管控的软件工具，而是将转型为企业兼容多应用系统、多维度信息以及多服务目标的核心系统，并担当“应用门户”“虚拟资源平台”等角色。MES 与多个生产管理系统进行协同工作及信息共享是关键的一步。这些管理信息系统包括企业资源计划、供应链管理（Supply Chain Management，SCM）、产品数据管理、销售和服务管理（SSM）等，其中既有以生产管理为主的 ERP 系统，又有与生产相关业务领域的 PDM、SCM、SSM 等系统。它们同 MES 之间的信息传递虽然不尽相同，但总体传递的都是与生产密切相关的信息，协同多个工业系统进行生产模式的整体转型将是企业转型的最大挑战。

1. 企业主要的管理信息系统

1）客户关系管理

客户关系系统是指围绕客户生命周期发生、发展的信息归集。客户关系管理（Customer Relationship Management，CRM）是企业为提高核心竞争力，利用相应的信息技术以及互联网技术来协调企业与顾客间在销售、营销和服务上的交互，从而提升其管理方式，向客户提供创新式的、个性化的客户交互和服务的过程。客户关系管理的核心是客户价值管理,通过"一对一"营销原则,满足不同价值客户的个性化需求,提高客户忠诚度和保有率,实现客户价值持续贡献,从而全面提升企业盈利能力。其最终目标是吸引新客户、留住老客户以及将已有客户转变为忠诚客户,增加市场。CRM 的实时目标是通过全面提升企业业务流程的管理来降低企业成本,以及通过提供更快速和周到的优质服务来吸引和保持更多的客户。作为一种新型管理机制,CRM 极大地改善了企业与客户之间的关系,实施于企业的市场营销、销售、服务与技术支持等与客户相关的领域。CRM 能够补充 ERP 系统对供应链下游管理不足的问题。

2) 企业资源计划

企业资源计划于 20 世纪 60 年代提出,源于物料需求计划(Material Requirements Planning,MRP)。当时,它的主要目标是要保证各种物料都能够及时地送达生产现场。而后,人们扩展了"物料"的概念,将设备也考虑进去,在制订主生产计划时,不仅要考虑物料计划,还要考虑生产能力计划,形成"闭环 MRP"。再后来,人们发现影响生产的不仅是物料和产能,资金和人力资源也都是要素。这里所说的制造资源,不仅包括物料和设备,还包括资源和人力资源。

3) 产品数据管理

产品数据管理是一门用来管理所有与产品相关信息(包括零件信息、配置、文档、CAD 文件、结构、权限信息等)和所有与产品相关过程(包括过程定义和管理)的技术。通过实施 PDM,可以提高生产效率,有利于对产品的全生命周期进行管理,加强对文档、图纸、数据的高效利用,使工作流程规范化。PDM 是一种帮助工程师和其他人员管理产品数据和产品研发过程的工具。PDM 系统确保跟踪设计、制造所需的大量数据和信息,并由此支持和维护产品。

4) 产品生命周期管理

产品生命周期管理系统的核心对象其实也是物料,只不过是物料的数据,而不是物料的实体。PLM 是由 PDM 发展而来。每种产品由若干物料构成,而且单件产品中每种物料的用量不同。记录这些信息的文件就是 BOM(物料清单),这是 ERP 系统最基础的输入信息。BOM 是研发工作生成的,研发工作即定义产品,定义产品由哪些物料组成、如何构成。PDM 管理的就是 BOM,BOM 中的每一项物料数据 PLM 不仅要管理这些数据,而且要在整个产品生命周期内管理这些数据。产品生命周期,是指产品从最初的创意到最后退市的过程,一般来说,分为概念、设计、工艺、确认、量产、服务等阶段。

5) 供应链管理

供应链管理的核心对象就是供应商,每一种物料的所有供应商都需要管理。每一个供应商的资质情况,需要实施维护,包括每一笔未完成订单的现状、每一笔历史订单的记录、供应商的能力等都需要管理,甚至供应商的供应商也需要管理,收集供应商的信息,有助于以后在选择供应商时进行筛选对比,引入新的供应商,也需要一定的流程、角色和表单。

各管理信息系统说明见表 4-1。

表 4-1 各生产管理系统说明

名 称	定 义	核心对象	应用阶段	基本功能
企业资源计划	ERP是指建立在信息技术基础上，以系统化的管理思想，为企业决策层及员工提供决策手段的管理平台	生产物料、设备、资金、人力等	设计、生产、营销、销售、服务	生产资源计划、质量管理、产品数据管理、存货分销与运输管理、人力资源管理等
客户关系管理	CRM是指企业为提高核心竞争力，利用相应的信息技术以及互联网技术协调企业与顾客间在销售、营销和服务上的交互，从而提升其管理方式，向客户提供创新式的、个性化的客户交互和服务的过程	产品客户	市场营销、销售、售后服务	客户资源管理、销售管理、客户服务管理、日常事务管理
产品数据管理	PDM管理所有与产品相关的信息和所有与产品相关过程的技术	BOM清单	设计阶段	文档管理、工作流和过程管理、产品结构与配置管理
产品生命周期管理	PLM是指从人们对产品的需求开始，到产品淘汰报废的全部生命历程中产生的相关数据的管理	BOM清单、全生命周期产品自身及交互数据	全生命周期	数据管理
供应链管理	SCM供应链管理是一种集成的管理思想和方法。它执行供应链中从供应商到最终客户的物流的计划和控制等职能，从单一的企业角度来看，是指企业通过改善上、下游的供应关系，整合和优化供应链中的信息流、物流、资金流、以获得企业的竞争优势	供应商	设计、生产	采购管理、物流管理、生产计划
制造执行系统	MES是位于上层的计划管理系统与底层的工业控制之间，面向车间层的管理信息系统；MES系统可以为企业提供包括制造数据管理、生产调度管理、人力资源管理等管理模块，为企业打造一个全面、可行的制造协同管理平台	成品生产全过程	生产	制造数据管理、计划排程管理、生产调度管理、库存管理等

2. MES系统与各管理信息系统的联系

MES起企业信息系统连接器的作用。与ERP、PLM、PDM、SCM等生产管理系统的信息传递和交互，使企业的计划管理层与控制执行层之间实现了数据的流通，并通过MES对制造过程中的时间进度、产品质量、成本、制造资源、能耗等要素进行集中统一管控，进一步完善了MES的功能。

PLM(创新)、ERP(计划)、MES(执行)是工程数字化和自动化作业控制系统的主要组成部分。PLM、MES和ERP系统的功能可以互相延伸和对接，共同构建更为完善的现代化企业信息管理体系。

PLM的目标是期望通过对产品数据或流程的有效管理，从设计源头控制产品质量，实现"开源""生钱"，降低直接成本，提高企业的创新、研发能力，缩短产品的生命周期，进而提高企业的核心竞争力。ERP的目的是"节流""省钱"，希望通过对需求库存、供应计划以及人力资源等内容的科学合理规划，降低企业的间接成本，提高制造能力。MES的重点在于执行，即以产品质量、准时交货、设备利用、流程控制等作为管理的目标，结合现场生产记录、工艺要求对现场生产活动以及突发事件进行有效管控，可以为企业打造扎实、可靠、全面可行的制造协同管理平台。MES把PLM系统视为其重要的集成信息来源，MES需要从PLM系统中提取产品的原始设计BOM数据，包括产品的设计BOM和工艺BOM文件，并通过xBOM管理，把产品设计BOM数据转换为支持MES的各种BOM数据，包括产品的制造BOM、工艺BOM、质量BOM等，从而快速、准确地建立MES中的产品基础数据，通过xBOM的管理，MES实现了与PDM系统集成和MES内部产品数据管理。

当下，随着数字化技术和信息化技术的快速发展，三系统之间的协同集成应用不仅使企业具有快速响应市场需求的能力，同时提高了企业的生产能力和生产效率，其互动关系如图4-8所示。

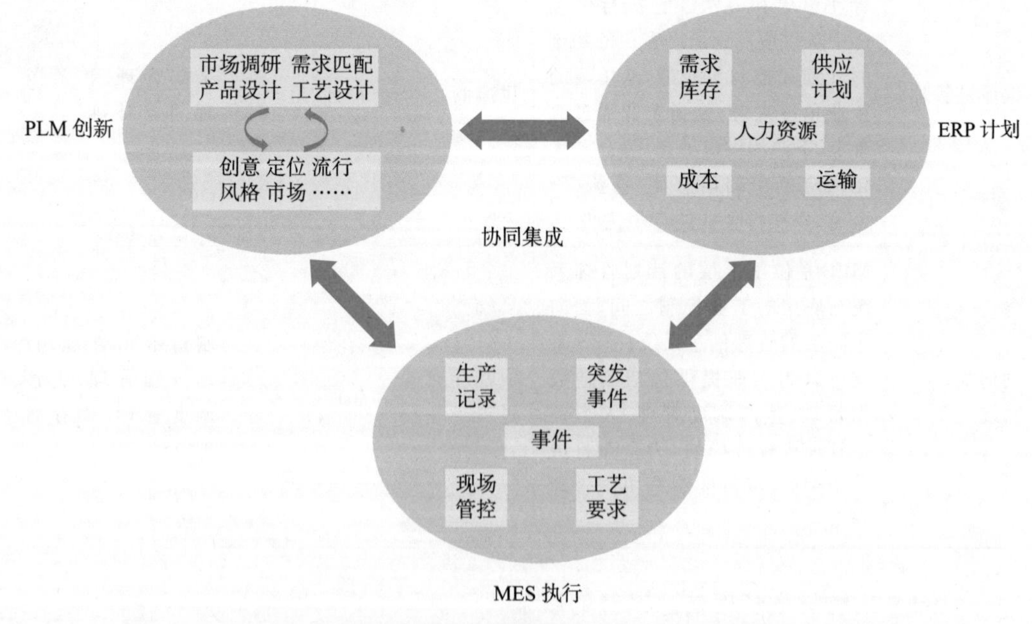

图4-8 MES执行、PLM创新、ERP计划的互动关系

企业集成 PLM、MES、ERP 等系统，实现对主要生产经营环节的有效管理，主要体现在三个方面：对整个供应链进行管理；精益生产、并行工程和敏捷制造；事先计划与事中控制。

实践证明，PLM、MES、ERP 三系统的互联互通，可以达到平台整合、业务整合、数据整合的目的。通过三系统协作运作，可将市场、研发设计、生产管理、销售、产品交付等各个环节纳入系统中执行，实现运营全过程的数字化、可视化、透明化、规范化。但三个系统的部署过程、建设顺序、实施方法都各有不同。在应用至实践的过程中，首先要实现企业最基础的产品数字化（包括数字化设计、数字化管理、数字化质检、数字化工艺、数字化制造、无纸化车间、数字化服务等环节），厘清、理顺企业内部的业务流、数据流、生产事件流，通过 PLM 系统贯穿数据流程管理，通过 ERP 系统贯穿业务流程管理，通过 MES 系统贯穿产品生产交付流程事件管理，最终实现三流合一。

4.4.4 MES 技术支持下的智能生产应用

在当下建筑业逐步向智能建造转型的背景下，生产过程智能化、运维过程智能化以及建筑产品服务化等已成为热门的研究课题和工程命题，借助大数据与云计算等新兴信息技术，建筑产品生产过程逐步向智能建造转变。同时，以新型建筑工业化融合为主流的建筑管理的高度集成，可实现生产模式的转型升级。2020 年 9 月，在住房和城乡建设部等九部门联合印发的《关于加快新型建筑工业化发展的若干意见》中明确指出，加强系统化集成设计、优化构件和部品部件生产、推广精益化施工、加快信息技术融合发展，进而实现设计标准化、生产工厂化、施工装配化、管理信息化以及其智能化应用等。目前，以下问题尚需解决。

(1) 如何基于建筑产品生产特征，将现有的工艺流程、解决方案和工具按一定方式紧密联系起来，提升建筑企业生产系统的可持续性及灵活性。

(2) 如何将建筑企业信息化系统与新的生产服务模式相契合，各企业与上、下游企业形成可动态调整的合作契约关系，进而实现供应链整体的产能利用率最大化。

(3) 信息化系统如何基于实时生产数据等异构感知信息以及企业各层次内的功能模块，实现信息集成、处理、分析、统计以及绩效评估，从而评估企业的服务质量及企业自身的生产效益、产能利用率以及边际效益。

源自制造业中发展成熟的 MES，成了解决上述问题以及加速推进建筑生产模式转型升级的主要着落点之一。以 MES 为核心的生产信息化管理系统，通过集成 ERP、PLM、SCM 等生产管理系统的信息传递和交互，使企业的计划管理层与控制执行层之间实现了数据的流通，并进一步加强了对生产过程中的时间进度、产品质量、成本、制造资源、能耗等要素要进行集中统一管控。上述思路与装配式建筑的生产标准化、施工装配化、参与主体多样化等生产特征是契合的，构建以 MES 为核心装配式建造生产信息化管理系统，可以将生产过程提供包括计划排产管理、生产过程工序与进度控制、生产数据采集集成分析与管理、模具工具工装管理、设备运转管理、物料管理、采购管理、质量管理成本管理、成品库存管理、物流管理、条形码管理、人力资源管理等功能模块，打造成为精细化、实时、可靠、全面、可行的加工协同技术信息管理平台。以此将传统的单一建筑企业信息化系统转型为兼容多应用系统，构建多维度信息以及多服务目标的核心系统枢纽。

例如，在装配式构配件工厂生产环节中，为了使预制构件实现自动化生产，可集成CAM、SCM、ERP和MES的信息化自动加工技术，以此将BIM设计信息直接导入工厂中央控制系统，并转化成机械设备可读取的生产数据信息，用以支持构配件的标准化、智能化生产。此外，MES在BIM的基础上搭建装配式构配件工厂生产管理系统，将BIM模型数据导入系统，系统与自动化设备的可编程控制器集成连接，构件信息自动转化为加工设备可识别的文件，实现多种模块信息管理，最终达到全产业链的技术集成和协同，各方信息共享共用的智能建造。

4.5 建筑部品部件的工厂化生产

建筑工业化大规模的实践是在第二次世界大战之后，由于住房紧缺和劳动力缺乏，建筑工业化在欧洲得以迅速发展，后来因其在建筑质量、速度、经济、环境等综合的突出表现，建筑工业化在这一时期得到推动性的发展，从住区到城市，都相继采用工业化、标准化的方式来进行城市修复和建造。

建筑部品部件的工业化生产，从现场预制发展到工厂预制，在工厂中历经了手工化、机械化、自动化，现在逐渐发展为数字化、智能化生产。在现代的数字化生产中，以数字化模型为基础，采用自动化生产加工装置，装备对建筑部品和部件进行加工与拼装，可以大幅提高生产和施工效率与质量。建筑部品部件生产厂的智能生产是随着技术的进步和融合，是逐步从以下几个阶段演化而来的。

4.5.1 游牧式预制生产

游牧式预制生产是指在施工现场建立预制构件生产线，进行预制构件生产的一种新型装配式结构建造方式。目前，某些地方的建筑因建筑投资大、建设周期长等问题，其工业化发展受到一定程度的制约，而游牧式预制生产方式是根据项目的实际情况规划生成，使预制件产品更加模块化，并根据现场需求制造生产以及调整现场。该方式不仅关注客户需求，有很强的灵活性，可根据个人要求做出反应，也关注经济效益最大化。同时，该方式可根据现场调整预制件进度，适合于高周转项目。预制件通过游牧式生产方式自产可以解决外部采购供应不足、运输费用高等问题。因此，该方式可以有效地解决建筑过程中远距离运输、高成本等问题，使建筑更高质以及过程更低耗。在使用游牧式预制生产时，需要考虑工业流程和环境，使用灵活的生产模块、方便移动和易于运输的工厂等来更好地减少库存和提前工期。同时，在制订生产计划时，应充分考虑天气因素的影响。游牧式预制工厂的建设，需要根据项目的实际情况制订相应的安全生产保证体系，需要充分考虑人员的管理、必要设备的安全控制与检查以及重点内容的控制措施等，从而确保建设现场的安全生产。

游牧式生产预制构件需要场地，其产能有限，它的最大优势是适用范围广、灵活方便、适应性强、启动资金较少、建设周期短、构件的运距短、损耗低、见效快。游牧式生产方式适用于产业化配套不完善的项目、小型项目、个别特殊项目等。但其自动化、信息化程度普遍较低，主要依靠工人来完成大部分工序的操作，当然，工人的手工作业水平也会直接影响预制构件的品质。

4.5.2 固定模台生产线

固定模台在国际上应用较为普遍，例如在日本、东南亚以及美国和澳大利亚应用较为广泛，其中在欧洲生产异型构件以及工艺流程比较复杂的构件，也是采用固定模台工艺。固定模台既可以是一块平整度较高的钢结构平台，也可以是高平整度、高强度的水泥材料平台。以这块固定模台作为PC构件的底模，在模台上固定构件侧模，并组合成完整的模具。固定模台也称为底模、平台、台模。

固定模台工艺的设计主要是根据生产规模的要求，在车间内布置一定数量的固定模台，组模、放置钢筋与预埋件、浇筑振捣混凝土、养护构件和脱模等都在固定模台上进行。固定模台生产工艺，模具是固定不动的，作业人员和钢筋、混凝土等材料在各个固定模台间“流动”，由起重机将绑扎或焊接好的钢筋送到各个固定模台处，混凝土用送料车或送料吊斗送至固定模台处，养护蒸汽管道也通到各个固定模台下，预应力混凝土构件就地养护，最后构件脱模后，再用起重机吊送到构件存放区。

固定模台可以用来生产各种标准化构件、非标准化构件和异形构件，具体有柱、梁、叠合梁、后张法预应力梁、叠合楼板、剪力墙板、外挂墙板、楼梯、阳台板、飘窗、空调板和曲面造型构件等50多种构件。固定模台生产线也是我国现阶段保有较多的生产线之一，其主要设备包括提吊式料斗、料斗运输车和构件运输车等。

4.5.3 自动化流水生产线

自动化流水生产线是由自动化机器实现产品工艺过程的一种生产组织形式。其特点是加工对象自动由一台机床传送到另一台机床，并由机床自动进行加工、装卸、检验等；工人的任务仅是调整、监督和管理自动生产线，不参加直接操作；所有的机器设备都按统一的节拍运转，生产过程是高度连续的。预制构件工厂的自动化生产线正是在制造业成熟的生产组织形式基础上发展起来的。

在自动化生产线中，预制构件的成套设备主要包括建筑PC构件、钢模台、混凝土布料机、赶平机、修磨机、拉毛机、立体养护窑、侧翻机等。预制构件厂的自动化生产线一般分为原料处理区、钢筋加工区、流水生产区、养护储存区以及中央控制区。其中，原料处理区主要有原料储存堆放、配料、计量、输送、搅拌等设备；钢筋加工区主要有自动化钢筋加工设备、模台清洁装置和脱模剂喷洒装置、划线机、置模机械臂和拆模机械臂、混凝土布料机、振捣和抹平装置等；养护储存区主要有混凝土养护设备、堆垛机和储运设备等；中央控制区主要包括对置模、钢筋加工、搅拌振捣以及养护等过程的控制，而预制构件的自动化生产线生产流程和固定模台工艺的生产流程相比无较大差别，可以概括为模具组装、钢筋及预埋件布置、混凝土浇筑、振捣和表面处理、养护和脱模储存等五个过程。

随着市场需求的增加和高质量品质要求，国内一些企业为了提高生产效率，也都开始搭建工厂化的预制构件流水生产线。流水线生产方式适合制作简单的构件，如桁架钢筋叠合板、双面叠合墙板、平板式墙板等类型单一、出筋不复杂的构件，流水线可达到很高的自动化和智能化水平。目前，流水生产线有手控、半自动化和全自动化三种类型。

1. 手控流水生产线

相比而言，手控流水线的自动化和智能化水平相对较低，很多器械和步骤还需要人工操作，比较适用于生产框架体系结构构件和异形构件等标准化程度低，生产工序烦琐的构件。

2. 半自动化流水生产线

半自动化流水生产线的自动化水平相对较高，大部分生产步骤都由系统控制机械完成，需要人工操作的地方大幅减少，比较适用于生产叠合楼板、内墙板、外墙板等标准化程度高、生产工艺相对简单的构件。生产线从平台清理、划线、装边模、喷油、摆渡、布料、振捣、表面振平到养护、磨平、养护等生产工序，全部采用自动生产为主、手动为辅的控制方式进行操作。

3. 全自动化流水生成线

全自动化流水生产线基本上不依赖人工操作，能够智能化地进行优化排程、多智能体柔性协作生产。

4.5.4 建筑部品部件工厂生产数字化的应用

目前的建筑部品部件工厂化生产的自动化生产线，除了应用在预制混凝土构件生产线中，还在钢筋加工、钢筋网片加工、钢结构加工、幕墙加工中更为成熟。

在自动化生产线中，钢筋加工是混凝土结构施工的重要环节，特别是对于标准化的预制混凝土构件。现阶段，预制混凝土构件加工厂广泛应用了钢筋自动化加工设备，可对钢筋的调整、剪切、弯曲和绑扎等工序进行自动加工，生产效率与加工精度相比传统手工加工方式均有较大幅度的提高。自动化钢筋加工的流程如下：首先根据施工图纸完成钢筋BIM建模，然后基于BIM生成钢筋加工单，最后通过钢筋加工设备与BIM软件接口，实现钢筋成品数字化加工和拼装。

目前，钢筋网片加工也是自动化程度较高的环节。钢筋网片具有标准化程度高、应用广泛等特点，采用钢筋网片焊接机加工生产具有自动化程度高、产量大、精度高、调整方便等优点，已广泛应用于公路、桥梁、地铁、机场、隧道等工程。

钢筋网片焊接机主要是由放线架、导线架、纵筋在线矫直装置、纵筋牵引装置、储料架、纵筋步进送料装置、焊接主机、横筋自动喂料装置、网片剪切机、网片收集装置、网片输送轨道等组成。钢筋网片焊接机采用横筋自动喂料系统，无须人工，可实现连续准确地喂料；纵筋步进送料装置方便调整纵筋间距，适用于多种规格网片焊接；焊接机器人对钢筋桁架进行自动焊接；成品网片收集装置由收缩轨道、机械手、升降轨道组成，可实现网片自动码垛、放置正确、生产效率高等目标。

幕墙整体式单元系统在建筑幕墙产业中最具工业化的特质，尤其在工厂制造时，更适宜于数字化技术实现流水线生产和无纸化办公。整体式单元系统，一般由竖向龙骨、水平龙骨、玻璃面板、不锈钢面板和挂接系统等组成，采用数字化加工技术对材料统计和下单的准确性、数控加工的精度和部件组装的成品检测进行严格控制，再辅以常规的幕墙制作产品质量管控手段，可提高幕墙单元系统的产品质量和加工效率。

预制混凝土建筑部品部件的工厂化生产尚未达到完全的智能化，我国装配式工厂中采用机器人实现全自动化的生产线并不多。自 20 世纪 50 年代开始，美国 SPANCRETE 机械就不断实践和创新，研制出世界领先的空心板生产工艺和生产线——干硬性混凝土冲捣挤压成型生产工艺。该生产线长达数百米，可连续大批量生产预应力空心板，无须模板布置，不需要蒸汽养护，一次成型。此外，意大利某公司的 PC 生产线在钢筋切割、数控放线、边模布置、布料缓解等过程中均采用机械臂替代人工操作，一条生产线仅需要 6 个工人进行操控，智能化程度高，生产工艺配置先进。

本 章 小 结

智能工厂利用物联网技术实现设备间高效的信息互联，操作人员间实现获取生产设备、物料、成品等相互间的动态生产数据，满足工厂的全天监测需求；基于庞大数据库实现数据挖掘和分析，使工厂具备自我学习能力，并在此基础上完成能源消耗的优化、生产决策的自动判断等任务；引入基于计算机数控机床、机器人等高度智能化的自动化生产线，工厂能满足客户个性化定制和柔性化生产的需求，有效缩短产品生产周期，并同时大幅度降低产品成本；基于配套智能物流仓储系统，管理人员通过自动化立体仓库、自动输送分拣系统、智能仓储管理系统等，可以实现仓库管理各环节数据的实时录入以及对货物入库的高效管理；工厂内配显示生产实时动态的电子看板，操作人员可远程参与生产全过程的修正或指挥。

【任务思考】

复习思考题

一、单选题

1. CPS是(　　)的缩写。

A. 信息物理系统　　B. 物料供应系统

C. 生产执行系统　　D. 建筑信息模型

2. MES是(　　)的缩写。

A. 信息物理系统　　B. 物料供应系统

C. 制造执行系统　　D. 建筑信息模型

二、多选题

1. 智能工厂有自主能力,可(　　);通过整体可视技术进行推理预测,利用仿真及多媒体技术,将实现扩增展示设计与制造过程。

A. 采集　　B. 分析　　C. 规划

D. 判断　　E. 设计

2. 智能工厂拥有三个层次的基本框架,分别为(　　)。

A. 顶层的计划层　　B. 中间的执行层　　C. 顶层的执行层

D. 底层的计划层　　E. 底层设备的控制层

三、问答题

1. 智能生产有哪些特征?

2. 智能生产CPS技术的框架是什么?

3. 智能生产 MES 的定义是什么？

4. 装配式建筑构件的生产线有哪几种形式？

第5单元 智能施工

单元知识导航

【思维导图】

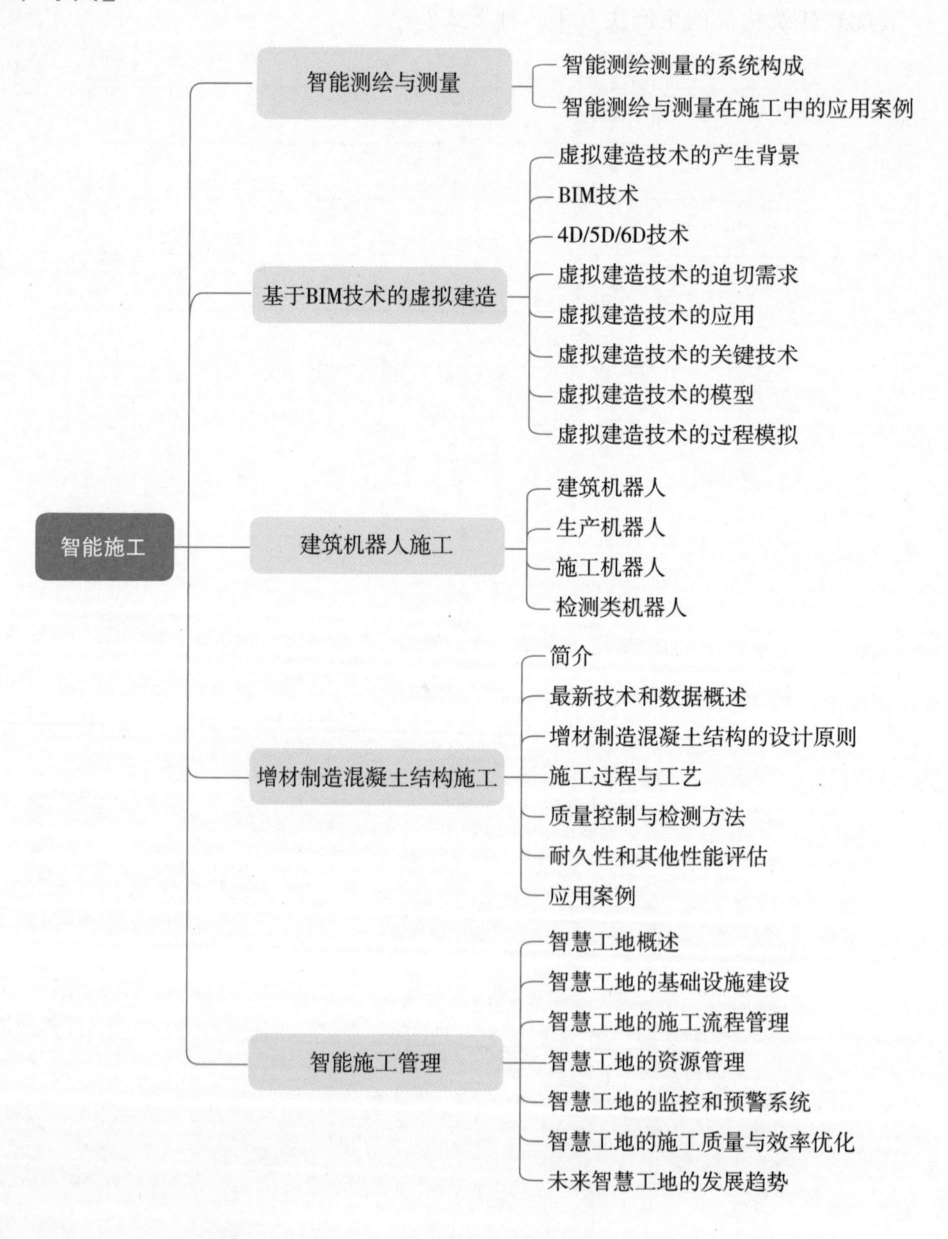

【学习目标】

1. 知识目标

(1) 了解虚拟施工产生的背景和意义。

(2) 熟悉建筑机器人施工的内容。

(3) 熟悉增材制造混凝土施工的内容。

(4) 熟悉智能测量的内容。

(5) 了解智能施工管理的技术原理。

(6) 了解建筑机器人的发展情况,国内外目前主要的建筑机器人企业生产的产品和应用领域。

(7) 熟悉建筑机器人的分类和组成,以及各类建筑机器人。

2. 技能目标

(1) 具备智能测量的能力。

(2) 具备虚拟建造模拟的能力。

(3) 具备智慧施工管理的能力。

3. 素养目标

(1) 培养理论联系实践意识。

(2) 提升专业爱岗的奉献精神。

(3) 提升节约环保的精神。

【学习重难点】

(1) 智能测绘的内容。

(2) 虚拟施工过程包含的内容。

(3) 建筑机器人施工技术。

(4) 增材制造混凝土结构施工技术要点。

(5) 了解建筑机器人的分类和组成,以及各类建筑机器人。

5.1 智能测绘与测量

智能测绘与测量技术是指利用计算机、网络、通信和高新技术手段,对空间信息进行获取、处理、存储、分析和应用的过程。它涵盖了地理信息系统、遥感、北斗卫星导航系统或全球定位系统、激光扫描等先进的传感感知技术等多个方面,是测绘、测量行业与现代信息技术深度融合的产物。智能测绘与测量系统是一套具有明显的技术密集型特征的智能装备,主要由数据采集、数据处理、数据分析应用三大部分组成。

目前,在国家大力推进智能建造的大趋势下,智能测绘与测量在智能建造中发挥着不可替代的作用,通过提供精确数据支持、提升施工效率、保证施工质量与安全、支持设计与决策以及促进信息化与智能化发展等方面,为智能建造提供了有力支撑。

5.1.1 智能测绘测量的系统构成

智能测绘测量的系统构成如图 5-1 所示。

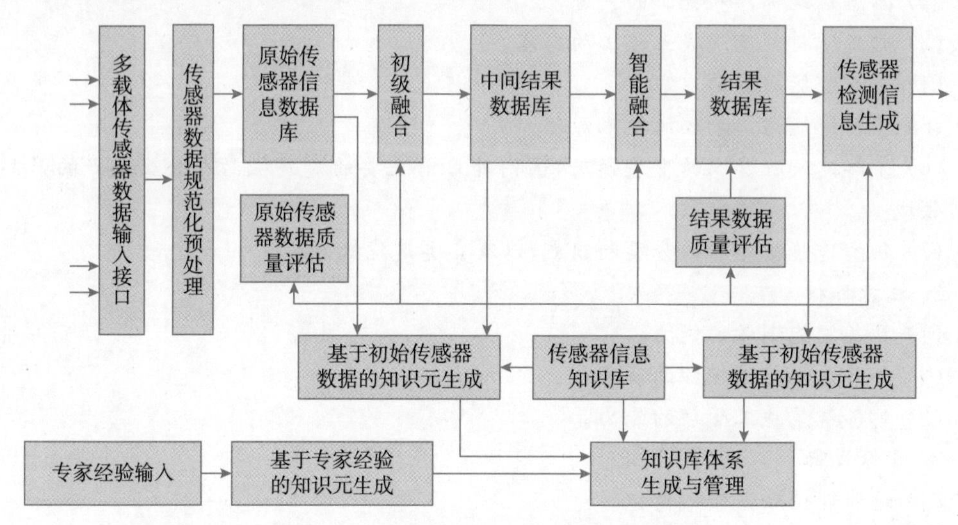

图 5-1 智能测绘测量的系统构成图示

其中，多传感器的数据主要来源如下。

1. 地理信息系统

1）定义

地理信息系统是一种基于计算机技术和地理学原理的空间数据管理和分析系统。它结合了地图、地理位置和属性数据，以及与地理相关的各种数据源，用于有效地组织、存储、查询、分析和展示地理信息。

2）组成

GIS 主要由硬件、软件、数据和人员组成。硬件包括计算机、显示器、输入和输出设备等；软件提供了地理信息处理和分析功能；数据是 GIS 的核心，包括地理空间数据和属性数据；人员则负责操作和管理 GIS 系统。

3）应用

GIS 在测绘领域中的应用广泛，包括地图制作与更新、土地利用规划、环境保护与管理、城市规划与交通管理、应急响应与管理以及商业和市场分析等。

2. 遥感

1）定义

遥感技术是一种利用遥感器从空中探测地面物体性质的技术。它根据不同物体对波谱产生不同响应的原理，识别地面上的各类物体。

2）组成

遥感系统主要由信息源、信息获取、信息处理和信息应用四大部分组成。遥感器通过收集地面数据资料，并从中获取信息，经记录、传送、分析和判读来识别地物。

3）应用

遥感技术在资源环境、水文、气象、地质地理等领域有着广泛的应用，特别是在农业、林业、地质、海洋、气象、水文、军事、环保等领域发挥着重要的作用。

3. 北斗卫星导航系统

1）定义

北斗卫星导航系统是中国自主建设、独立运行的全球卫星导航系统，可与其他卫星导航系统进行融合，提高定位的精度和可用性，为全球用户提供全天候、全天时、高精度的定位、导航和授时服务。

2）应用

基础测绘：北斗系统的基础应用包括导航、定位和时间获取等，为测绘提供准确的位置和时间信息。

高级测绘：结合精密定姿技术，北斗系统可实现高精度姿态测量、控制测量和地形测量等高级应用。

智慧城市：在智慧城市建设中，北斗系统可支持智能交通、智慧物流、公共安全等领域的智能化管理和监测。

4. 无人机智能测绘测量技术

1）定义

无人机智能测绘测量技术是指利用无人机作为飞行平台，搭载各类测绘传感器和数据处理系统，通过自动化飞行和数据采集，获取地面高分辨率影像、点云数据等地理空间信息，经过处理和分析，生成数字地图、三维模型等测绘产品，为地理空间信息应用提供数据支持。

2）分类

无人机智能测绘测量技术根据无人机类型和搭载的传感器类型，可以分为以下几类。

多旋翼无人机测绘：多旋翼无人机具有悬停能力强、操作灵活的特点，适用于小范围、低海拔的测绘任务。它可以搭载高精度相机、激光雷达等传感器，获取高分辨率的影像数据和点云数据。

固定翼无人机测绘：固定翼无人机适用于大范围、大面积的测绘任务。它飞行速度快、续航能力强，可以搭载更大质量的传感器，如高分辨率数码相机、机载雷达等，实现快速、高效地获取地理信息。

垂直起降固定翼无人机测绘：垂直起降固定翼无人机结合了多旋翼无人机和固定翼无人机的优点，既具有悬停能力，又能够长距离飞行。它适用于需要快速响应和灵活机动的测绘任务。

3）应用

无人机智能测绘测量技术在多个领域有着广泛的应用，主要包括以下几个方面。

地理测绘：无人机配备高精度 GPS 和摄像设备，可以获取地面高分辨率的影像和三维数据，用于地图绘制、地形分析等。

城市规划：无人机可以进行城市的航拍，获取城市的整体概貌和区域布局，帮助规划师进行城市规划和土地利用规划。

农业监测：无人机可以使用多光谱相机获取农田遥感影像，进行水分、养分、病虫害等方面的监测，帮助农民科学种植，提高农作物的产量和质量。

环境监测：无人机可以使用传感器进行环境参数的监测，如大气污染物、水质指标等，帮助环境监测部门进行环境监测和污染源定位。

资源管理：无人机智能测绘测量技术可以应用于矿产资源勘查、森林资源监测、土地资源调查等领域，实现资源的高效管理和合理利用。

5. 三维激光扫描测量技术

1）定义

三维激光扫描仪的测量技术是一种利用激光测距原理，通过记录被测物体表面大量且密集的点的三维坐标、反射率和纹理等信息，来快速复建出被测目标的三维模型及线、面、体等各种图件数据的技术。该技术能够提供高精度的空间数据，使真实世界的三维重建成为可能。

2）分类

三维激光扫描仪的测量技术根据其工作原理和应用场景的不同，可以分为以下几类。

结构光三维激光扫描仪：利用投射一系列具有特定空间编码的结构光条纹，通过测量物体表面上结构光的形变来实现三维测量。这种技术具有测量速度快、分辨率高等优点，广泛应用于工业测量、三维建模、虚拟现实等领域。

相位测量三维激光扫描仪：通过测量目标物体表面的激光束相位差，实现精确的三维测量。这种技术具有测量精度高、测量范围大等优点，广泛应用于制造业、建筑、文化遗产保护等领域。

根据搭载平台的不同，三维激光扫描仪又可分为机载型、车载型、架站式和手持型三维激光扫描仪：机载型适用于大面积、高空域的测量；车载型则适合在城市道路、交通监控等场景中使用；架站式主要用于地面静态目标的高精度测量；手持型则由于其便携性，广泛应用于考古、古建筑测绘等领域。

3）应用

三维激光扫描仪的测量技术在多个领域有广泛的应用。

文物古迹保护：通过快速获取文物古迹的三维数据，为后期修缮保护、模型存档等工作提供准确的数据支撑。

建筑和规划：在建筑和规划领域，三维激光扫描技术可以快速建立建筑物的三维模型，为建筑设计、城市规划等提供数据支持。

土木工程：在土木工程领域，三维激光扫描技术可以用于地形测量、道路设计、桥梁建设等，提高工程设计的精度和效率。

工厂改造和室内设计：通过获取工厂或室内环境的三维数据，为工厂改造和室内设计提供直观、准确的数据支持。

灾害评估：在自然灾害发生后，三维激光扫描技术可以快速获取灾害现场的三维模型，为灾害评估和救援工作提供及时、准确的信息。

此外，三维激光扫描技术还在法律证据收集、船舶设计、数字城市、军事分析等领域有着广泛的应用。其高精度的测量能力和快速的数据处理能力，使得真实世界的三维重建成为可能,为各个行业提供了全新的数据支持和解决方案。

5.1.2　智能测绘与测量在施工中的应用案例

1. 智能测绘在施工中的应用案例

建筑工地是一个繁忙且复杂的环境,需要经过精确的测量和规划,才能顺利完成项目。在过去,测绘技术主要依赖传统的测量工具和人工操作,但随着科技的进步,现代测绘技术正以其高效和准确的特点逐渐取代传统手段。本文将通过几个实际案例,探讨测绘技术在建筑工地中的应用。

1）案例:地形测量和土方量计算

某地产集团利用无人机土方测量来得到更准确、客观的数据,并将其应用于前期拓投、规划设计、土方测量、施工进度管理等场景,以实现降本增效。

该项目背靠山体,地形复杂,最大高差近 30m,土方工程成本预估达到数千万元,做好土方量计算很关键。

在应用无人机之前,该项目为了达到比较准确的挖方估算,已经采用人工方式进行了两次测量,历时两周,两次结果相差 4 万 m^3,按当地的土方造价 80 元/m^3 计算,偏差达到了 320 万元,无法为招标和成本估算提供准确、客观的数据。

在大型土建工程中,地形测量是一个必不可少的步骤。传统的地形测量需要大量的人力和时间,且结果有一定的误差。然而,利用无人机和激光扫描仪等现代测绘工具,可以在短时间内获取高精度的地形数据。这些数据可以用于制作三维模型,实现对地形的模拟和分析,并支持土方量的计算。通过对地形进行精确测量和计算,可以优化土方工程的施工进度和成本。

最终,无人机智能测绘土方计算结果为减少了 3 万 m^3 的预估挖方量,折合 240 万元成本。每个测量点位都有据可依,最终结果获得该项目一致认可,填挖方量数据被采纳为指导土方造价预算和工程招标的依据。

2）案例:变形监测

在建筑施工过程中,材料的膨胀和收缩、地基沉降等因素都会对建筑物产生一定的变形。测绘技术可以通过精确的测量手段,实时监测建筑物的变形情况,提前发现潜在的安全隐患。以某地铁工程为例,为了确保隧道的安全施工,测绘技术团队使用了测量仪器对隧道的变形进行长期监测。通过连续的测量数据,工作人员及时发现并解决了隧道开挖过程中的局部下沉问题,保障了隧道施工的顺利进行。

3）案例:施工进度控制

在建筑施工中,对施工进度的把控是确保工期的关键。测绘技术可以通过不同的手段对施工进度进行实时监测,帮助项目管理人员及时发现并解决工程进度滞后的问题。以某大型桥梁工程为例,施工过程中需要对桥梁各个部位的状态进行监测。通过应用测绘技术,施工方得以实时获取桥梁的形变和应力等信息,从而判断施工质量的合格程度,并对施工进度进行科学调整。

2. 智能测量在施工中的应用案例

建设工程实测实量是指通过使用专业测量设备，对施工完成的各道工序（分项）成型效果、成型质量进行检测，测量指标包括平整度、垂直度、水平度等多个维度。它是建筑施工质量管理中的重要环节，通过对实测数据的分析，可以及时发现并解决施工中的问题，保证工程品质。根据相关质量验收规范，通过实测实量，把工程质量误差控制在规范允许的范围内，是建筑施工中控制质量的重要手段，也是评价工程质量的重要依据。建造施工中采用智能测量机器人全检，各施工阶段结构化数据得以留存。

为了解决当下进口软硬件系统价格昂贵、使用操作复杂，无法普及在施工现场的难题，某国产的实测实量智能检测系统采用了智能硬件、智能应用软件、云平台 SaaS 服务一体化的全栈式解决方案，如图 5-2 和图 5-3 所示。

激光雷达/3D视觉
计算机视觉
环境/人员/设备/材料数据采集
Wi-Fi/4G/5G
数据采集
智能建模
实时测量
本地和云端数据比对
现场决策
数据分析处理/场景应用
管理控制台
业务流程管理
云计算/云存储
辅助决策报告
业务流程管理
企业云端
客户关怀
云端
Database
File Server
光机电硬件产品
应用软件产品
SaaS服务产品

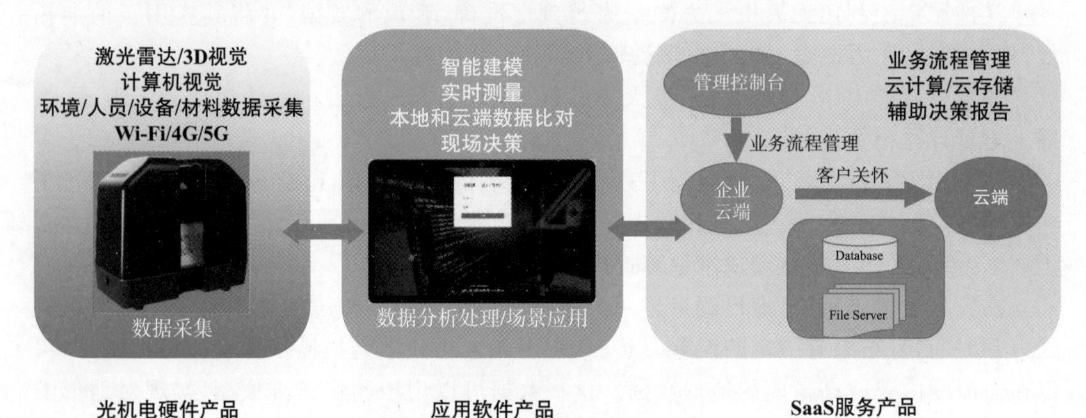

图 5-2　实测实量全栈式解决方案示意图

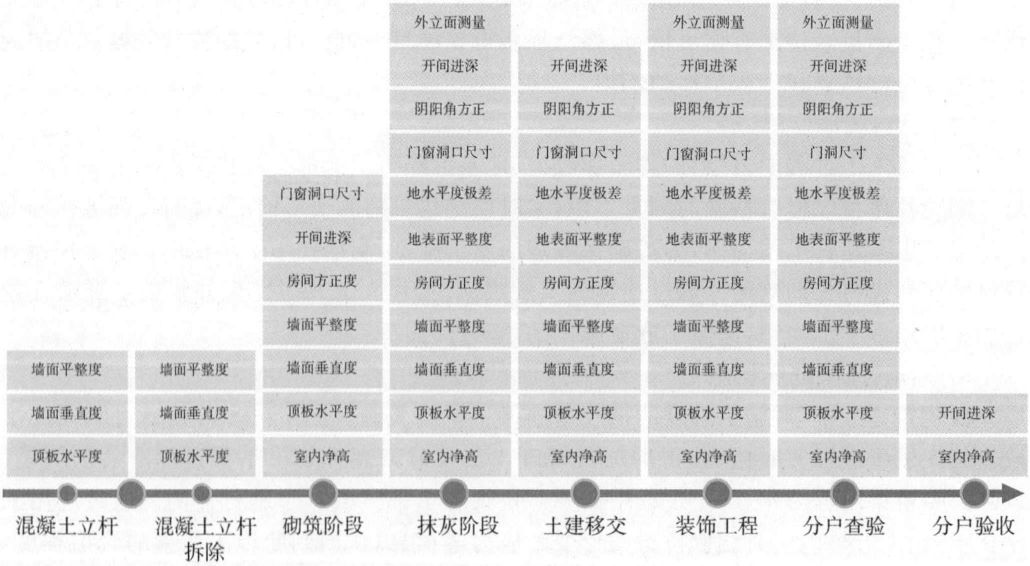

混凝土立杆
墙面平整度
墙面垂直度
顶板水平度
混凝土立杆拆除
墙面平整度
墙面垂直度
顶板水平度
砌筑阶段
门窗洞口尺寸
开间进深
房间方正度
墙面平整度
墙面垂直度
顶板水平度
室内净高
抹灰阶段
外立面测量
开间进深
阴阳角方正
门窗洞口尺寸
地水平度极差
地表面平整度
房间方正度
墙面平整度
墙面垂直度
顶板水平度
室内净高
土建移交
开间进深
阴阳角方正
门窗洞口尺寸
地水平度极差
地表面平整度
房间方正度
墙面平整度
墙面垂直度
顶板水平度
室内净高
装饰工程
外立面测量
开间进深
阴阳角方正
门窗洞口尺寸
地水平度极差
地表面平整度
房间方正度
墙面平整度
墙面垂直度
顶板水平度
室内净高
分户查验
外立面测量
开间进深
阴阳角方正
门洞尺寸
地水平度极差
地表面平整度
房间方正度
墙面平整度
墙面垂直度
顶板水平度
室内净高
分户验收
开间进深
室内净高

图 5-3　智能检测数据在各阶段的应用示意图

1）案例：某大型国有开发商实施全测法，通过结构化数据进行有效管理

业务痛点：实测实量业务涉及甲方、施工、监理、装饰等多个参建方，且均需按标准开展，过程采用传统工具由多人多方进行，效率低、精度差、数据回传不及时、碎片化、人为造假、多方测量等多种问题，大幅增加了整体管理成本。

解决方案：引入三维激光测量仪结合建筑图纸 BIM 化的自动测量方案，在主体、砌筑、抹灰、土建移交、精装阶段使用，将实测数据实时回传到后台。

业务目标：减少各参建方测量人员数量、费用、次数，降低复测工作量，提升时间效率，减少界面移交纠纷，降低管理成本，提升管理效率，达到综合降本增效目的。并且，利用创新的全测法通过结构化数据进行有效管理，全面提升建造品质。

业务说明：由集团管理员在实测实量体系配置三维激光扫描仪测量标准，项目甲方绑定设备并自动同步项目信息，项目管理人员上传项目图纸(包括总平图、建筑图、结构图、立面图、地下室图)，参建方或测量员登录手机 App 连接三维激光测量仪开展自动化实测实量，并通过三维激光扫描仪现场进行测量数据采集，自动完成结合图纸的数据匹配、结构化数据回传。

业务价值：集团针对整体项目结构化数据进行有效提炼、分析，降低综合管理成本；通过全面的结构化数据分析来综合提升品质。

试点：在集团的 7 个大区共选取了 7 个项目、用时 4 个月，经过详细的项目实际使用，测量机器人的整体方案，切实可为项目人员降低成本、提高效率、加快土建移交进度、降低整体管理成本。

集团通过实测数据全局看板，可以实时了解项目质量、问题以及进度状态，为质量预警和进度管控提供数据分析，如图 5-4 所示。

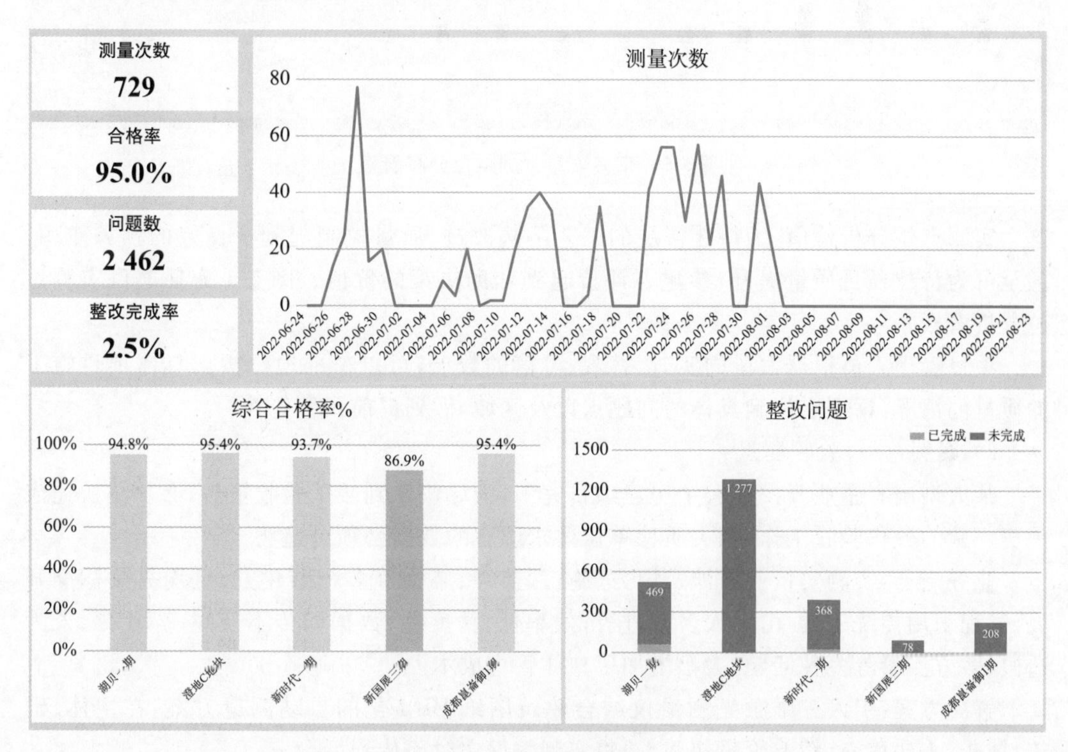

图 5-4　数据全局看板

经过云端数据分析系统结合智能测量设备的自动化项目数据看板，深度分析项目实测进展、项目整体合格率、项目分期合格率、各测量指数合格率，及时为项目质量预警、预控、进展提供有效真实的价值数据支撑。

其中，实测点位分析能力通过楼层区域集中问题数量进行统计显示，可直观统计工艺手法、施工质量的集中爆发区域。同时，可进行大数据实时分析整栋楼甚至整个分期相同楼栋的实测点位。图 5-5 为某项目实测点位分析看板。

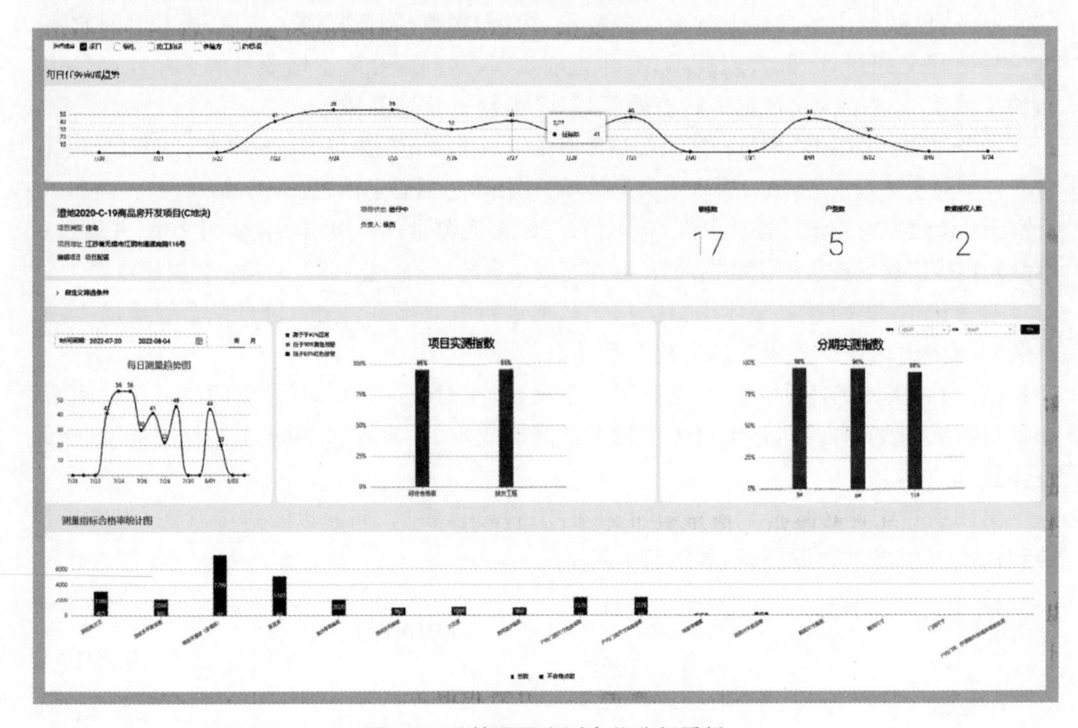

图 5-5　系某项目实测点位分析看板

实测点位分析价值：为待建楼层的工艺手法改进、质量控制起到了良好的预警作用，甚至可为待建项目质量提升、参建方评价起到辅助决策的价值。图 5-6 为某项目实测点位分析看板。

项目管理人员根据大量的实时、客观、可信的数据，可以精准地分析出具体项目施工的质量的情况，精准定位到具体的问题点以及区域，做到提前预警管控。

2）案例：分户验收测量

某大型国有企业开发商有个房建项目完工，为尽快拿到竣工验收报告，必须尽快完成一房一验的分户验收工作，相关质检单位要求所有的数据必须可追溯。

业务痛点：实测实量业务涉及甲方、施工、监理、装饰等多个参建方，且均需按标准开展，过程采用传统工具，由多人多方进行，效率低、精度差、数据回传不及时、碎片化、人为造假、多方测量等多种问题，大幅增加了整体管理成本。

解决方案：引入三维激光测量仪结合建筑图纸 BIM 化的自动测量方案，在主体、砌筑、抹灰、土建移交、精装阶段使用，并将实测数据实时回传到后台。

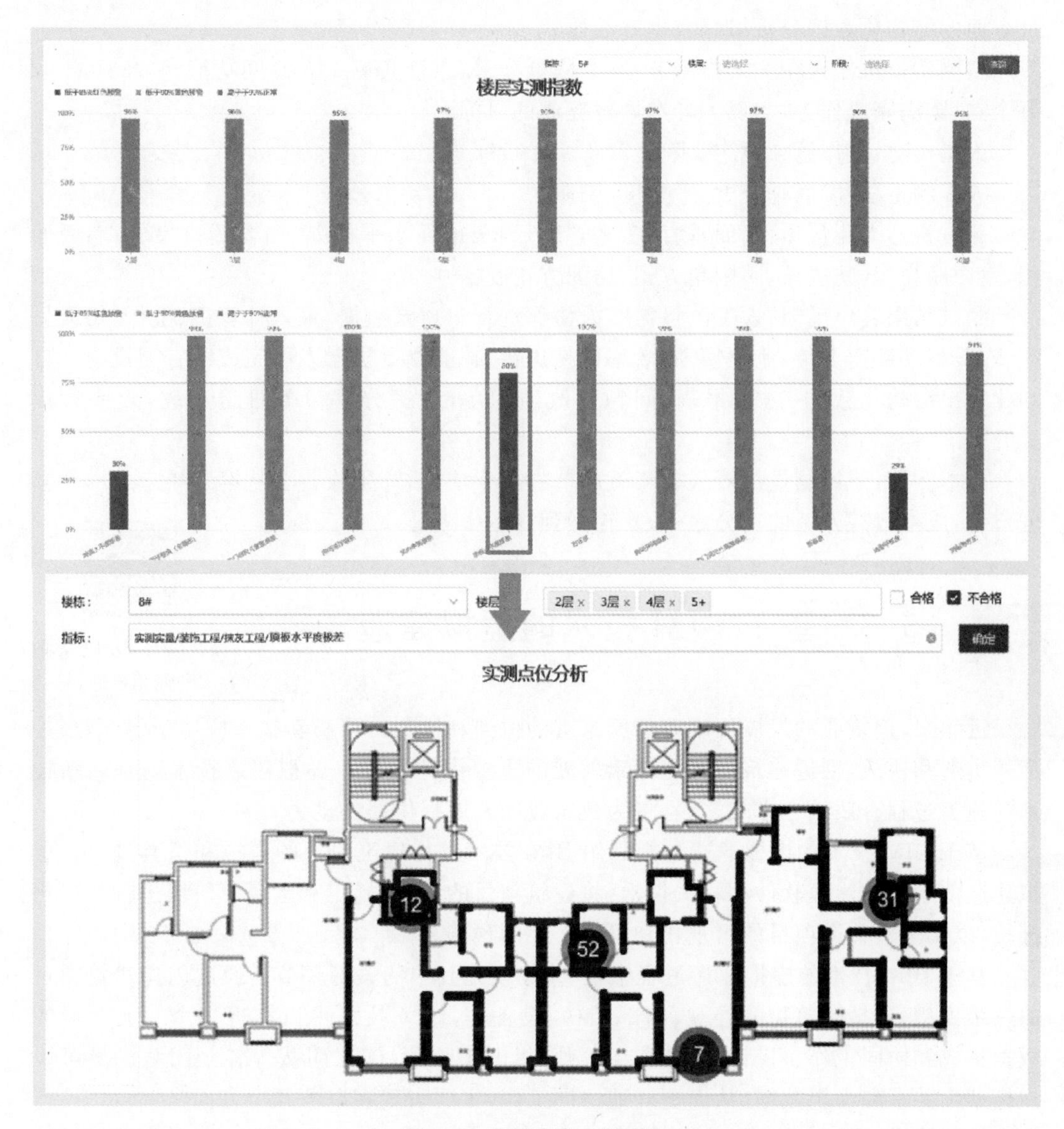

图 5-6　实测点位分析看板

业务目标：减少各参建方测量人员数量、费用、次数，降低复测工作量，提升时间效率，减少界面移交纠纷，降低管理成本，提升管理效率，达到综合降本增效目的，并通过创新的全测法通过结构化数据进行有效管理，全面提升建造品质。

业务说明：由集团管理员在实测实量体系配置三维激光扫描仪测量标准，项目甲方绑定设备，并自动同步项目信息，项目管理人员上传项目图纸（包括总平图、建筑图、结构图、立面图、地下室图），参建方或测量员登录手机 App 连接三维激光测量仪，开展自动化实测实量，并通过三维激光扫描仪现场进行测量数据采集，自动完成结合图纸的数据匹配、结构化数据回传。

业务价值：集团针对整体项目结构化数据进行有效提炼、分析，降低综合管理成本；通过全面的结构化数据分析来综合提升品质。

实测实量机器人在7天内服务10个集群项目，累计实测11370间功能间，累计测62万个点，圆满完成任务，实现了降本增效提质的目标。

人机比对：工作量：2栋楼，每层24户，共1796户。

人工测量项：墙面垂直度、平整度、阴阳角。

测量机器人测量项：墙面垂直度、平整度，顶板地面水平极差，门窗洞口尺寸，墙面面积，室内净高，开间进深，阴阳角方正、房间方正度。

测试结果客户反馈：人工测量需2人协作进行。抄录数据、录入计算机、上传，每天另花费1h整理数据上传，流程烦琐、效率低易出错；智能测量机器人可完成所有测量项。自动化输出结构化数据、数据报表、问题整改通知单，一键分享劳务班组整改，效率大幅提升。

成本测算：使用测量机器人首年就能节省一半成本，产生收益。从第二年起成本大幅度节省，成本只有人工的三分之一，真正做到降本增效。

5.2 基于BIM技术的虚拟建造

微课：基于BIM技术的虚拟建造

近年来，建筑业的发展面临着前所未有的机遇和挑战。将高新技术应用于建筑业，是迎接机遇和挑战，推进建筑业高速健康发展的重要支撑手段。虚拟建造技术则是高新技术与施工过程有效结合方式之一，将为建筑业的发展提供新的动力。

基于BIM技术的虚拟建造是指利用BIM技术进行建筑项目的模拟和仿真过程。虚拟建造使用三维建模软件和相关技术，将建筑项目的设计、施工和运营等阶段进行数字化模拟，以实现对整个项目的可视化和可操作性的预测。

基于BIM技术的虚拟建造过程中，三维建模是其中的关键环节。通过创建建筑项目的三维模型，包括建筑物的外观、内部结构、设备等，BIM技术可以实现多个专业领域的数据集成和协同工作。设计师、结构工程师、机电工程师、施工团队等各个团队成员可以在模型中共享和编辑数据，从而更好地协同工作，主要表现在以下几个方面。

三维建模：利用BIM软件创建建筑项目的三维模型，包括建筑物的外观、内部结构、设备等。这些模型不仅是静态的3D模型，还包含与项目相关的数据和属性。

数据集成与协同：建筑业务各方可以将各种建筑项目相关的信息整合到一个中央数据库，包括设计草图、材料规格、施工图纸、设备参数等。各个团队成员可以在该数据库中共享和编辑数据，实现数据的协同工作。

可视化与演示：利用BIM软件的渲染和动画功能，将建筑项目的虚拟模型进行可视化呈现。可以展示不同视角的建筑设计、效果、施工过程和场景演示，使项目的各方能够直观地理解和评估建筑效果。

碰撞检测与冲突解决：通过模型数据分析和碰撞检测算法，可以检测出设计和施工中的冲突和不一致之处。通过早期的碰撞检测和冲突解决，可以预防工程延误和额外的成本。

时间和资源调度：利用4D/n维BIM技术，虚拟建造可以进行施工计划的模拟和优化，有效管理施工过程中的资源和物料，提高施工效率。

仿真和预测分析：基于BIM技术的虚拟建造可以对建筑项目进行仿真和预测分析，模拟不同条件下的建筑性能、结构稳定性和能源利用情况。通过仿真和预测，可以优化设计和决策，提高项目的可持续性和效益。

5.2.1 虚拟建造技术的产生背景

1. 建筑业生产力水平下降的原因

随着建筑工程项目设计与施工复杂化程度的日益加剧，特别是大型工程项目的不断涌现，传统的设计与施工管理方式已满足不了这一要求，因而设计及施工问题也大幅度增加，如设计冲突、施工安全等问题，这直接影响到建筑业的生产效率。近几十年来，无论国内还是国外，建筑业的低生产力状况不仅会导致建筑成本高昂，而且会延长建筑项目的工期和增加浪费。于是，建筑业有必要引入虚拟施工技术来提高生产力。

根据国家统计局的数据，2020年全国房地产开发和投资额同比下降3.7%，这表明建筑业的生产力依然存在问题。另外，从历年来全国建筑业增加值数据来看，增长率一直呈下滑趋势，从2014年的8%左右，到2019年的4%左右，这也说明了建筑业生产力的问题。

同样，我们来看看国际方面的数据。根据国际建筑师学会的数据，在全球建筑业中，超过75%的项目都不会按计划完成。同时，全球约有30%的建筑浪费被认为是由于低生产力所导致的。这些数据都表明在建筑业提高生产力的重要性。

而恰恰相反，制造业的生产力水平却在逐年上升。这不得不让我们重新思考建筑业的发展方向。反观制造业之所以取得如此辉煌的成就，归根于新的管理思想（如即时生产，供应链管理，精益生产，全面质量管理等）和高新信息技术（如模拟技术，可视化技术，自动控制技术等）的引入，二者相辅相成地改善了制造业的生产管理思想和方式。在这方面，建筑业则远远落后于制造业，尽管也采用了一些信息技术，如管理信息系统、CAD技术等，但没有从根本上改变建筑业的管理思想。目前，虚拟施工和BIM技术已经得到了一定程度的应用。但是，与其他行业相比，建筑行业的数字化和信息化程度仍然较低。

因此，学习制造业的成功经验，引入高新信息技术及新的管理理念，是建筑业的发展方向，也是建筑业迎接所面临的发展机遇与挑战的重要手段。

在上述背景下，虚拟建造技术应运而生，被业界认为是施工过程管理手段发展的必然趋势。虚拟建造技术融合了数字化技术、可视化技术及模拟技术，提供了一个基于计算机的虚拟平台或环境，基于此平台，可对施工过程进行模拟、分析与优化，从而有效地优化资源（包括人、材、机等）配置，减少返工，降低成本，缩短工期及减少风险。

2. 虚拟建造技术的发展阶段

第一阶段（1980—1995年）：3D可视化技术、BIM的产生及在建筑业中的尝试应用。

20世纪80年代，随着计算机技术、图形技术与信息技术的发展，三维可视化技术得以实施。三维技术通过基于计算机的虚拟空间，可以形象地描述与表达物体的空间形态与位置，从而改变了传统的 2D 表达方式，方便了人们表达与沟通自己的想法。由三维技术演化出的三维动画，目前已广泛应用于生产、生活中，如教育、娱乐、医学、军事、生产制造等。三维技术也在建筑业得到相应的应用，如建筑设计效果图制作等。三维技术也是虚拟建造技术产生与实施的基础，即依赖于建筑三维模型。

BIM 技术可以看作三维技术在建筑项目中应用的延伸，其不仅考虑了建筑的空间尺寸，还涉及建筑相关的其他因素，如材料、构造等信息，并可进行建筑性能分析。另外，BIM 技术专门服务于建筑业，因此在建筑业的推广速度较快。

第二阶段（1995—2005 年）：4D 技术、虚拟建造技术产生并在建筑业中逐步应用，也是三维可视化技术、BIM 技术应用的深化。在三维模型的基础上增加时间维度，即 3D+时间。4D 技术实现了随着时间推移三维模型状态的动态显示。4D 技术可以看作虚拟建造技术的基本表现形式，即将建筑三维模型与工程进度计划联结在一起，从而实现建筑工程项目进度的模拟分析。尽管 4D 技术动态显示了施工的进度安排，但仍难于满足施工规划与管理的需求。在这种情况下，虚拟建造技术得到进一步完善，即不仅考虑进度安排，而且涉及施工资源、空间布置等因素，逐步向真实施工靠近，为施工过程的有效模拟提供了有效的支撑平台。

第三阶段（2005 年至今）：虚拟建造技术和 BIM 应用趋于深化、广化。近年来，随着计算机技术、信息技术、网络技术的快速发展，BIM 技术和虚拟建造技术在功能上不断得到完善，特别是基于大数据及云计算技术的应用研究与开发得到较高的重视，应用推广速度也在逐步加大，在我国也得到空前的重视。

近年来虚拟建造技术在我国建筑业的发展十分迅速，建筑业年总产值快速增长，且大规模的、复杂的建筑项目越来越多，新技术、新材料、新工艺也不断出现。同时，国家科技部将“建筑业信息化关键技术研究与应用”纳入“十一五”国家科技支撑计划重点项目。这些都为我国虚拟建造技术的发展带来了机遇。

例如，我国发布了《建筑工程信息化发展“十三五”规划》，以推动建筑业的数字化转型。同时，许多公司也开始积极采用信息化虚拟建造技术，推动建筑行业的创新和发展。然而，建筑业信息化仍面临一些挑战。例如，行业内对技术的理解和应用水平还有差距，人才培养和技术交流仍需要加强。此外，信息化技术的高成本也是制约行业发展的因素之一。总体来说，建筑业信息化是未来行业发展的趋势，通过应用虚拟建造关键技术，可以提高生产效率，降低成本，提高质量和安全性。

5.2.2 BIM 技术

1. 概念

BIM 的思想产生于 20 世纪 70 年代，1974 年卡内基·梅隆大学的 Chuck Eastman 提出“Building Description System”（建筑描述系统），其理念类似于现有的 BIM。Building Information Modeling 一词是由 G. A. van Nederveen 和 F. Tolman 于 1992 年首次提出，之后著名建筑业界评论家 Jerry Laiserin 对 BIM 进行了卓有成效的宣传与推广。BIM 的示意图如图 5-7 所示。

图 5-7　BIM 示意图

BIM 是一个以数字化技术和可视化技术为基础，集成和管理建筑项目生命周期内相关信息的方法。同时，它服务于建筑项目生命周期内的各个阶段、各个参与方。BIM 被视为一种突破性创新技术，在国内外建筑业都得到广泛关注、推广和应用。BIM 是智能建造的数字化模型，是智能建造全生命周期的信息载体和连通媒介，对智能建造起到支撑作用。

采用 BIM 技术可以建立复合的模型，集成了建筑、结构、机电设备等三维信息模型，同时集成了其他与建筑项目有关的信息，如材料、成本等。

美国国家 BIM 标准对 BIM 的定义如下：BIM 是建设项目兼具物理特性与功能特性的数字化模型，且是从建设项目的最初概念设计开始，在整个生命周期里做出任何决策的可靠共享信息资源。实现 BIM 的前提是在建设项目生命周期的各个阶段，不同的项目参与方通过在 BIM 建模过程中插入、提取、更新及修改信息，以支持和反映出各参与方的职责。BIM 是基于公共标准化协同作业的共享数字化模型。

Autodesk 公司对 BIM 的定义如下：建筑信息模型是指建筑物在设计和建造过程中，创建和使用的“可计算数字信息”。而这些数字信息能够被程序系统自动管理，使经过这些数字信息所计算出来的各种文件，自动地具有彼此吻合、一致的特性。

英国标准协会（BSI）对 BIM 的定义如下：BIM 是指建筑物或基础设施设计、施工或运维，应用面向对象的电子信息的过程。BIM 是建筑环境数字化转型的核心。BIM 是工程设施供给链协同的工作方式，采用数字技术早期介入，更有效地设计、创建和维护用户的资产，提供了数字化物理和功能信息，支撑全生命周期的资产的决策和管理。BIM 的核心是整个供应链使用模型和公共数据环境来有效访问和交换信息，从而大大提高建设和运营活动的效率。

我国《建筑信息模型应用统一标准》（GB/T 51212—2016）对 BIM 的定义如下：BIM 是指在建设工程及设施全生命周期内，对其物理和功能特性进行数字化表达，并依此设计、施工、运营的过程和结果的总称。BIM 是以三维数字技术为基础，集成了建设工程项目规划、勘察、设计、建造、运维、废弃全生命周期的协同与互用信息模型，包括建设工程的几何、物理、功能、过程信息等。BIM 的定义包括以下内涵：①是一个建设工程的几何、物理、性能、过程等的信息模型；②贯穿于建设工程项目规划、勘察、设计、建造、运维、废弃的全生命周期；③是三维可视化的模型；④信息在模型中应协同使用；⑤能被建设工程项目各参与方互用。

2. 国内外发展

1）BIM 在国外的应用与发展

1994 年，国际数据互用联盟（International Alliance of Interoperability，IAI）成立，2002 年，Autodesk 公司首次提出并将 BIM 概念商业化。2007 年，IAI 更名为 Building SMART，Building SMART 是一个中立化、国际性、独立的服务于 BIM 全生命周期的非营利组织，旨在通过协调技术、一体化实务和公开标准，方便和透明地进行建筑物和基础设施信息交换、应用和维护，提高设计、施工、运维的质量，支持建设环境全生命周期的高效管理，提升工程项目的品质。

美国是最早提出 BIM 技术概念的国家，从 2003 年起建立建筑信息模型指引，注重在联邦资产建筑计划的空间验证与设施管理。2007 年起，美国总务署（GSA）所有大型项目（招标级别）都需要应用 BIM，最低要求是空间规划验证和最终概念展示都需要提交 BIM 文件，美国总务署的所有项目都被鼓励采用 BIM 技术，并且根据采用这些技术的项目承包商的应用程序不同，给予不同程度的资金支持。

Building SMART 的北美分会是美国建筑科学研究院（NIBS）在信息资源和技术领域的一个专业委员会，Building SMART 的北美分会下属的美国国家 BIM 标准项目委员会（NBIMS）专门负责美国国家 BIM 标准的研究与制定。2007 年 12 月，NBIMS 发布了第 1 版 NBIMS 标准，主要包括关于信息交换和开发过程等方面，明确了 BIM 过程和工具的各方定义、相互之间数据交换要求的明细和编码，使不同部门可以充分协商开发，更好地实现协同。2012 年 5 月，NBIMS 发布了 NBIMS 标准的第 2 版，NBIMS 标准第 2 版的编写过程采用了开放投稿（各专业 BIM 标准）、投票决定标准内容的方式，因此也被称作第一份基于共识的 BIM 标准。2016 年 7 月 22 日，NBIMS 发布了 NBIMS 标准第 3 版，NBIMS 标准第 3 版覆盖了建筑工程的整个生命过程，从场地规划和建筑设计，到建造过程和使用维护。

美国推动 BIM 的主要目的在于提升建造生产力与推动节能减排，美国是 BIM 技术应用最为成功的国家。此外，欧洲国家包括英国、挪威、丹麦、俄罗斯、瑞典和芬兰，亚洲的一些发达国家，如新加坡、日本和韩国等，在 BIM 技术发展和应用方面也比较成功。

2）BIM 在国内的应用与发展

2003 年，原建设部发布了《2003—2008 年全国建筑业信息化发展规划纲要》，明确提出了建筑业信息化的内容：建筑业信息化基础建设、电子政务建设和建筑企业信息化建设。2007 年，原建设部颁布了《建筑对象数字化定义》（JG/T 198—2007）。通过“十五”“十一五”期间的努力，我国建筑信息化技术得到长足的进步，BIM 技术研究主要包括“建筑业信息化标准体系及关键标准研究”与“基于 BIM 技术的下一代建筑工程应用软件研究”等方面，为 BIM 标准的引进转化、工具软件的开发、企业 BIM 初步应用方法打下了良好的基础。

2010 年，住房和城乡建设部发布的《关于做好建筑业 10 项新技术（2010）推广应用》

的通知中，提出要推广使用 BIM 技术辅助施工管理。2011 年，住房和城乡建设部颁布《2011—2015 年建筑业信息化发展纲要》，第一次将 BIM 纳入信息化标准建设内容，提出“加快建筑信息模型(BIM)基于网络的协同工作等新技术在工程中的应用，推动信息化标准建设，促进具有自主知识产权软件的产业化，一批信息技术应用达到国际先进水平的建筑企业”的总体目标。科技部将 BIM 系统作为“十二五”重点研究项目“建筑业信息化关键技术研究与应用”的课题。清华大学发布了《中国建筑信息模型标准框架研究》和《设计企业 BIM 实施标准指南》。业界将 2011 年称作“中国工程建设行业 BIM 元年”。2013 年 5 月，中国建筑标准设计研究院获得国际权威 BIM 标准化机构 Building SMART 组织认可，正式成立 Building SMART 中国分部。

2015 年，住房和城乡建设部发布的《关于推进建筑信息模型应用的指导意见》提出：“到 2020 年年末，建筑行业甲级勘察、设计单位以及特级、一级房屋建筑工程施工企业应掌握并实现 BIM 与企业管理系统和其他信息技术的一体化集成应用。”2016 年，住房和城乡建设部发布的《2016—2020 年建筑业信息化发展纲要》提出：“十三五”时期，全面提高建筑业信息化水平，着力增强 BIM、大数据、智能化、移动通信、云计算、物联网等信息技术集成应用能力，建筑业数字化、网络化、智能化取得突破性进展，初步建成一体化行业监管和服务平台，数据资源利用水平和信息服务能力明显提升，形成一批具有较强信息技术创新能力和信息化应用达到国际先进水平的建筑企业及具有关键自主知识产权的建筑业信息技术企业的发展目标。

2017 年 3 月，住房和城乡建设部发布《建筑工程设计信息模型交付标准》(GB/T 51301—2018)，面向 BIM 信息的交付准备、交付过程、交付成果做出规定，提出了建筑信息模型过程涉及的四级模型单元。2017 年 8 月，住房和城乡建设部发布的《住房城乡建设科技创新“十三五”专项计划》指出：“发展智慧建造技术，普及和深化 BIM 应用，建立基于 BIM 的运营与监测平台，发展施工机器人、智能施工装备、3D 打印施工装备，促进建筑产业提质增效。”同年，国务院发布的《关于促进建筑业持续健康发展的意见》明确要求：“加快推进建筑信息模型(BIM)技术在规划、勘察、设计、施工和运营维护全过程的集成应用”。交通运输部发布的《推进智慧交通发展行动计划(2017—2020 年)》要求：“到 2020 年在基础设施智能化方面，推进建筑信息模型技术在重大交通基础设施项目规划、设计、建设、施工、运营、检测维护管理全生命周期的应用。”

3. BIM 技术的特点

1) 可视化

可视化就是“所见所得”的形式，模型三维立体可视，项目设计、建造、运维等整个过程可视。传统 CAD 使用二维方式表达设计意图，使用平、立、剖等三视图的方式表达工作成果，容易出现信息表达不充分、不完整和信息割裂的问题，在最终决策上需要专业人员凭借空间想象力和专业经验，合成三维实体，在项目和造型比较复杂的情况下，三维实体想象难度大，且容易出错。BIM 提供的可视化不仅能将以往线条式的构件形成三维实体图形展示(图 5-8)，而且是基于构件颗粒级的互动性和反馈性的可视化，不仅可以用于展示效果图及生成报表，而且可在全生命周期内模拟建造过程，项目设计、建造、运营过程中的沟通、讨论、决策都可以在可视化的状态下进行，不断优化建造行为，提高建造品质。

图 5-8　三维实体图

基于 BIM 可视化，可以实现碰撞检查，减少返工。BIM 最直观的特点是三维可视化，利用 BIM 的三维技术在前期进行碰撞检查，优化工程设计，减少在建筑施工阶段可能存在的错误损失和返工的可能性，优化净空和管线排布方案。施工人员可以利用碰撞优化后的三维管线方案进行施工交底；对复杂构造节点可视化，科学排布钢筋，提高施工质量，提升与业主的沟通效果。

基于 BIM 可视化，可以实现虚拟施工，有效协同。三维可视化功能再加上时间维度，可以进行虚拟施工，实施施工组织的可视化。业主、设计方、施工方、监理方在可视化的环境下，模拟施工方案，随时将施工计划与实际进展进行对比，不断优化施工方案，调整进度安排，有效协同管理，大大减少了建筑质量问题和安全问题，减少了返工和整改。

基于 BIM 可视化，可以实现三维渲染宣传展示。三维渲染动画，给人以真实感和直接的视觉冲击(图 5-9)。建好 BIM 模型后可二次渲染，制作漫游、VR 展示，提高了三维渲染效果的精度与效率，给业主更直观的视觉感受。

图 5-9　BIM 三维渲染

2）协调性

在建设工程全生命周期内，建设工程各参与方基于 BIM 互操作，通过统一的建筑信息模型，将建设工程的不同专业、不同工种、不同阶段的工程信息有机结合在一起，并协调数据之间的冲突，生成协调数据或协调数据库，实现信息建立、修改、传递和共享的一致性，通过 BIM 的协同性，大大提高工作效率，减少工作的错误，提升项目的品质。

在设计阶段协调。利用 BIM 三维模型，可快速在统一模型下建立、添附、变更不同专业的内容，不同专业在统一模型平台上协同工作。通过 BIM 三维可视化控件或专门软件，对建筑内部的构件、设备、机电管线、上下水管线、采暖管线进行各专业间的碰撞检查（图 5-10）。通过 BIM 三维可视化进行综合协调，如楼层净高、构件尺寸、洞口预留的调整，电梯井、防火分区、设备布置和其他设计布置的协调等。因此，BIM 技术有效地解决了传统设计可能遇到的设计缺陷，提高了设计质量，提升了设计品质。

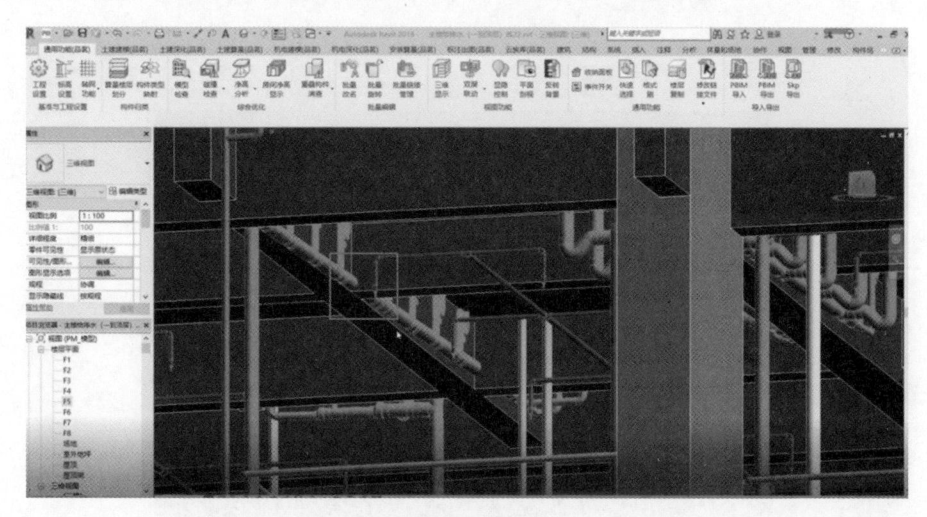

图 5-10　碰撞检查

在施工阶段协调。施工人员可以通过 BIM 的协调性清楚地了解本专业的施工重点及相关的施工注意事项。通过统一的 BIM 模型，可以了解自身在施工中对其他专业是否造成影响，提高施工质量。另外，通过协同平台进行的施工模拟及演示，可以将施工人员统一协调起来，对项目施工作业的工序、工法等做出统一安排，制订流水线式的工作方法，提高施工质量，缩短施工工期。

在传统建筑设施维护管理系统中，大多还是以文字的形式列表展现各类信息，但是文字报表有局限性，尤其是无法展现设备之间的空间关系。当 BIM 导入运维阶段后，模型中基于 BIM 各个设施的空间关系及建筑物内设备的尺寸、型号、口径等具体数据，可实施“可计算的运维管理”。

3）模拟性

模拟是利用模型展现建设工程全生命周期可能发生的各种工况，利用 BIM 模型来模拟建设工程系统的运行，本质是数字实验，包括设计阶段模拟、施工阶段模拟、运维阶段模拟等。

设计阶段模拟。BIM 中包含大量的几何信息、材料性能、构件属性等，根据建筑物理功能需求建立数学模型，基于模型的功能仿真分析软件，可完成建筑能耗分析、日照分析、声场分析、绿色分析、力学分析等建筑性能、功能的模拟。

施工阶段模拟。在施工过程模型中融入仿真技术，数字模拟施工方案、工期安排、材料需求规划等(图 5-11)，并以此快速地评估并优化施工过程，具体内容如下。

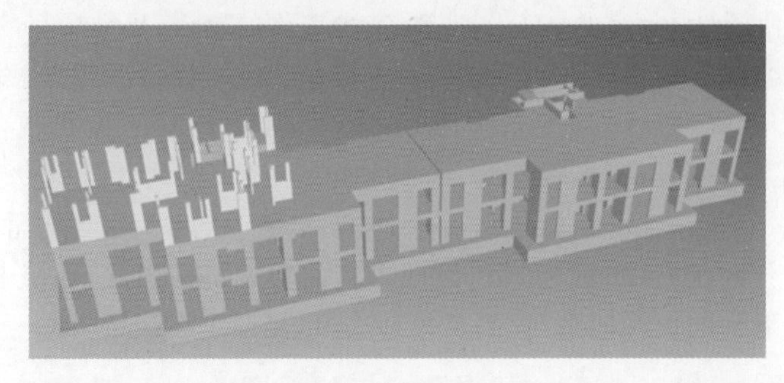

(a)

(b)

(c)

(d)

图 5-11　进度模拟

(e)

(f)

(g)

(h)

图　5-11(续)

(1) 投标评估。借助4D模型,BIM可协助评标,专家可以很快了解投标单位对投标项目主要施工的控制方法、施工安排是否均衡,总体计划是否合理等,从而对投标单位的施工经验和实力做出有效评估。

(2) 施工进度。将BIM与施工进度的各种网络计划任务(WBS)相联结,即把空间信息与时间信息整合在一个可视的4D模型中,动态地模拟施工变化过程,可直观、精确地反映施工过程,实施进度控制,进而可缩短工期、降低成本、提高质量。

(3) 施工方案。通过BIM对项目重点及难点部分进行可行性模拟,验证复杂建筑体系(如施工模板、玻璃装配、锚固等)的可建造性,了解整个施工安装环节的时间节点、安装工序及疑难点,提高施工方案的可行性、优化性和安全性。

(4) 虚拟建造。BIM结合数字化技术,在模型已有的几何信息、空间关系、设计指标、材料设备、工程量等信息基础上,附加成本、进度、质量、安全、工艺工法等建造相关信息。根据建造条件,采用数字模型,基于智能算法和大数据,通过虚拟建造优化改进建造方案,形成场地布置方案、施工组织方案、专项技术方案、安全生产方案、预制构件生产方案等,使得施工方案的可行性、科学性、经济性得到极大的优化提高。

运维阶段模拟。利用BIM提供的几何、物理、功能、过程、设备信息,构造运维环境,模拟运维场景。运维阶段模拟主要包括以下内容。

(1) 互动场景模拟。将项目中的空间信息、场景信息等纳入模型中,再通过VR/AR等新技术的配合,让业主、客户或租户通过BIM从不同的位置进入模型中相应的空间,进行虚拟实体感受。

(2) 租售体验模拟。基于BIM的模型,让租户在项目竣工之前通过BIM了解出售房屋的各项指标,如空间大小、朝向、光照、样式、用电负荷等,并可根据租户的实际需求,调整和优化出租方案。

(3) 紧急情况处理模拟。可以帮助第三方运维基于BIM的演示功能对紧急事件进行预演,模拟各种应急演练,制订应急处理预案,如火灾模拟、人员疏散模拟、停电模拟等。

4) 优化性

在项目规划、设计、施工和运维过程中,BIM提供了几何信息、物理信息、功能信息、设备信息和资源信息等,利用这些信息,可对项目全生命周期的运行进行优化,包括项目方案优化、设计优化、施工方案优化、运维优化以及对重要环节、重要部位的优化。

5) 可出图性

对建筑模型进行可视化展示、协调、模拟、优化以后,导出方案图、初步设计图、施工图的过程。BIM的可出图性能够解决模型与表达不一致的问题,可以出具的图纸有建筑设计图、经过碰撞检查和设计修改后的施工图、综合管线图、综合结构留洞图、碰撞检测错误报告和建议改进方案等使用的施工图纸等。

6) 一体化

BIM技术的核心是一个由计算机三维模型所形成的数据库,不仅包含建筑的设计信息,而且可以容纳从设计到建成使用,甚至是使用周期终结的全过程信息。如在设计阶段采用BIM技术,各个设计专业可以协同设计,减少缺漏碰撞等设计缺陷;在施工阶段,各个管理人员、各个工序工种的协同工作,可以提高管理工作效率。BIM工程技术是系统工程,不是一个人、一个专业或一个单位能够完成的,而是需要参与建设的各责任方和各个专业共同参与,共同协作。

7) 参数化

参数化是指通过参数而不是数字建立和分析模型,通过简单地改变模型中的参数值就能建立和分析新的模型;参数化设计可以大大提高模型生成和修改的速度,在产品的系列设计、相似设计及专用 CAD 系统开发方面都具有较大的应用价值。参数化设计中的参数化建模方法主要有变量几何法和基于结构生成历程的方法,前者主要用于平面模型的建立,后者则更适用于建立三维实体或曲面模型。

8) 信息完备性

信息完备性体现在 BIM 技术可对工程对象进行三维几何信息、拓扑关系、工程信息、工程逻辑关系的完备描述,如对象名称、结构类型、建筑材料、工程性能等设计信息,施工工序、进度、成本、质量及人力、机械、材料资源等施工信息,工程安全性能、材料耐久性能等维护信息,对象之间的工程逻辑关系等。

4. 建模要求

1) 建模的基本要求

BIM 建模应满足规范性、完整性和可行性的要求,具体应满足以下要求。

模型建立标准。大型项目模型的建立涉及专业多、楼层多、构件多,BIM 模型的建立一般是分层、分区、分专业的。这就要求 BIM 团队在建立模型时应遵从一定的建模规则,以保证每一部分的模型在合并之后的融合度,避免出现模型质量、深度等参差不齐的现象。

模型命名规则。大型项目模型分块建立,建模过程中随着模型深度的加深、设计变更的增多,BIM 的模型文件数量成倍增长。为区分不同项目、不同专业、不同时间创建的模型文件,缩短寻找目标模型的时间,建模过程中应统一使用一个命名规则。

模型深度控制。在建筑设计、施工的各个阶段,所需要的 BIM 的模型深度不同,如建筑方案设计阶段仅需要了解建筑的外观、整体布局,而施工工程量统计阶段则需要了解每一个构件的尺寸、材料、价格等。这就需要根据工程需要,针对不同项目、项目实施的不同阶段建立对应标准的模型。

模型质量控制,应对 BIM 的模型进行严格的质量控制,才能充分发挥施工模型可视化展示及指导施工的作用。

模型准确度控制。BIM 的模型是利用计算机技术实现对建筑的可视化展示,应保持与实际建筑高度的一致性,才能运用到后期的结构分析、施工控制及运维管理中。

模型完整度控制。BIM 的模型的完整度包含两部分,一是模型本身的完整度,二是模型信息的完整度。模型本身的完整度应包括建筑的各楼层、各专业到各构件的完整展示。模型信息的完整度包含工程施工所需的全部信息,各构件信息都为后期工作提供有力依据。如添加钢筋信息之后,可以给后期二维施工图中的平法标注自动生成并提供属性信息。

模型文件大小控制。BIM 软件因包含大量信息,占用内存大,建模过程中应控制模型文件的大小,避免对计算机的损耗及建模时间的浪费。

模型整合标准。对各专业、各区域的模型进行整合时，应保证每个子模型的准确性，并保证各子模型的原点一致。

模型交付规则。模型交付的目的是完成建筑信息的传递，在交付过程中，应注意交付文件的整理，保持建筑信息传递的完整性。

2) BIM 的模型精度

BIM 的模型精度，表达了模型的细致程度，描述了一个 BIM 模型构件单元从最低级的近似概念化的程度发展到最高级的演示级精度的步骤。美国建筑师协会为了规范 BIM 参与各方及项目各阶段的界限，在其 2008 年的文档 E202 中定义了 LOD(Level of Development，模型的细致程度)的概念，实际工程应用，根据项目的不同阶段及项目的具体目的来确定 LOD 的等级。具体如下。

LOD 100：Conceptual（概念化）。LOD 100 等同于概念设计，此阶段的模型通常为表现建筑整体类型分析的建筑体量，分析包括体积、建筑朝向、每平方米造价等。

LOD 200：Approximate Geometry（近似构件）。LOD 200 等同于方案设计或扩初设计，此阶段的模型包含普遍性系统信息，如大致的数量、大小、形状、位置及方向。LOD 200 模型通常用于系统分析及一般性表现目的。

LOD 300：Precise Geometry（精确构件）。LOD 300 模型单元等同于传统施工图和深化施工图层次。此模型已经能很好地用于成本估算及施工协调，包括碰撞检查、施工进度计划及可视化，还应当包括业主在 BIM 提交标准里规定的构件属性和参数等信息。

LOD 400：Fabrication（加工）。此阶段的模型被认为可以用于模型单元的加工和安装。此模型更多地被专门的承包商和制造商用于加工和制造项目的构件（包括水电暖系统）。

LOD 500：As-Built（竣工）。LOD 500 最终阶段的模型表现的是项目竣工的情形。模型将作为中心数据库整合到建筑运维系统中去。LOD 500 模型将包含业主 BIM 提交说明里制订的完整的构件参数和属性。

3) BIM 的模型拆分与整合

大型项目可根据施工图设计、工程承发包的一般模式，对 BIM 的模型按专业和空间两个维度拆分，并尽量将拆分后的每个模型文件大小控制在 200MB 以内。

按专业维度拆分：根据施工图设计和工程承发包的一般模式，将单独出具施工图或单独由某一专业单位完成的工程范围作为拆分界线，常见的拆分模块包括建筑、结构、暖通、给排水、消防、电气强电、电气弱电、幕墙、精装修等。

按空间维度拆分。首先，对于群体建筑工程，按各单体建筑进行单体拆分；其次，对于超高层建筑，按楼层区段进行拆分，如拆分为低区、中区、高区；再次，按楼层拆分，单侧体量较小时，可按 2～3 层为一段拆分。其中，空间代号建议按拼音首字母编制。在按空间维度拆分时，应注意专业系统的以下特殊要求。

(1) 幕墙系统：由于幕墙体系构造的特殊性，幕墙系统不宜按楼层进行空间拆分，而应根据幕墙安装构造节点设计的分段位置进行模型拆分。

(2) 结构系统：结构系统中对钢结构的拆分应按钢构件实际分段位置进行，不宜按楼层拆分。同时，拟进行结构体系分析的项目，应在拆分时考虑结构体系的完整和连贯，以及结构体系连接构造形式。

(3) 机电系统：拆分机电系统时，应注意某些子系统或构件贯穿建筑分区的情况(如点对点的布线等)，应先保证体系的完整和连贯。

当拆分的BIM单个或多个模型，需要查看整体效果或进行整体模型应用(如工程量统计、4D进度模拟)时，就需要将各个独立的模型文件集成起来，这个模型整合的过程，简称合模。合模可分为整体土建专业的合模和局部的合模或部分专业的合模。

对于大中型项目，目前的软硬件几乎不可能支持所有专业模型以原始格式进行合模，否则会导致计算机运行速度极慢、卡顿或死机。因此，原始格式的模型集成方式一般用于局部的合模或部分专业的合模。

例如，在进行管线综合深化设计时，必须集成所有专业的Revit模型进行调整，此时按楼层进行局部的合模；在施工场地布置时，不需要机电专业参与，因此一般仅对土建模型与场地、机械等施工过程模型进行合模。例如，对于Revit模型来说，基于统一的坐标系，模型集成一般通过模型文件的链接来完成。Revit的文件链接与AutoCAD的外部参照类似，链接对象仍然保持文件上的独立，仅将模型内容引用到当前文件中。

4) BIM轻量化建模

(1) 数模分离：BIM包含三维几何数据和模型结构属性非几何数据两部分，将几何数据和非几何数据进行拆分，可以过滤掉模型历史和属性定义参数等，并不会影响产品模型的浏览与批注，而可大大降低三维模型数据量，又保护了设计者的设计意图。通过这样的处理，原始的BIM文件中20%～50%的非几何数据会被剥离出去，输出的数据文件供BIM其他开发应用。

(2) 三维几何数据轻量化处理：剥离非几何数据后剩下的三维几何数据，需要进一步进行轻量化处理，以降低三维几何数据的数据量，节约客户端计算机的渲染计算量，从而提高BIM下载、渲染和功能处理的速度。

5.2.3　4D/5D/6D技术

4D(3D+时间)技术是将时间引入三维模型，即将三维模型与工程进度计划关联在一起，从而实现建筑工程项目进度模拟分析。4D技术起初由美国斯坦福大学CIFE(Center for Integrated Facility Engineering)于1996年提出，同时推出了4D CAD(Martin Fischer为其主要代表)。该系统将建筑物结构构件的三维模型与已有进度计划的各种工作相对应，建立各构件之间的继承关系及相关性，最后动态地模拟这些构件的变化过程。1998年，CIFE发布了新的应用系统4D-Annotator。该系统实现了技术与决策支持系统的有机结合，并借助4D显示功能，使管理者能够直观地发现施工场地中潜在的问题，从而大大提高了对施工状况的感知能力。比较有代表性的4D技术研究还有英国Strathclyde大学PROVISYS模型和South Bank大学的建筑后期维护4D模型。1997年，英国Strachclyde大学的Adjei-Kumi和Retik提出了PROVISYS控制模型，其生成的模型更为接近于施工项目的实际情况。同年，英国South Bank大学的Rad和Khosrowshahi建立了一个建筑物后期维护4D模型，通过建立建筑物三维模型随时间变化的光照模型和材质模型，产生4D的模拟图像，为建筑物维护期的研究提供了新的途径和方法。我国的专家和学者在这方面也进行了相关研究，如清华大学的张建平教授将4D技术用于建筑项目施工管理。当前，有关4D技术的商业软件也较多，如Autodesk公司的Navisworks、美国Kalloc Studios工作室的Fuzor、品茗公司的BIM 5D(图5-12)等。

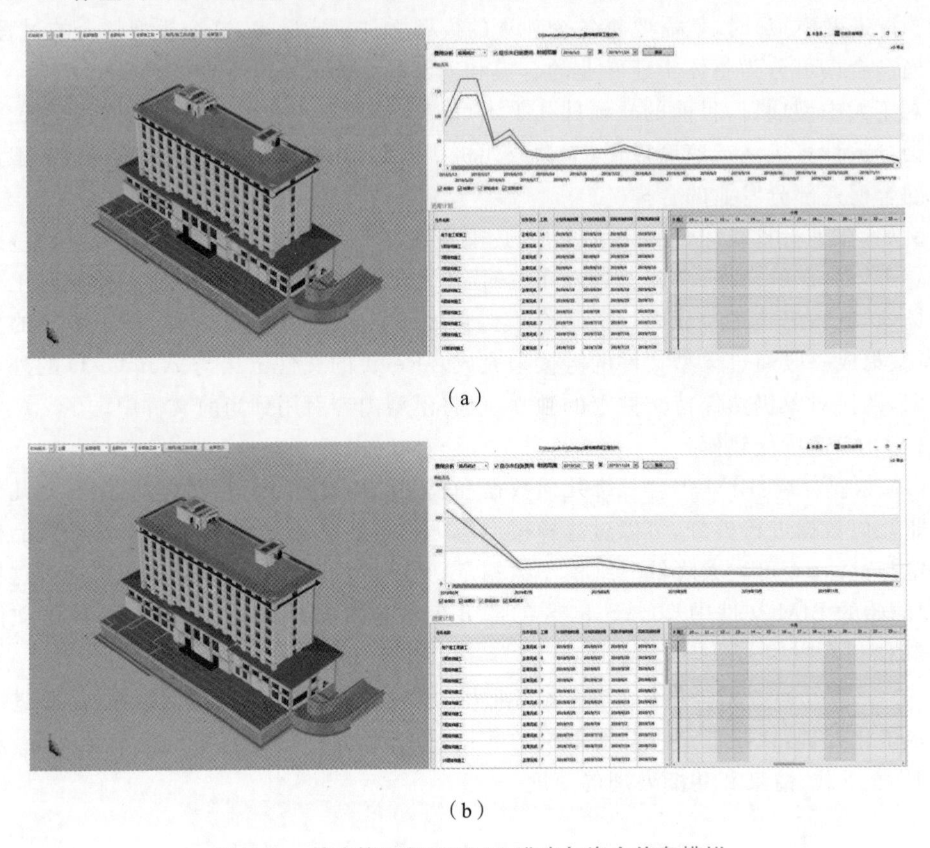

(a)

(b)

图5-12 某建筑工程BIM 5D进度与资金信息模拟

4D技术通常与3D可视化技术或BIM技术结合应用，即在建立建筑的BIM模型后，采用4D技术进行施工进度展示。较为成功的案例，如美国迪士尼音乐厅、香港将军澳体育场、香港OIE办公楼、香港屯门警察宿舍、上海环球金融中心、北京大兴国际机场等。将4D技术应用在施工管理中，可直观地显示建筑工程施工进度计划，有助于分析施工进度安排和施工现场的空间问题，为施工各方提供有效的沟通平台。需要说明的是，4D技术通常主要考虑施工过程中的时间因素，较少考虑施工资源配置，如人力、材料、机械设备等，尤其是可视化模拟资源配置。而这些因素对工程管理来说至关重要。

随着计算机技术的发展，在施工过程模拟中考虑了越来越多的因素，如机械、成本等，从而形成了5D、六维(six-dimensional，6D)、nD等技术(图5-13)。5D一般指在4D基础上融入了成本因素；6D指在5D基础上集成了安全或其他因素；nD则集成了施工过程中所需要的各种因素。所有这些可以称为虚拟建造技术的不同表现形式，在施工资源模拟方面还存在较多的问题。

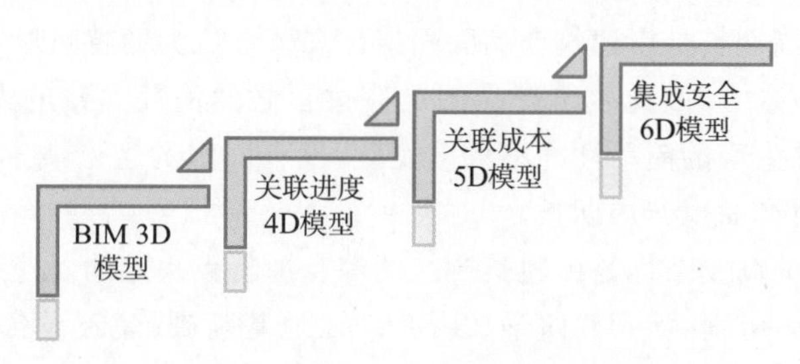

图 5-13　基于 BIM 的虚拟施工模型

5.2.4　虚拟建造技术的迫切需求

1. 建筑产品特点

建筑产品是施工活动的最终产物，可分为建筑物（如住宅、办公楼、商业用房、厂房、仓库等）和构筑物（如公路、桥梁、铁路、烟囱、涵洞等）。与一般产品相比，建筑产品有自身的独特性，如固定性、唯一性、庞大性、综合性等。

建筑产品的固定性是指由于建筑产品在建造过程中或完成后，直接与地基基础相连而无法移动的特性。这就决定了建筑产品的生产活动不可能像其他类型的产品一样在固定的流水线上完成，而是所有生产作业要围绕着建筑产品本身在施工现场来实施。

建筑产品的唯一性是指建筑产品自身的单一性。由于功能需求不同，致使建筑产品设计在规模、造型、空间布局、结构类型、设备设施类型等各不相同。即使设计完全相同的建筑，其建筑地点、环境条件也有所不同。这也决定了建筑产品难以像一般产品那样批量生产。

建筑产品的庞大性是指建筑产品的体积和质量庞大，其构配件的体积和质量也较大。因此，与一般产品相比，在建筑产品生产过程中，对重型机械设备、辅助设施的需求较大，同时生产与控制难度较高、危险性较大。

建筑产品的综合性是指建筑产品在形体与构造上涉及多学科、多专业的特性。建筑产品设计要综合考虑建筑的艺术风格、功能、结构构造、装饰、采暖、通风、供水、供电、卫生设备等，涉及多种专业知识。这就决定了建筑产品生产过程的复杂性。

2. 建筑施工的特点

建筑产品的特点决定了其生产过程的特殊性，如流动性、不可重复性、周期长、复杂性等。

建筑产品生产的流动性是由建筑产品的固定性决定的。建筑产品的生产必须在建筑项目相应位置（施工现场）点来完成，即在施工现场工人、机械围绕着同一建筑产品从事生产活动。因此，建筑产品的生产随着建筑项目的不同区位而流动。

建筑产品生产的不可重复性是由建筑产品个体的唯一性决定的。建筑产品无法像一般产品那样采用统一的生产线进行规模化生产，而必须根据不同的设计风格、功能需要、结构类型，并结合不同地区的施工规范要求进行一次性建造。另外，由于建筑产品本身造价高，这也决定了其生产过程的不可重复性，否则需要付出高昂的代价。

建筑产品生产周期长是由建筑产品的固定性和体形庞大的特点决定的。由于建筑产品体形庞大、构件质量大，因此建筑产品的建造过程必然消耗大量的人力、物力和财力。同时，由于建筑产品生产的流动性和不可重复性，没有固定的生产线进行规模化、标准化生产，从而导致建筑产品生产周期长。

建筑产品生产的高复杂性是由建筑产品的综合性特点决定的。建筑产品生产活动涉及多方面的因素。一方面，涉及建筑学、结构力学、地基基础、建筑设备（水暖电）、建筑材料、机械设备、施工技术、施工组织和项目管理等学科专业知识的综合应用；另一方面，涉及不同专业类型的施工企业、城市规划、征用土地、勘察设计、消防、公用事业、环境保护、质量监督、交通运输、银行财政、机具设备、物质材料、水暖电气供应、劳务等社会各部门的协作。

3. 组织管理的特点

施工组织设计是指在建筑工程项目开工前，根据项目本身的特点、设计文件、业主要求等主观和客观条件，对工程项目施工全过程进行规划，即对人力、财力、物力、时间、空间、技术等方面进行筹划和安排，以达到最优配置。施工组织设计的任务是依据国家建设相关法规、政策和工程项目的具体条件，系统、全面地考虑工程项目施工的需求，拟订工程施工方案、施工工序、劳动组织和技术组织措施，安排施工进度，进行现场布置，协调施工中各单位、各部门、各工种、各阶段及各项目之间的关系，以紧凑、有序地开展施工活动，从而做到人尽其力、物尽其用，最终优质、安全、低耗、高效地完成工程施工任务，取得最好的经济效益和社会效益。施工组织设计是施工管理的重要组成部分，是指导建筑工程项目进行施工准备和施工实施的基本技术经济文件，直接影响着施工执行的最终成效。

无论是哪一类施工组织设计，都是基于编制者的经验来实施。例如，施工组织总设计一般由总工程师会同建设、设计和分包单位的工程师共同编制，单位工程施工组织设计由工程项目经理或主管工程师负责编制，分部分项工程施工组织设计和专项施工组织设计则由具体施工技术负责人负责编制。由于工程项目自身的独特性（唯一性和复杂性），纵然编制者有着丰富的工程经验，也很难全面、系统地制订完全适用的施工方案、进度计划等。通常情况下，施工组织设计只能为施工实施提供大概的指导思想，随着施工过程的深化而不断调整。

施工组织设计调整的过程是一个不断发现问题、解决问题的过程。相关技术经济文件的非适用性会导致施工的问题，特别是施工方案。施工方案编制是施工组织设计的核心，包括施工组织方案和施工技术方案。施工组织方案主要涉及施工工序、施工段划分、施工流向与劳动组织的安排等；施工技术方案主要涉及施工方法与施工机械的选择等。不适用的施工方案会导致施工资源冲突或浪费、施工的返工等一系列问题，这会直接影响工程的施工效率、施工质量、施工工期和经济效益。面对产生的问题，项目经理或工程师必须认真分析问题，找出合适的解决办法，进而调整原有规划。因此，传统的施工管理可谓“被动式的管理”，即事后发现问题，再解决问题，从而导致施工和管理效率低下。

4. 设计多样化、复杂化

随着社会的发展与进步，人们对事物的追求也在不断变化，近年来大型的或复杂的建筑项目不断涌现，如迪拜的阿尔法塔，北京的国家体育场(鸟巢)、香港的国际金融中心二期、台北的101大厦、北京大兴国际机场等，而且这种趋势还在延续。这些项目不仅规模宏大，而且设计造型及结构构造非常复杂。

通常情况下，这类建筑的定位是一个国家或地区的标志性建筑，因此在设计外形上各显特色。从而各式各样的建筑层出不穷，为城市的发展增添了新的活力。与此同时，建筑设计造型的奇异或独特性也正在不断挑战结构设计、施工工艺、施工组织与管理等方面的极限。例如，为了满足结构承载力和稳定性的要求，结构工程师不得不采用复杂的结构设计模式或新材料；由于形体复杂和结构复杂，为了保证施工的顺利进行，施工方必须采用新的施工方法和施工技术，尝试不同的施工管理理念与方法。在现有施工组织与管理方法难以满足这些需要的情况下，项目参与各方必须通过尝试与探索来解决相关问题。因此，如何有效组织和管理此类项目的施工，是建筑业面临的巨大挑战。

总之，建筑产品及施工的特殊性，特别是日趋复杂化和多样化的建筑项目施工，对施工组织与管理提出了较高的要求，然而当前施工组织与管理方法主要基于经验，这远远满足不了建筑项目施工发展的需要。虚拟施工技术正是在这种需求的推动下产生的，它被认为是改变传统施工组织与管理的重要手段。

5.2.5　虚拟建造技术的应用

为了提高建筑工程施工组织与管理的水平，确保施工过程的顺利进行，建筑业必须充分学习制造业的经验。在一般工业产品生产过程中，整个流水线及每一道工序都必须经过严格的测试，以保证生产过程的可行性和高效性。这也是制造业生产力水平持续提高的重要因素。由于建筑业与制造业的相似性，在施工组织与管理过程中，可以充分参考制造业的成功理念。但是，在这个过程中，必须充分考虑一般工业产品与建筑产品的差异性。考虑到建筑项目及其施工的独特性，特别是产品单一性和施工不可重复性，建筑产品无法像工业产品一样标准化、批量化生产，施工生产方案可行性分析不适合通过采用现场实际施工试验来获得。一是现场试验成本高昂、可行性不高，二是获得的施工方案对其他工程指导价值不大。因此，采用虚拟环境进行施工方案的编制、模拟、分析与优化，无论从经济上还是从技术上都是可行的。虚拟施工的目的就在于此。

“虚拟施工”，顾名思义，就是在虚拟环境中实施的施工过程，即以虚拟环境为基础，对真实建筑工程施工方案进行可视化模拟与分析，其融合了建筑材料、施工设备、人力资源、进度计划等相关信息。虚拟施工的理念就是“先试后建”，即在实际工程开工之前，基于虚拟施工环境来模拟、分析与检测施工规划方案的可行性，进而针对发现的问题不断修正，直至获得适用的施工方案，进而采用此可行方案指导真实施工，以保证施工的顺利进行。由此可以看出，虚拟施工是一个不断重复和修正的过程，虚拟的环境为这个过程提供了坚实的基础。决策者可以通过重复试验来不断改进施工方案，同时不会对施工成本和工期造成大的影响。

虚拟施工技术则是实现虚拟施工的基础，一方面提供了适用的虚拟环境，另一方面提供了有效的过程模拟工具。它为建筑工程项目管理人员（如项目经理）提供了一个虚拟试验平台，基于此平台，可对施工规划方案进行试验分析，并进行施工过程的管理。因此，虚拟施工理念实施的效果直接决定于虚拟施工技术。

1. 施工图纸的审查

在施工设计方案正式实施之前，需要对施工图纸进行审查。传统的图纸审查方式是设计人员对其设计理念和想法进行详细的叙述，施工人员了解设计人员的设计理念后，针对不清楚的问题与设计人员进行沟通。这种传统的图纸审查方式虽然能起到一定的审查作用，但还是不够全面和细致。依赖于 BIM 技术，可以通过模拟施工的方式对施工设计图纸的可行性和合理性进行检验（图 5-14）。通过模拟施工，可以提前发现实际施工中存在的问题和设计缺陷，及时做出整改，保证施工设计方案的准确性和合理性，保障施工进程的顺利进行。

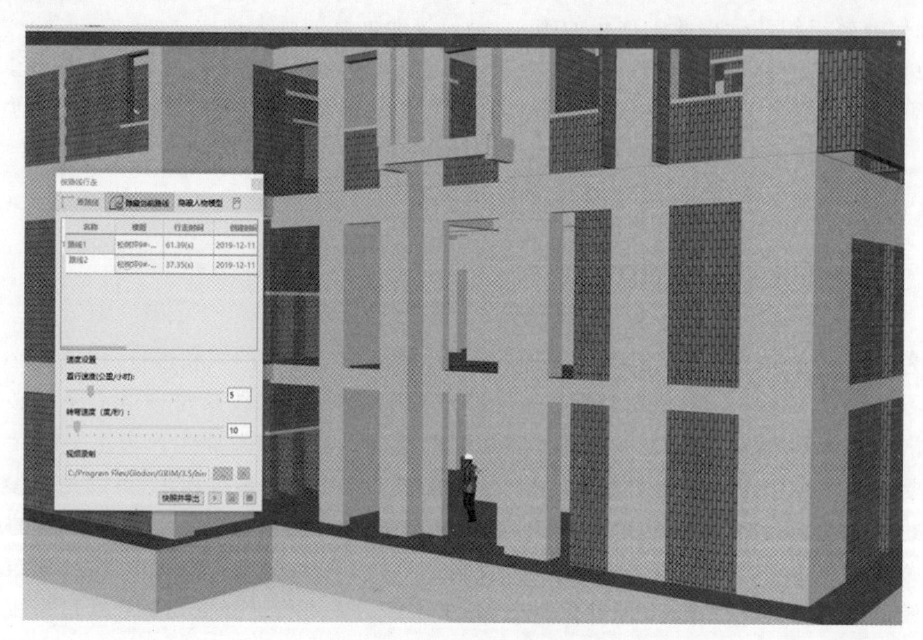

图 5-14 图纸 BIM 审查

2. 施工组织

在实际的建筑施工过程中，施工的作业面积非常大，并且非常复杂。有序的资源摆放和作业环境有助于施工组织，相反，无序的、杂乱的施工环境会阻碍施工组织。利用 BIM 技术，可以对施工现场的整体布置情况进行模拟（图 5-15），合理规划施工材料、施工机械设备的放置位置，不同的施工区域和不同的施工机械设备用不同的颜色区分，节约施工材料的运输距离和施工机械的行驶距离，并且能够模拟施工人员在现场的施工行驶路径，合理避让，创造安全高效的作业环境。利用虚拟技术，还可以将施工现场与周围环境和条件联系起来，提前预测施工隐患，提前制订应急方案，可以随时改变施工现场的布置情况，为施工组织的正常进行打下基础。

图 5-15　三维施工场地布置

3. 规划施工进度

在建筑施工过程中，合理规划施工进度是非常重要的，施工进度不仅影响施工质量，还会影响施工造价。虚拟施工技术可以利用一系列的软件对建筑施工过程进行实时的全程监控，及时发现理想施工进度和实际施工进度之间的偏差，并及时进行修正，对影响施工进度的因素进行有效控制。在施工管理中，施工材料、施工机械设备、施工技术和天气都会影响施工进度，在实际施工过程中，BIM 技术会在初期建模过程中，把图纸、施工技术标准和现实情况相结合，使与工程相关的各项属性信息更加完整，将所有影响施工进度的因素全部考虑在内，提前制订施工进度计划，有效地加快施工进度（图 5-16）。

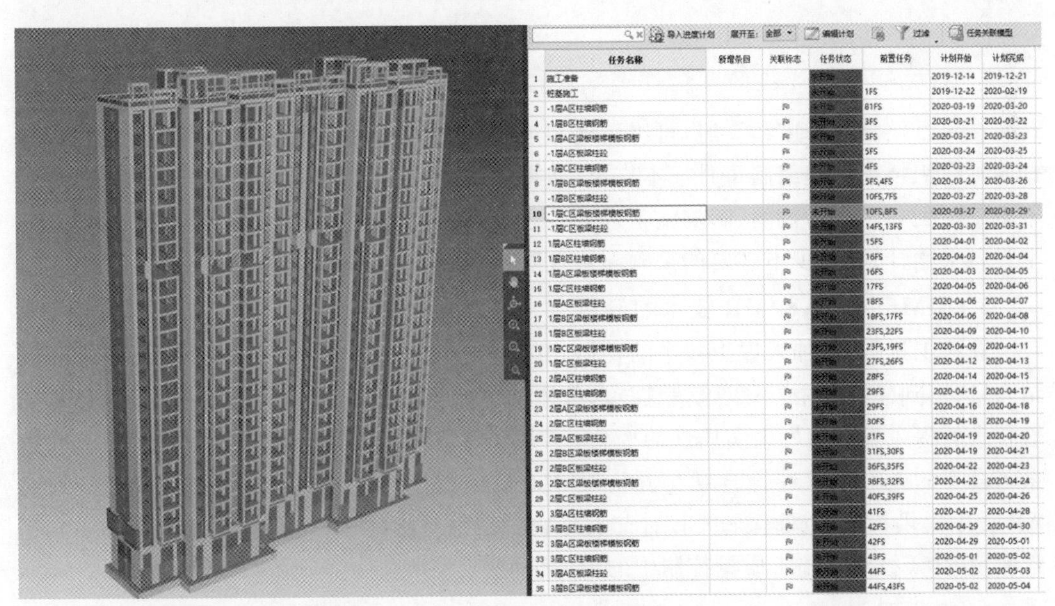

	任务名称	新增条目	关联标志	任务状态	前置任务	计划开始	计划完成
1	施工准备			未开始		2019-12-14	2019-12-21
2	桩基施工			未开始	1FS	2019-12-22	2020-02-19
3	-1层A区柱墙钢筋			未开始	81FS	2020-03-19	2020-03-20
4	-1层B区柱墙钢筋			未开始	3FS	2020-03-21	2020-03-22
5	-1层A区梁板楼梯模板钢筋			未开始	3FS	2020-03-21	2020-03-23
6	-1层A区板梁柱砼			未开始	5FS	2020-03-24	2020-03-25
7	-1层C区柱墙钢筋			未开始	4FS	2020-03-23	2020-03-24
8	-1层B区梁板楼梯模板钢筋			未开始	5FS,4FS	2020-03-24	2020-03-26
9	-1层B区板梁柱砼			未开始	10FS,7FS	2020-03-27	2020-03-28
10	-1层C区梁板楼梯模板钢筋			未开始	10FS,8FS	2020-03-27	2020-03-29
11	-1层C区板梁柱砼			未开始	14FS,13FS	2020-03-30	2020-03-31
12	1层A区柱墙钢筋			未开始	15FS	2020-04-01	2020-04-02
13	1层B区柱墙钢筋			未开始	16FS	2020-04-03	2020-04-04
14	1层A区梁板楼梯模板钢筋			未开始	16FS	2020-04-03	2020-04-05
15	1层C区柱墙钢筋			未开始	17FS	2020-04-05	2020-04-06
16	1层A区板梁柱砼			未开始	18FS	2020-04-06	2020-04-07
17	1层B区梁板楼梯模板钢筋			未开始	18FS,17FS	2020-04-06	2020-04-08
18	1层B区板梁柱砼			未开始	23FS,22FS	2020-04-09	2020-04-10
19	1层C区梁板楼梯模板钢筋			未开始	23FS,19FS	2020-04-09	2020-04-11
20	1层C区板梁柱砼			未开始	27FS,26FS	2020-04-12	2020-04-13
21	2层A区柱墙钢筋			未开始	28FS	2020-04-14	2020-04-15
22	2层B区柱墙钢筋			未开始	29FS	2020-04-16	2020-04-17
23	2层A区梁板楼梯模板钢筋			未开始	29FS	2020-04-16	2020-04-18
24	2层C区柱墙钢筋			未开始	30FS	2020-04-18	2020-04-19
25	2层A区板梁柱砼			未开始	31FS	2020-04-19	2020-04-20
26	2层B区梁板楼梯模板钢筋			未开始	31FS,30FS	2020-04-19	2020-04-21
27	2层B区板梁柱砼			未开始	36FS,35FS	2020-04-22	2020-04-23
28	2层C区梁板楼梯模板钢筋			未开始	36FS,32FS	2020-04-22	2020-04-24
29	2层C区板梁柱砼			未开始	40FS,39FS	2020-04-25	2020-04-26
30	3层A区柱墙钢筋			未开始	41FS	2020-04-27	2020-04-28
31	3层B区柱墙钢筋			未开始	42FS	2020-04-29	2020-04-30
32	3层A区梁板楼梯模板钢筋			未开始	42FS	2020-04-29	2020-05-01
33	3层C区柱墙钢筋			未开始	43FS	2020-05-01	2020-05-02
34	3层A区板梁柱砼			未开始	44FS	2020-05-02	2020-05-03
35	3层B区梁板楼梯模板钢筋			未开始	44FS,43FS	2020-05-02	2020-05-04

图 5-16　施工进度管理

通过虚拟施工技术，还可以根据施工计划计算出施工人员的每日工作量，以便施工管理人员可以更加合理地分派任务，加快施工进度，缩短工期。

4. 控制施工成本

对于庞大的建筑施工工程，施工成本包括很多方面，例如施工材料成本、机械设备成本、施工用电用水成本、施工人员工资等。在控制成本方面，BIM 技术通过应用软件建立各项量与成本数据库(图 5-17)，在数据库中录入各项成本清单，每产生一项费用，数据库可以做到实时更新，分析工程进程的成本。

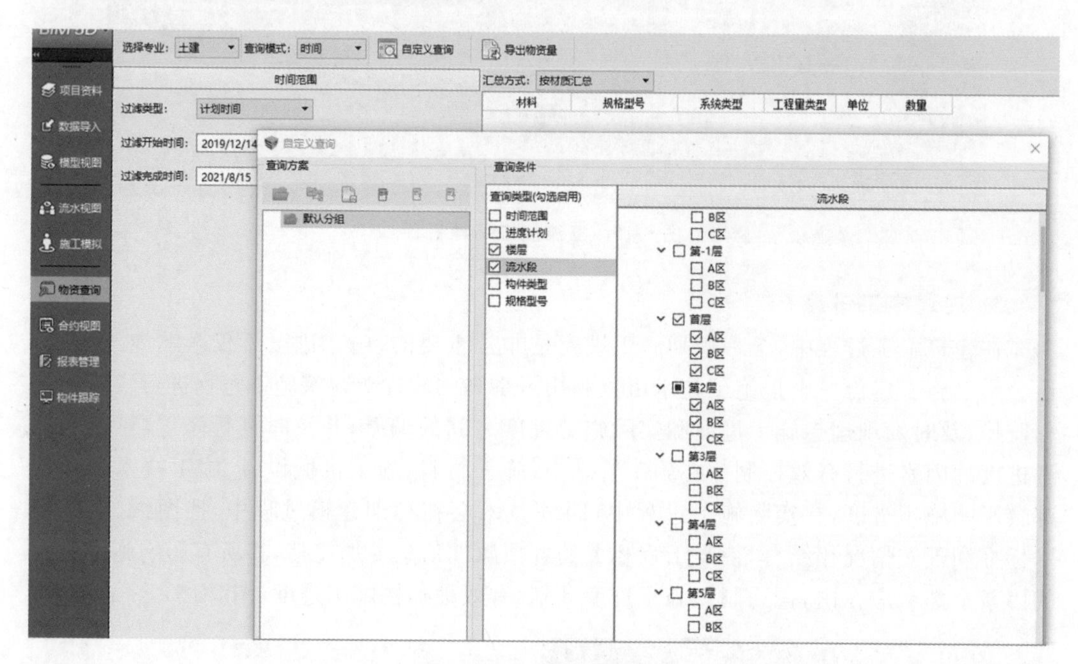

图 5-17　物资查询系统

在每月结算或季度结算时，可以明确知道工程进行到现在所耗费的成本。还可以根据施工组织情况合理编制每月成本支出，如果超出成本，可以及时分析超出成本的原因，不至于扩大超出成本范围，影响施工进度。还可以根据施工计划，合理编制施工材料、施工设备采购计划，减少不必要的采购和盲目采购，节约施工成本。

5. BIM+VR/AR/MR 技术的应用

在施工过程中，加入虚拟技术的支持尤为重要。BIM 技术与 VR/AR/MR 技术相互结合，运用到建筑业中，不仅是信息技术载体和应用工具的升级，而且使整个施工过程随着技术的深入发展而发生实质性的变化。VR/AR/MR 技术的有效运用，可以将 BIM 信息与真实的施工环境进行直观交互。设计人员依据 BIM 数据，结合相关的信息，通过 AR 技术提供指导，以确保施工设计与实际施工平稳对接(图 5-18 所示为梁模板施工)，包括实现 BIM 技术在施工质量控制中的最大价值。

6. 应用案例

某住宅大楼项目概况：总建筑面积约 3.4 万 m^2。地上 25 层，地下 2 层 (图 5-19)，该项目剪力墙结构体系，工程施工难点多，工期短，周边环境复杂，施工段多。

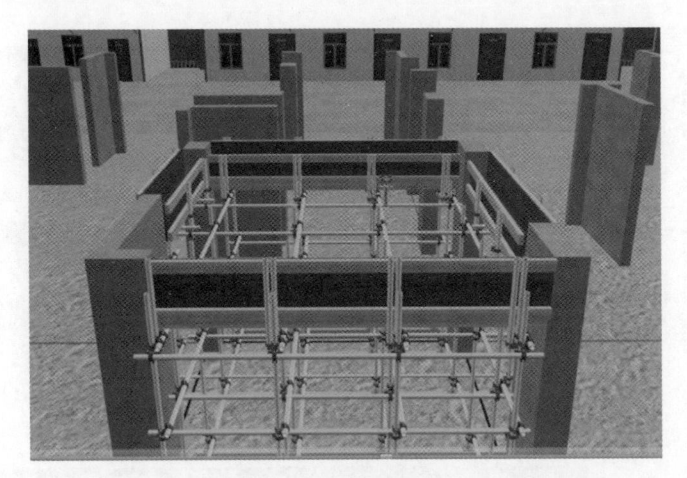

图 5-18　梁模板施工

图 5-19　项目概况

1）技术质量管理

通过 BIM 系列软件，模拟施工临时运料大型钢栈桥安装方案，明确施工工艺流程，并对方案关键技术点进行数据验算。通过 BIM 5D 管理平台实现三维空间的质量安全管理，实时反馈、跟踪发现的问题，问题责任单位和整改期限清晰明确，保证了质量安全管理的实时高效（图 5-20）。通过建立的 BIM 模型，对复杂工艺节点进行模拟（图 5-21），增强技术交底的可视性和准确性，提高现场施工人员对复杂节点施工工艺的理解程度。利用 BIM 5D 平台对大型建筑的专项方案管理如图 5-22 所示。

图 5-20　流水施工段管理

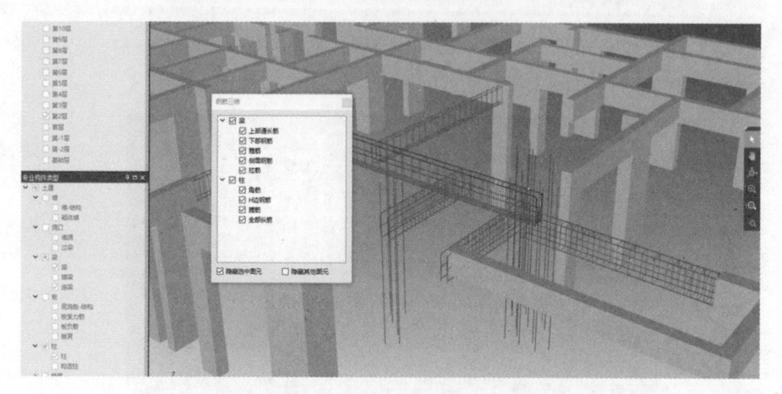

图 5-21　钢筋三维技术交底

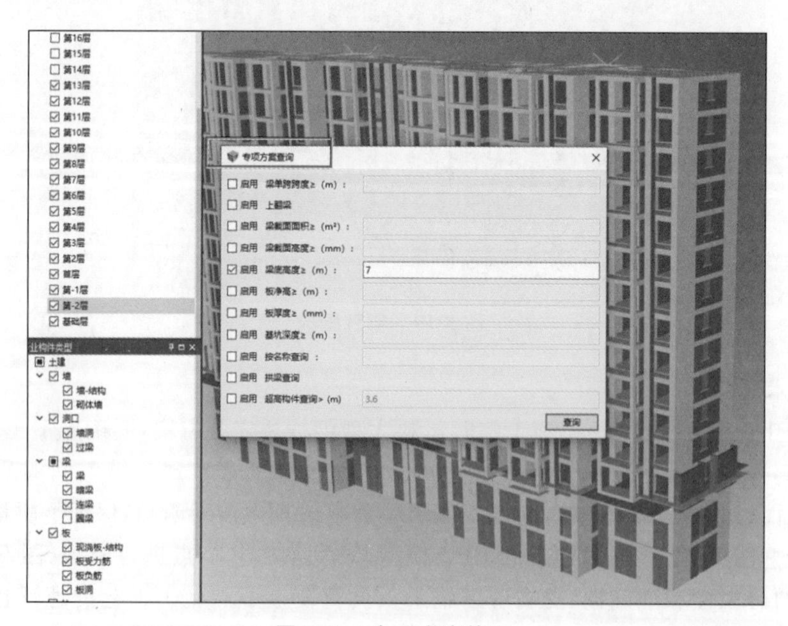

图 5-22　专项方案管理

2）商务管理

项目部商务部门根据工程实际需要，明确各专业需要由 BIM 导出的工程量清单项目表（图 5-23）。商务部门根据算量规则，对技术部门提交的模型进行审核，并出具模型审核报告。BIM 5D 管理平台可以展示合约计划（图 5-24），商务部门对总计划、月计划、产值统计、领料计划进行实时跟踪，掌握材料、资金、人工等的变化情况，并按需求做出相应的调整。通过基于 BIM 的流水段管理，对现场施工进度、各类构件的完成情况进行精确管理。

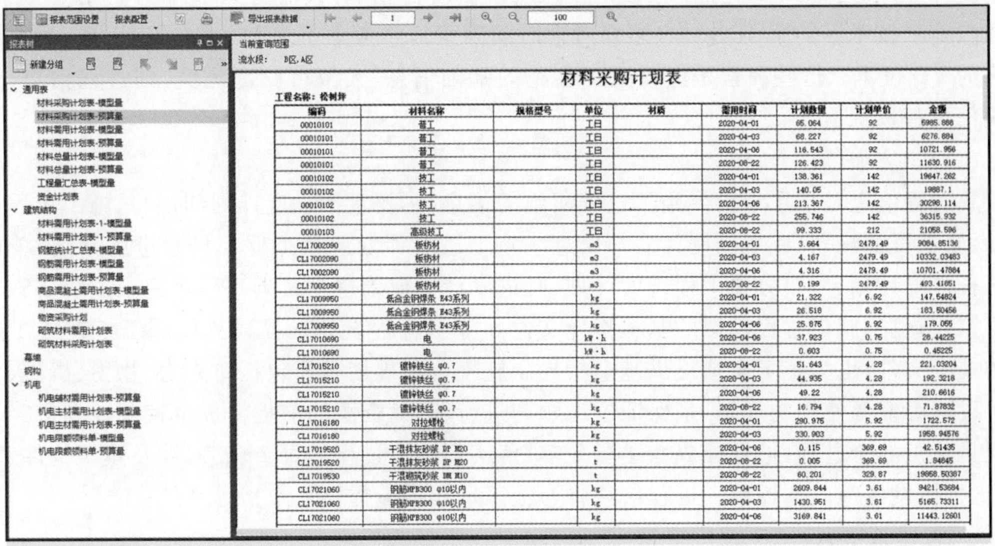

报表范围设置　报表配置　导出报表数据

报表树

新建分组

- 通用表
  - 材料采购计划表-模型量
  - 材料采购计划表-预算量
  - 材料需用计划表-模型量
  - 材料需用计划表-预算量
  - 材料总量计划表-模型量
  - 材料总量计划表-预算量
  - 工程量汇总表-模型量
  - 资金计划表
- 建筑结构
  - 材料需用计划表-1-模型量
  - 材料需用计划表-1-预算量
  - 钢筋统计汇总表-模型量
  - 钢筋需用计划表-模型量
  - 钢筋需用计划表-预算量
  - 商品混凝土需用计划表-模型量
  - 商品混凝土需用计划表-预算量
  - 物资采购计划
  - 砌筑材料需用计划表
  - 砌筑材料采购计划表
- 幕墙
- 钢构
- 机电
  - 机电辅材需用计划表-预算量
  - 机电主材需用计划表-模型量
  - 机电主材需用计划表-预算量
  - 机电限额领料单-模型量
  - 机电限额领料单-预算量

当前查询范围

流水段：　B区，A区

材料采购计划表

工程名称：松树坪

编码	材料名称	规格型号	单位	材质	需用时间	计划数量	计划单价	金额
00010101	普工		工日		2020-04-01	65.064	92	5985.888
00010101	普工		工日		2020-04-03	68.227	92	6276.884
00010101	普工		工日		2020-04-06	116.543	92	10721.956
00010101	普工		工日		2020-08-22	126.423	92	11630.916
00010102	技工		工日		2020-04-01	138.361	142	19647.262
00010102	技工		工日		2020-04-03	140.05	142	19887.1
00010102	技工		工日		2020-04-06	213.367	142	30298.114
00010102	技工		工日		2020-08-22	255.746	142	36315.932
00010103	高级技工		工日		2020-08-22	99.333	212	21058.596
CL17002090	板枋材		m3		2020-04-01	3.664	2479.49	9084.85136
CL17002090	板枋材		m3		2020-04-03	4.167	2479.49	10332.03483
CL17002090	板枋材		m3		2020-04-06	4.316	2479.49	10701.47884
CL17002090	板枋材		m3		2020-08-22	0.199	2479.49	493.41651
CL17009950	低合金钢焊条 E43系列		kg		2020-04-01	21.322	6.92	147.54824
CL17009950	低合金钢焊条 E43系列		kg		2020-04-03	26.518	6.92	183.50456
CL17009950	低合金钢焊条 E43系列		kg		2020-04-06	25.875	6.92	179.055
CL17010690	电		kW·h		2020-04-06	37.923	0.75	28.44225
CL17010690	电		kW·h		2020-08-22	0.603	0.75	0.45225
CL17015210	镀锌铁丝 φ0.7		kg		2020-04-01	51.643	4.28	221.03204
CL17015210	镀锌铁丝 φ0.7		kg		2020-04-03	44.935	4.28	192.3218
CL17015210	镀锌铁丝 φ0.7		kg		2020-04-06	49.22	4.28	210.6616
CL17015210	镀锌铁丝 φ0.7		kg		2020-08-22	16.794	4.28	71.87832
CL17016180	对拉螺栓		kg		2020-04-01	290.975	5.92	1722.572
CL17016180	对拉螺栓		kg		2020-04-03	330.903	5.92	1958.94576
CL17019520	干混抹灰砂浆 DP M20		t		2020-04-06	0.115	369.69	42.51435
CL17019520	干混抹灰砂浆 DP M20		t		2020-08-22	0.005	369.69	1.84845
CL17019530	干混砌筑砂浆 DM M10		t		2020-08-22	60.201	329.87	19858.50387
CL17021060	钢筋HPB300 φ10以内		kg		2020-04-01	2609.844	3.61	9421.53684
CL17021060	钢筋HPB300 φ10以内		kg		2020-04-03	1430.951	3.61	5165.73311
CL17021060	钢筋HPB300 φ10以内		kg		2020-04-06	3169.841	3.61	11443.12601

图 5-23　工程量单

新建　从模板新建　一键清除　批量设置　汇总计算　金额合计方式：按清单合计　分包合同维护　查看分包合同

	编码	名称	施工范围	合同预算	成本预算	合同金额(万)	合同变更(万)	合同总金额(万)	预算成本金额(万)	实际成本金额(万)
1	001	基础土建	松树坪9#-基础层	松树坪#9（GTJ导入计算）合同价…	松树坪#9（GTJ导入计算）成本价.GBQ5	167.8702		167.8702	145.1287	145.1287
2	002	地下部分	松树坪9#-第-1层，松树…	松树坪#9（GTJ导入计算）合同价…	松树坪#9（GTJ导入计算）成本价.GBQ5	179.9831		179.9831	141.6218	141.6218
3	003	1-5层	松树坪9#-第3层，松树…	松树坪#9（GTJ导入计算）合同价…	松树坪#9（GTJ导入计算）成本价.GBQ5	324.0396		324.0396	265.7955	265.7955
4	004	5-10层	松树坪9#-第6层，松树…	松树坪#9（GTJ导入计算）合同价…	松树坪#9（GTJ导入计算）成本价.GBQ5	351.5832		351.5832	316.9731	316.9731

合约规划　清单三算对比　资源三算对比

批量设置分包　取消分包合同设置　查看当前分包合同费用

	资源类别	编码	名称	规格型号	单位	中标量	中标单价	预算量	预算单价	对外分包单价	拟分包合同	备注
1	普通材料											
2	普通材料	CL17064630	硬塑料管 φ20		m	9604.639	1.97	4917.684	1.97	1.97		
3	普通材料	CL17052360	水		m3	75.559	3.39	74.157	3.39	3.39		
4	普通材料	JXNJX001	折旧费		元	696.398	1	756.878	1	1		
5	普通材料	JXNJX019	检修费		元	142.683	1	154.839	1	1		
6	普通材料	00010101	普工		工日	1106.03	92	814.671	92	92		
7	普通材料	CL17021060	钢筋HPB300 φ10以内		kg	31151.649	3.61	44084.698	3	3		
8	普通材料	CL17015210	镀锌铁丝 φ0.7		kg	563.98	4.28	672.979	4.28	4.28		
9	普通材料	CL17010690	电		kW·h	110.729	0.75	108.639	0.75	0.75		
10	普通材料	CLNJX008	电【机械】		kW·h	4390.498	0.75	4395.352	0.75	0.75		
11	普通材料	CL17068070	中(粗)砂		m3	3.667	128.68	1.872	128.68	128.68		
12	普通材料	CL17016180	对拉螺栓		kg	3910.146	5.92	1998.397	5.92	5.92		
13	普通材料	WHF	维护费		元	527.579	1	570.235	1	1		
14	普通材料	CL17029710	胶合板模板		m2	2417.725	27.43	1477.898	27.43	27.43		
15	普通材料	CL17066570	圆钢 综合		t	0.149	3090.23	0.148	3090.23	3090.23		
16	普通材料	CL17002090	板枋材		m3	57.995	2479.49	33.922	2479.49	2479.49		
17	普通材料	CL17045690	其他材料费		元	52.976	1	52.976	1	1		
18	普通材料	JXNJX012	人工		工日	27.345	142	27.193	142	142		
19	普通材料	CL17009950	低合金钢焊条 E43系列		kg	269.68	6.92	268.211	6.92	6.92		
20	普通材料	CL17045080	膨胀水泥		kg	3773.282	0.65	1926.295	0.65	0.65		
21	普通材料	CL17022340	钢丝网 20# 10*10		m2	2781.24	10.61	2781.244	10.61	10.61		
22	普通材料	CL17058760	土工布		m2	124.64	5.99	124.238	5.99	5.99		

图 5-24　合约计划

5.2.6 虚拟建造技术的关键技术

1. 虚拟施工关键因素

虚拟施工技术的目标是在虚拟空间(环境)里实现建筑工程项目施工过程的可视化模拟、分析与优化,并为现场施工管理提供支持。欲达到施工过程模拟的真实性和有效性,虚拟施工技术应充分考虑真实施工过程中的各种要素或信息,不仅要包括建筑体(材料、构配件等)和时间,还应包括施工资源(人、机械设备、临时设施等)、成本与费用等要素。虚拟施工技术不同于4D技术(主要考虑时间因素),它考虑了多种(或多维)因素,故有时称为*n*D技术。这些因素是虚拟施工实施的基础信息,大致可归为三类,即过程信息、建筑信息和资源信息。

1) 过程信息

过程信息是指用于指导施工过程实施的信息,主要包括进度计划(时间)、施工流程设计、施工资源规划、成本控制计划等信息。施工进度计划包括工程项目总进度计划、单位工程进度计划、分布分项工程进度计划(月进度计划或周进度计划)等,是施工过程实施的主控线,也是施工过程模拟的基本指导文件。施工流程设计是描述具体施工工艺或工序的技术文件,也为施工模拟提供基本指导。施工资源规划主要包括对人力、物力、机械、临时设施等资源使用的规划,是保证施工顺利进行、节约资源的前提。成本控制计划贯穿于项目施工的全过程,把目标成本层层分解,落实到施工过程的每个环节,涉及建筑构件、人力、机械设备等成本控制。过程信息将为施工过程模拟提供基本指导文件。

2) 建筑信息

建筑信息是指与建筑产品相关的信息,包括建筑构配件、材料与费用等。无论是现场浇筑构配件,还是预制构配件,都应关注其设计尺寸、设计位置、结构构造、材料、成本费用等信息。这些信息将为施工过程模拟主体(建筑构配件)的三维建模、材料与成本信息集成、成本分析提供支持。

3) 资源信息

资源信息是指支持建筑施工活动实施的资源的相关信息,包括人力资源、机械设备、临时设施及相关费用。虚拟施工技术与4D技术最大的区别是充分考虑了施工资源模拟。资源信息将为资源的三维建模、资源配置、成本分析等提供有效支持。

2. 虚拟施工技术概念模型

虚拟施工技术需要将上述信息有机集成起来,以便真实、有效地模拟、分析与辅助实际施工过程。基于此信息分类,构建虚拟施工技术的概念模型(图5-25),即包括过程模块、建筑模块和资源模块。建筑模块提供需模拟的施工主体,包含建筑三维模型、结构三维模型、机电设备三维模型,以及相关材料与费用信息。资源模块提供需模拟的施工辅助设施,包含机械设备模型、人力资源模型、临时设施模型、施工场地三维模型及相关费用成本信息。

过程模块提供需模拟的施工方法或工艺,集成了施工进度规划信息、施工工艺信息、资源利用信息、成本控制信息等,基于这些信息来调用建筑模块和资源模块中的信息。因

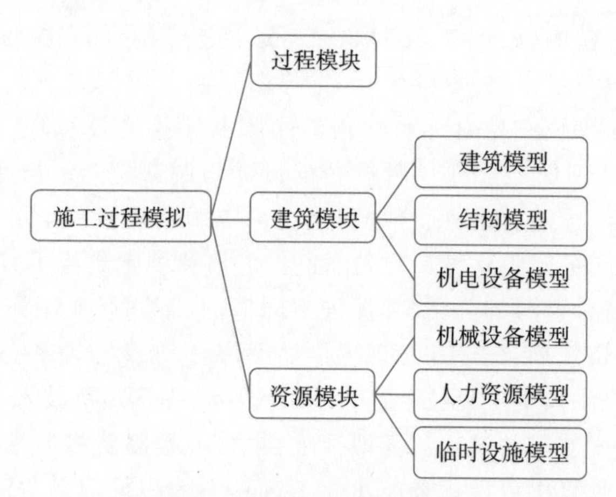

图 5-25 虚拟施工技术概念模型

此，过程模块在虚拟施工技术整个框架中起主导作用，将各相关信息整合在一起。

该概念模型的思想是将建筑模型、施工资源模型、施工过程模型集成于统一的虚拟平台上，并通过施工过程模块来调用施工资源模块，进而调用建筑(构件)模块，实现施工过程模拟。如同真实的施工过程，基于施工进度规划，配置施工资源和建筑构配件，实现“在计划的时间点、采用计划的资源、完成计划的建筑构配件施工”。

3. 虚拟施工支撑技术

虚拟施工技术依托于计算机技术和信息技术的进步。近年来，计算机技术和信息技术的快速发展为虚拟施工技术的实施提供了基本支持。与虚拟施工密切相关的技术有数字化技术、三维可视化技术和计算机模拟技术(图 5-26)。

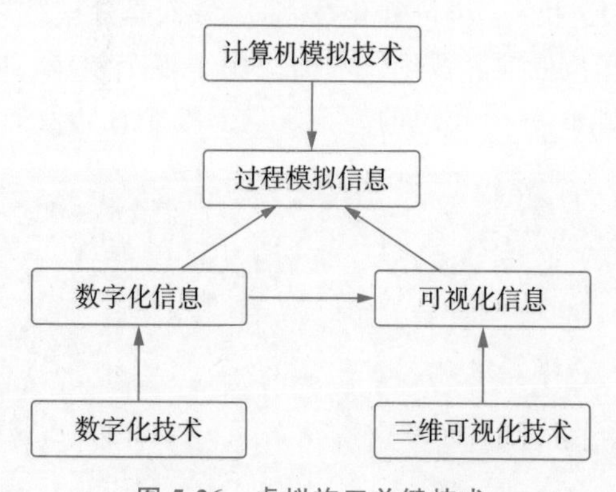

图 5-26 虚拟施工关键技术

1) 数字化技术

信息的收集、处理、存储与传输需要将信息转化为信号，或为模拟信号，或为数字信号，而处理相关信号的技术分别称为模拟技术和数字技术。模拟技术(analog technology)采用基于连续函数的信号(如连续变化的电磁波)表达信息，如音频、视频等。而数字化技术(digital technology)，也称为数字技术、数码技术，是采用离散数值(如二进制数 0 和 1)表达信息，即将各种信息转化为可处理的数字。尽管数字是非连续的，但表达的信息可以是非连续的(如数字、字符),也可以是连续的(如音频、视频)。

数字化设计与制造技术在20世纪90年代已开始应用于制造业,数字化设计与制造的目的不仅仅是为了缩短产品的研发与生产周期、提高生产效率,更是对传统设计与制造思想的一次革新,为行业发展带来一种全新的设计与制造理念。与此同时,数字地球、数字城市、数字建筑等概念的提出,则将数字化技术应用引入另一个层面,即辅助管理与决策。特别是,数字城市的建设将城市自然、社会、经济诸要素集成于数字化平台上,以实时可视化展示城市内各种资源的分布,并促进不同部门、不同层次用户之间的信息共享、交流与合作,从而为城市规划、建设和管理提供决策信息,也为企业和公众提供信息服务。

数字化技术融合了人机工程技术、工业设计技术、图形显示技术、网络技术、数据库技术等,是虚拟施工技术实施的基础。虚拟施工技术,一是需要将建筑、施工等相关信息数字化表达,二是通过计算机可视化来表达施工过程中的相关信息。而数字化技术则为这些提供了有效支持。采用数字化技术将建筑物、施工资源等实体信息和属性信息转化为数字或数据,即用一系列二进制代码来表达,从而为计算机所存储、读取和处理。这为建筑可视化建模、施工过程模拟分析提供了基础保障。

2) 三维可视化技术

可视化技术(Visual Technology)是指运用计算机图形学和图像处理技术,将数据转换为图形或图像,并在计算机屏幕上显示出来的方法和技术。它涉及计算机图形学、图像处理、计算机辅助设计、计算机视觉及人机交互技术等多个领域。可视化技术使得数据和信息得以直观展示出来,从而有利于使用者对数据和信息进行处理与利用。可以说,可视化技术是计算机技术和信息技术推广与应用的前提和保障。

三维可视化技术是一种描述或展示空间信息的可视化技术,主要特点是可直观、真实地反映空间体的外形与尺寸。三维可视化技术,一方面是建模结果的可视化,另一方面是建模过程的可视化。目前,三维可视化技术已应用于多个领域,如地质与地球物理科学、建筑工程学、医学等。例如,一个建筑的施工现场三维布置模型如图5-27所示。

图5-27 施工现场三维可视化展示

三维可视化技术是施工过程可视化模拟的前提,是虚拟施工技术实施的基础。可视化模拟首先需要将施工过程中相关的实体信息(如建筑构件、建筑材料、施工资源、现场环境等)在计算机中形象地表达出来,包括可视化展示相关空间尺寸、位置等,然后结合计算机模拟技术对施工过程进行可视化模拟。同时,采用三维可视化技术,可将建筑实体相关属性数据(如构件的材料信息)集成于三维模型中,以满足各种设计性能分析的需要。三维可视化技术为施工过程可视化模拟提供了基本保证条件。

3) 计算机模拟技术

计算机模拟技术(Computer Simulation Technology)是通过计算机手段在虚拟环境里对现实环境或系统进行预演分析的方法和技术。通过模拟,可对真实系统的性能进行分析与评价,从而不断改进与完善建造过程。模拟的实施,一方面要对系统进行建模及设计参数,另一方面采用适用的模拟技术对系统进行过程模拟。根据不同的属性,模拟技术可分为动态模拟与静态模拟、随机模拟与确定性模拟、离散模拟技术与连续模拟。这些不同的模拟技术分类方式通常是交织在一起的。因此,通常一个模拟系统会涉及多种模拟技术。例如,施工过程模拟可能涉及动态模拟、随机模拟、确定性模拟、离散模拟和连续模拟。特别是,离散模拟技术和连续模拟技术是施工过程可视化模拟的两项关键技术。

离散模拟(又称离散事件模拟),即模拟系统由若干个事件组成,这些事件根据发生的先后次序进行排序,然后通过初始事件状态或时钟激发下一个事件发生,重复这一过程,直至满足一定的终止条件。离散模拟的优点是可以容易发现事件序列的逻辑问题。因此,在施工工序模拟研究中,离散模拟技术已发挥了较好的作用。而连续模拟则是针对模拟系统中若干个连续函数进行数值模拟分析,通过数值来改变系统的状态与输出结果,最终找出相应的数值解决方案。连续模拟的优点是可以实现系统过程的连续性模拟,这对动态可视化模拟来说至关重要。

施工过程模拟不仅包括施工工序模拟,而且包括施工资源(如设备、人员等)和建筑构件的空间移动过程模拟与分析。欲达到施工过程模拟的真实性和有效性,必须将离散模拟技术与连续模拟技术相结合。特别是,连续模拟技术将是施工过程连续模拟的有效支撑技术。

5.2.7 虚拟建造技术的模型

建筑产品、施工资源、临时设施等是虚拟施工模拟的目标物。建筑产品模拟主要涉及建筑构配件、机电设备等,施工资源包括施工设备、人力资源等,临时设施涉及临时支撑、现场办公场所等。这些信息需要反映在建筑产品模型、施工资源模型中,如建筑模型、结构模型和机电设备模型,以支持施工过程模拟。因此,三维建模是施工过程模拟的先决条件。本节将对虚拟施工建模范畴进行界定,并对三维建模理论进行阐述,以便为施工过程模拟提供有效支持。

1. 建筑产品

建筑产品是施工生产过程的最终产物,也是施工过程中的主体。在施工过程模拟中,建筑产品同样是模拟的主体。建筑产品大体可分为建筑物和构筑物,在此主要考虑建筑物。根据建筑物的用途,可分为住宅建筑、办公建筑、商业建筑、工业建筑、体育场馆、医疗建筑、文化娱乐建筑等。这些建筑通常在外形设计、内部设备管线设计、楼层功能划分、结构形式等方面存在较大差异，这对施工技术与施工工艺的要求也不相同。同时，建筑结构类型可分为木结构、砖混结构、钢筋混凝土结构和钢结构，这些结构形式对施工技术和工艺的选择影响较大。因此，在模拟施工过程时，对信息的需求差别较大，这就影响到三维建模的广度和深度。

建筑产品三维建模应根据虚拟施工模拟的实际需要确定建模的范围与详细程度。通常情况下，三维建模应重点考虑下述建筑信息。

(1) 基础：一般基础、桩基础、基坑等的尺寸、位置、材料、成本信息。

(2) 主体结构：墙、柱、梁、板、楼梯、门、窗等的尺寸、位置、材料、成本信息。

(3) 机电设备：给水排水管道、采暖管道、通风空调管道、电气管道等的尺寸、位置、材料、成本信息。

对于上述构配件的内部或细部构造信息，如钢筋、螺栓、墙体夹层等，需根据具体情况适当调整，一般情况下不需要全部考虑。

2. 施工设备

施工设备是施工实施的重要工具，也是施工过程模拟的重要因素之一，而施工设备三维建模则是模拟的基础，与建筑产品建模类似，如无特殊需要，在三维建模时，不需要过多关注施工设备的细部构造。施工过程中通常会用到大量的机械设备，根据其功能可大体划分为以下几种类别。

(1) 挖掘类机械：单斗挖掘机、抓铲挖掘机、拉铲挖掘机、正铲挖掘机、反铲挖掘机和打桩机等。

(2) 装载运输类机械：推土机、装载机和运输卡车等。

(3) 压实平整类机械：平整机和压实机(自重式、挤压式和振动式)等。

(4) 吊装类机械：汽车起重机(吊车)、履带式起重机(吊车)、塔式起重机(又称为塔吊，可分为基座固定式和移动式)、施工升降机、带式输送机和卷扬机。

(5) 其他机械：混凝土搅拌机、混凝土搅拌运输车、混凝土泵、混凝土振动器和钢筋焊接机等。

由于施工现场设备种类繁多，考虑到模拟的高效性和实用性，在模拟过程中一般主要考虑关键、大型的施工设备。基于不同施工阶段模拟的需要，三维建模可相应考虑以下施工设备的信息。

(1) 基础施工阶段：挖掘机、装载机、运输卡车的基本信息，如型号、尺寸、设计容量等。

(2) 主体施工阶段：移动式起重机、塔式起重机、施工升降机、运输卡车、混凝土搅拌运输车、焊接机(钢结构施工)的基本信息。

3. 临时设施

临时设备设施是指在施工现场辅助施工活动顺利实施的除施工设备外的其他设备设施。在施工模拟过程中，有时需将临时设备设施集成于过程模拟中。根据施工临时设备设施的用途，可分为以下几类。

(1) 临时支撑：用于临时支护和加固基坑、构件安装、混凝土浇筑等施工活动的辅助设备，如水平支撑、竖直支撑、斜支撑，或杆状支撑、桁架支撑等，其可以是木质、钢质等材料。

(2) 施工模板：用于辅助混凝土施工与定型的支护模板。传统上木质模板使用较多，近年来钢模板和复合材料模板得到推广应用，如梁模板、柱模板、楼面模板和墙面模板等。为了提高施工效率，新的模板系统不断出现，如桌形模板、大型墙面模板、爬升式模板、跳跃式模板和滑动式模板等。

(3) 临时设施：施工现场其他辅助设施，如施工场地范围、安全防护网、脚手架系统、现场道路、材料或构件库、机械设备库、车库、生产加工场所、供水供电设施、消防设施、办公场所和生活娱乐场所等。

针对大量的施工临时设备设施，在三维建模时，应充分考虑施工模拟的实际需要，确定适用的建模对象与详细程度。一方面，应确保施工模拟的真实性与有效性，另一方面，应适当减少建模工作量，并保证模拟的高效性。一般情况下，临时设备设施建模只需考虑其尺寸信息，只有在受力性能分析或有其他特殊需要时，才需考虑其材料属性。

4. 人力

人力资源作为施工活动的必要资源，在施工模拟中应给予考虑。在此，主要考虑施工现场一线工人，不考虑管理人员。现场工人由不同工种组成，如木工、钢筋工、混凝土工、砌筑工、脚手架工、焊接工、水暖工、抹灰工、油漆工、信号工、机械操作工等。施工过程中涉及对不同工种工人的配置，同时这些工人在不同的施工环境中面对不同的施工操作和安全问题。通过施工过程模拟可以有效分析各工种工人的实际需求，并对其现场行为进行模拟及安全问题识别。

由于人力资源的个体性较强，但在三维建模时不需要过多考虑人力资源的个性特征，而主要考虑工人的地域性特征、性别、平均工作能力、成本等信息。

5. 构件建模与用途

构件模型是整体产品模型的基本元素，并反映构件的各种属性特征。建筑产品由不同的构件组成，即结构构件、建筑构件、机电设备，具体又分为柱、梁、板、墙体、设备、管线等。同样，施工资源及其他设施也由各自的构件组成。无论是建筑产品，还是施工资源，构件建模都是其三维建模的基础活动。其主要用途如下。

1) 单独应用

独立模型可直接用于构件功能设计分析（如结构分析）、构造展示、局部详图生成等。另外，构件模型还可以用于生成其他同类构件模型，而参数化建模为此提供了强有力的支持。例如，由一个柱体模型生成另一个柱体模型，只需要更改前一柱体模型的截面尺寸和长度参数即可。

2) 装配应用

构件是建筑产品或施工资源的基本元素，同样构件模型也是相应主体模型的基本元素。因此，构件模型可通过装配生产建筑产品模型或施工资源模型，即将其集成于相应基本框架内，并进行参数和几何约束配置。

3) 模拟应用

施工模拟就是对建筑构配件进行模拟。作为建筑产品模型的基本元素，构件模型可直接用于施工过程可视化模拟与分析。

6. 产品建模与用途

产品建模指通过参数关系和几何约束将构件模型有机地集成在一起，它主要反映了构件的空间相对位置。

在产品建模过程中，为了方便控制各构件的位置与关系，几何约束配置起到了关键作用。通常涉及的几何约束主要有共线约束、共面约束、共轴约束、偏离约束、角度约束、固定约束等。

产品建模过程如下：首先以导入的形式将构件模型集成到产品模型基本框架中，如将管线模型导入机电设备模块下的子模块中，或将机械部件导入机械模块下的子模块中；然后配置参数关系和几何约束，如将相对固定的模型采用固定约束进行固定，或采用共面约束将两个构件以某个界面为基础砌在一起，从而建立产品模型；另外，针对产品模型中的构件模型，可根据需要进行修改、更新与复制等操作，以更新模型或组合为新模型。

产品模型主要用途如下。

1）功能分析

建筑产品模型可直接用于建筑设计功能分析（如冲突分析、结构分析、能量分析和光照分析）、工程量计算、功能与效果展示、建筑与施工详图生成、物业管理等。

2）模拟应用

建筑产品模型及施工资源模型可用于施工过程可视化模拟，从而分析施工现场规划、施工进度计划、施工工序、资源配置的合理性，还可用于分析施工安全管理等。

5.2.8 虚拟建造技术的过程模拟

虚拟建造的过程模拟包括施工资源模拟和施工过程模拟。

1. 施工资源模拟

施工资源是施工过程实施的重要手段，资源模拟功能也是虚拟施工技术的重要组成部分。资源模拟主要涉及施工设备、临时设施和人力资源等，而施工设备模拟是施工过程模拟的重点和难点。

施工资源主要指施工设备、临时设备设施和人力资源等，而不包括建筑本体的材料、构件等（三维模型）。施工资源模拟也主要针对这些设备设施和人力资源。施工临时设备设施的模拟，类似于建筑构配件的模拟。

2. 施工设备模拟

虚拟环境中对施工设备（如塔吊、吊车等）进行可视化模拟，应考虑以下三个基本要素：设备三维模型、设备空间定位和设备模拟机制。三维模型是设备模拟的基本元素（主体），空间定位是设备模拟的空间支撑因素（位置），而模拟机制是实现设备模拟的基本手段和方法（操作）。

设备三维模型是设备可视化模拟的基础，与建筑物构件的三维模型同等重要。设备构件的三维建模与建筑物构件三维建模一样，只需构建其空间关键点即可。

施工现场有多种机械设备，有些设备空间位置固定（如固定式塔吊），有些设备位置不固定（如移动式吊车）。对于前者，在模拟过程中只需考虑其空间操作即可，而对于后者，还需考虑其空间定位问题，即位置移动性。

设备模拟机制是指模拟施工设备的基本原理，即在施工过程模拟中，如何模拟设备的功能和操作时间等。设备模拟机制主要由两部分组成：一是基于设备三维模型的构件模拟配置（如构件的自由度设置和属性设置），二是设备的空间操作机制（即如何实现设备操作模拟）。

3. 属性参数配置

属性参数是设备模拟配置的另一重要内容，即将设备的基础参数集成于设备三维模型中。至少应包括以下参数：设备出厂设定的相关参数或信息（如起重机的最大起重量、最大工作幅度等），设备约束设置参数的限值设定（如起重机旋转角度的最大或最小值等）。前者可为设备模型使用者提供设备的基础信息，以便选择合适的设备模型进行模拟，同时可提供报警功能（如实际起重量超过了预设起重量）；后者则为使用者提供了设备模拟的预设范围，以达到真实模拟的效果，同时提供了模拟修改的空间，以增加模拟的适用性。

例如，塔式起重机和履带式起重机的基本参数配置应符合下列要求。

(1) 塔式起重机的基本参数包括类型、型号、最大起升高度、最大工作幅度、最小工作幅度、最大额定起重量、最大工作幅度时额定起重量、最大起重量时最大工作幅度、起升速度及相应最大起重量、最低稳定下降速度、回转速度、变幅速度和旋转自由度。

(2) 履带式起重机的基本参数包括最大额定起重量、最大超重力矩、主臂架长度、主臂架工作仰角、主升机构单绳速度、副升机构单绳速度、变幅机构单绳速度、副臂长度和副臂安装角度。

属性参数存储在设备三维模型的属性信息栏中，可以基于不同的需要进行编辑，参考值则可以被编辑、调用、存储与分析等。

4. 施工过程模拟

施工过程就是将建筑设计物化的过程，即形成最终的建筑产品，其集成了设计信息、进度信息、施工方法等信息。因此，施工过程模拟功能是虚拟施工技术的核心功能。本章将对施工过程模拟机理进行分析，建立过程模拟所需要的基础活动，基于此基础活动，将建筑模块、资源模块与过程模块集成在一起，并将工期—成本优化、资源分析等模型集成到过程模块中，以实现施工过程的有效模拟。

1) 工程施工过程

工程施工是将建筑设计方案由图纸变为真实可用的建筑产品的过程，由一系列的施工活动组成。这些活动基于设计图纸及相关说明文件，采用相应的施工技术与设备来实施。在整个施工过程中，任一施工活动都受到资源与时间的制约。因此，在施工规划过程中，需要考虑资源与时间的有效配置，以提高施工的效率。

建筑工程大体可分为地基基础工程、主体结构工程、防水工程、安装工程、装修装饰工程和其他土建工程。

地基是指支承由基础传递的上部结构荷载的土体或岩体，而基础是指将所承受的各种荷载传递到地基上的结构，它是建筑物的重要组成部分。通常，地基基础工程包括土石方工程、基础工程（如一般基础和桩基础）等。

主体结构工程包括梁、柱、楼面板、承重墙（如剪力墙）、楼梯间、墙体等工程，它是建筑物的主体。

安装工程是指电气管线、上下水管线、通风采暖管线、门窗、电气设备、通信设备等的安装工程。

防水工程是指建筑物的楼面、屋顶、墙壁及卫生间等防止出现漏水的工程。

装修装饰工程是指墙体抹灰、喷涂、贴砖及楼面装饰工程等。

这些工程的施工方法与技术差异较大，施工的难易程度、管理方式与方法也不尽相同。因此，相对于工业产品的生产，建筑工程施工过程比较复杂。施工过程模拟正是针对建筑工程施工的这些特点来辅助施工的进行。

2）施工模拟内容

尽管施工模拟可以覆盖整个施工过程，但考虑到模拟的实用性与效率，本书将施工模拟对象定位于相对复杂的施工过程。

（1）地基基础工程：此类工程常涉及土石方开挖与运输、地下工程、复杂桩基础等，在施工过程中，需要有效考虑开挖次序、土方存放与运输、临时围护设施配置、桩基础的类型及施工方法、地下排水与防水、施工机械配置和进度安排等，这些仅靠施工规划人员的经验难以有效实施。

（2）主体结构工程：主体工程是建筑物施工的主要组成部分，不同的结构类型、不同的建筑形体对主体结构施工的要求不同，在复杂的建筑项目中，主要涉及施工工序、施工方法、进度规划、资源配置等问题。

（3）安装工程：安装工程中的各种管道设施通常为隐蔽工程，施工空间狭窄，且管线纵横交错，需要重点关注安装工序、方法、机械设备和进度安排等。

另外，在其他土建工程中，针对具体的施工难点与问题，也可采用虚拟施工技术进行模拟分析。

3）工作分解结构

工作分解结构（Work Breakdown Structure，WBS）产生于20世纪50年代，目前在各类项目管理中得到广泛应用。WBS是建筑工程施工规划与控制的基础工具。为了对建筑工程项目进行有效的规划与管理，在施工开始之前，通常要进行工作分解结构。工作分解结构的程序是：项目分解成任务，任务再分解成一项项工作，再把一项项工作分配到每个人的日常活动中，直到分解不下去为止，即：项目→任务→工作→日常活动。

建筑工程项目WBS是将建筑工程项目按照一定的模式进行逐步分解与细化，直至获得满足工程管理需要的基本单元（图5-28）。一般情况下，WBS采用两种分解模式，一是基于建筑物理结构（如建筑、结构、机电设备等），二是基于施工专业过程（如基础工程、结构工程、装修工程等）。具体采用什么样的分解模式，需要结合工程项目的实际需要。WBS的表达方式通常为树形结构，图5-28粗略展示了某工程项目的WBS，其基于施工专业过程划分。WBS由不同层组成，由上至下不断细化，因此层数越多，划分越细，但复杂程度越高。每个连接点称为节点（Code），最下层节点将直接连接施工作业（活动）。因此，通过 WBS，可将整个建筑项目的施工活动进行有效的划分，从而便于组织与管理。

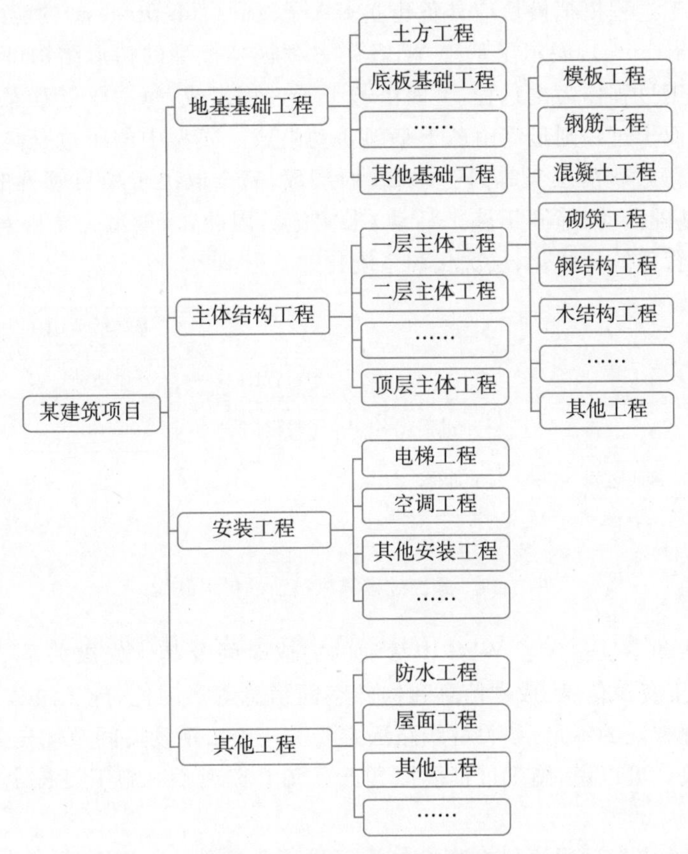

图 5-28　建筑工程 WBS 结构

WBS 既是制订进度计划与进度控制的基础，也是成本估算、资源需求分析、采购管理、风险管理等的基础。基于 WBS 分解出来的施工活动，进行施工工序规划、时间和资源分配等。这为计划评审技术（Program Evaluation and Review Technique，PERT）和关键线路法（Critical Path Method，CPM）提供了基础支持，据此可进行进度优化与关键线路分析，从而辅助进度规划与控制。同时，通过 WBS 可有效了解资源的需求与分配情况，特别是各分部分项工程的资源需求时间表，从而有利于资源的采购与调配。另外，WBS 还有利于施工风险管理，有效明确各分部分项工程及其施工活动的风险因素。可以说，WBS 是工程项目管理的基础。通过 WBS 可进一步明确各节点下的具体施工活动，从而为项目规划、控制与管理服务。

作为项目管理的辅助手段，虚拟施工技术必须与 WBS 有机地结合起来，才能有效地应用于建筑工程项目之中。　方面，当前施工管理主要基丁 WBS，虚拟施工技术应充分考虑施工管理现状及实际需求；另一方面，虚拟施工技术必须考虑真实施工情况，由基本施工活动模拟开始。因此，应将 WBS 架构充分融合于施工过程模拟中，从基础的施工活动出发，来模拟施工过程。

4）基于 WBS 的过程模拟机制

施工过程模拟应以 WBS 为主线，充分考虑施工过程、子过程、具体活动及其优先级关系。因此，施工过程模拟模块应具备建立多级子过程（sub-process）的能力，还应包含一系列基础活动（activity），展示了基于 WBS 的过程模拟模型的树形结构（图 5-29）。在此模型中，整个施工过程作为主过程，下面由若干子过程组成，每一子过程又可细分形成多级多个子过程，而子过程则最终由若干基础活动组成。模型中的子过程是施工过程的分解（WBS），具体子过程的层级等同于 WBS 的层数，完全取决于项目管理的需要，而过程模拟最终将由基础活动（等同于施工活动）来实施。因此，该模型完全继承了 WBS 的优点，实现了项目管理的具体化、层次化和系统化。

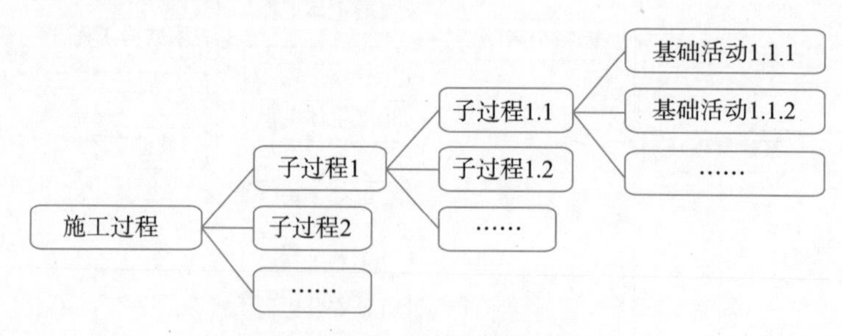

图 5-29 施工过程模拟模型的树形结构

这些基础活动不仅包含了 WBS 中活动的完成时间及其优先级关系，而且集成了建筑构件信息、施工资源信息、成本信息和构件空间信息等。因此，施工过程模拟技术克服了传统项目管理方法的不足，如关键线路法主要关注施工活动时间及优先关系，而难以对资源等信息集成。可以说，施工过程模拟真正意义上实现了对施工过程全信息的分析与管理。

基于 WBS 的施工过程模拟方法将以施工进度为主线、以 WBS 活动为载体，将施工过程中的信息集成起来，动态、直观、有序地模拟整个施工过程，从而辅助施工管理。在模拟过程中，建筑产品模型、施工资源模型处于被动地位，根据施工进度计划与资源调配机制被调用，最终通过基础活动的类型实现施工过程的动态化与可视化。因此，施工过程模拟的成效取决于过程模拟中基础活动的定义。主要涉及的基础活动包括移动、显示/隐藏、延迟和设备操作。这些基础活动将施工进度计划与施工资源模型、建筑产品模型、过程分析模型联系在一起，从而实现施工过程的动态模拟。另外，施工过程模拟的实施还需要构建适用的时间线，以协调各基础活动的优先等级关系。

5）基础模拟活动

根据建筑施工活动的特点，在模拟施工活动时，主要涉及运输、吊装、浇筑、等待、机械设备运转等行为，故将模拟所需基础活动确定为移动、显示/隐藏、延迟、设备操作这四个活动。“移动”活动用于定义建筑构件移动、资源空间定位等模拟活动。施工过程是动态的，构件吊装、机械移动等是施工中常见的活动。通过“移动”活动，可模拟这类活动。“显示/隐藏”活动用于定义建筑构件或资源在模拟过程中的呈现或隐藏。在模拟过程中，通常先将各构件及设备三维模型导入模拟平台，然后根据模拟需要及逻辑次序显示或隐藏相关模型，并进行相关模拟操作。“显示/隐藏”活动正是满足这一过程模拟的需要，以实现模拟的真实性。“延迟”活动用于定义施工过程模拟中一些需要等待或空闲的时间段。由于施工活动的先后次序及持续时间不同，等待或空闲时常存在，采用“延迟”活动可模拟此情况。

5.3　建筑机器人施工

微课：智能施工管理

建筑行业历史悠久，但建筑机器人的发展不过百年，最早可追溯至1959年世界第一台工业机器人。我国建筑建造机器人起步较晚，处于行业破土期，以少数龙头企业为主导，其他参与者多为初创公司，产品多专精于建筑建造工程中特定细分场景，表5-1简要比较了国内外建筑机器人企业的主要参与者。

表5-1　国内外建筑机器人企业主要参与者比较

参与者名称	主要产品	应用领域
上海蔚建科技有限公司	抹灰机器人、钢筋机器人	墙面抹灰施工、钢筋裁剪定型
广东博智林机器人有限公司	混凝土内墙面打磨机器人、地坪研磨机器人等	现浇混凝土，PC装配式建筑各施工环节
杭州固建机器人科技有限公司	工具运输机器人、地面划线机器人、地面铺砖机器人等	通过现场部署物联网硬件实现全要素在线，为项目ESQCD管理提供决策依据，升级施工现场为智能制造工地
中建科技有限公司	橡塑保温板下料机器人、焊接机器人、预制装配式建筑结构体系等	装配式建筑的结构体系，材料加工，焊接，测量等
华创智造	混凝土3D打印机器人、移动式混凝土3D打印机器人	3D打印小型建筑构件，建筑异型模板、景观筑模型、小品等
日本清水建设株式会社	Rabo-Welder、Rabo-Bur、Rabo-Carrier	建材焊接，天花板地板安装，建材运输
日本国家先进工业科学技术研究所(AIST)	HRP-5P	石膏板安装等
美国ConstructionRobotics	SAM100砌砖机器人，MULE材料举升增强器	墙体砌筑建材搬运
澳洲Fast Brick Robotics	Hadrian X	3D打印砌砖
美国Advanced Construction Robotics	Tybot	钢筋捆扎钢筋运输放置
法国Effidence	Effi BOT	建材搬运

随着人口老龄化的加重，建筑机器人将迎来建筑行业新一轮高潮和发展。因此，未来几年建筑机器人市场将会突飞猛进式发展，也将实现年均复合增长率两位数的高增长，智能设备与智能制造已成为越来越多传统建筑企业转型升级的方向。利用建筑机器人技术逐步替代现场人工作业，可实现智能施工，即高质量施工、安全施工及高效施工。

5.3.1 建筑机器人

建筑机器人是指自动或半自动执行建筑工作的机器装置，其可通过运行预先编制的程序或人工智能技术制定的原则纲领进行运动，替代或协助建筑人员完成如焊接、砌墙、搬运天花板安装、喷漆等建筑施工，能有效提高施工效率和施工质量、保障工作人员安全及降低工程建筑成本。建筑机器人既有人对环境状态的快速反应和分析判断能力，又有机器可长时间持续工作、精确度高、抗恶劣环境的能力，能帮助建筑业高质量持续发展。

1. 建筑机器人的发展情况

早在20世纪80年代，发达国家就已经开始了对建筑机器人的研发，包括美国、欧盟国家、新加坡、日本、挪威，纷纷推出了自己的建筑机器人产品。国内建筑机器人发展的契机来自互联网、物联网技术的发展。对比国外，我国在建筑机器人方面，虽然探索较晚，但追赶速度很快。在国家政策的推动下，我国已经完成了初步的建筑机器人产业链，国产建筑机器人在核心零件、软件、算法等方面不断突破。

从商用化角度来看，全球建筑机器人市场仍然处于早期阶段，国内外都在发展，但全球最大的建筑业市场在中国，纵观当下建筑机器人行业，在这场竞争中，国内已有数十家公司在此展开布局，包括帕梅艾尔、上海大界等一批较早研究的企业，以及广东博智林、固建、筑橙、筑石、蔚建等一批新企业。

2022年初，住房和城乡建设部发布《“十四五”建筑业发展规划》，强调要加快重点推进与装配式建筑相配套的建筑机器人应用，辅助和替代“危、繁、脏、重”的施工作业。调研表明，有81%的建筑企业，将在未来10年内引入或增加机器人技术和自动化的使用，而目前正在使用机器人技术的企业并不多，只有55%的建筑企业表示正在使用机器人，但在汽车行业和制造业，这一比例分别为84%和79%，可见建筑机器人还有很大的增长空间。

2023年1月18日，工业和信息化部、住房和城乡建设部、公安部等十七部门印发《“机器人＋”应用行动实施方案》，提出：“到2025年，制造业机器人密度较2020年实现翻番，服务机器人、特种机器人行业应用深度和广度显著提升，机器人促进经济社会高质量发展的能力明显增强，聚焦10大应用重点领域，突破100种以上机器人创新应用技术及解决方案，推广200个以上具有较高技术水平、创新应用模式和显著应用成效的机器人典型应用场景，打造一批‘机器人＋’应用标杆企业，建设一批应用体验中心和试验验证中心。推动各行业、各地方结合行业发展阶段和区域发展特色，开展‘机器人＋’应用创新实践。搭建国际国内交流平台，形成全面推进机器人应用的浓厚氛围。”

2. 机器人的分类

机器人的研发过程遵循科学且可行的研发路径，其研发涉及工业机器人应用开发自动化设备编程、嵌入式软件设计等多项机器人技术。机器人按发展进程一般可分为三代：第一代机器人是一种“遥控操作器”；第二代机器人是一种按技术人员事先编好的程序对机器人进行控制，使其自动重复完成某种操作的方式；第三代机器人是智能机器人，它是通过各种传感器、测量器等来获取环境的信息，然后利用智能技术进行识别、理解、推理，并最后做出规划决策，能自主行动实现预定目标的高级机器人。

3. 建筑机器人的组成

建筑机器人在研发过程中分为机械、电路、程序三大部分。机械部分负责保证机器人的结构稳定性能；电路则负责给机器人各模块提供稳定的供电系统；程序负责联动机器人的各部分，配合安装在机器人上的各种传感器，将机器人真正驱动起来。

建筑机器人研发过程遵循科学的试验方法，通过将大任务拆分成多项小任务的方式寻找解决方案，对于物料搬运的过程，采用了夹取、吸取等多种方式进行理论计算与小规模试验，制订出机械结构方面的可靠解决方案。在电路布线方面，大量采用工业级电缆，保障了机器人的稳定性。软件设计采用模块化、参数化的设计思想，将功能层层封装，便于后续功能的开发及拓展。

下面将介绍三种建筑机器人的部分典型案例：生产机器人、施工机器人、检测类机器人。

5.3.2　生产机器人

生产机器人主要用于施工前的构件生产工作，这一类机器人可以接替许多的体力劳动者，比起传统的操作节约了大量的人力与时间，也可以使构件更加精密，减少制造中所带来的误差。

1. 钢筋弯箍机

由于混凝土中所配置的钢筋样式五花八门，有各种形状，直接生产出的钢筋大多数是直筋，这就需要人工将钢筋改变成各种形状，不仅耗费了大量的劳动力，而且工人将钢筋改变的形状对比规范的形状还有一定的偏差。钢筋弯箍机可以节省劳动力(图 5-30)，避免钢筋形状的偏差。

图 5-30　国内某公司生产的大型钢筋弯箍机

钢筋弯箍机主要由机械部分和控制部分组成。机械部分主要由钢筋送入机构、钢筋弯曲机构、钢筋夹断机构组成；控制部分主要由可编程控制器、触点继电器、开关电源组成。

2. 钢结构焊接机器人

建筑钢结构焊接机器人是一种能够自动完成钢结构焊接的机器人设备(图 5-31)，它采用先进的控制技术、传感器技术和热能控制技术，能够实现高效、稳定、安全的焊接过程。钢结构焊接机器人稳定性好，运行无故障；采用起弧机制优化设计，起弧时间仅需 400ms；且运行节拍快，速度提升 30%，大幅提高了工作效率。

图 5-31 中建钢构研发的免示教智能焊接机器人

5.3.3 施工机器人

施工机器人是指与建筑施工作业密切相关的机器人设备，通常是一个在建筑施工工艺中执行某个具体建造任务的装备系统。在执行施工任务的过程中，施工机器人不但能够辅助人类进行施工作业，甚至可以完全替代人类劳动，并超越传统人工的施工能力。在智能建筑领域，对施工机器人的研究主要以“机器”代替“人”为目标，开发适宜的机器人建造装备与工艺来代替传统工人完成重复、危险的建造工作，利用机器人独特的建造能力来实现传统建造工艺难以完成的创新建筑。

施工机器人主要包括以下四个技术特征。

(1) 在施工过程中，施工机器人需要操作幕墙、混凝土砌块等建筑构件，因此需要具备较大的承载能力和作业空间。

(2) 在非结构化环境的工作中，施工机器人需具有较高的智能性及广泛的适应性，以实现导航、移动、避障等能力。其中，基于传感器的智能感知技术是提高智能性及适应性的关键。

(3) 需要完备的实时监测与预警系统，以应对安全性的挑战。

(4) 施工机器人编程以离线编程为基础，需要与高度智能化的现场建立实时连接，并进行实时反馈，以适应复杂的现场施工。

下面介绍几种施工机器人。

1. 四轮激光整平机器人

如图 5-32 所示，建筑地面结构施工的建筑机器人用于地下室底板、顶板、地坪混凝土浇筑阶段。机器人采用智能激光找平算法以及线控底盘技术，实现无人自主运动及高精施工。这种机器人整机体积小、机动灵活、操作简单，施工地面平整度高，地面密实均匀。

该机器人施工面积可达 400～600m^2/h，可替代人工 3～5 人，其激光探测精度可缩小至 2mm，测量高差控制在 5mm 以内，能节省人工成本 60%以上，6 万～8 万 m^2 施工面积即可收回成本。

图 5-32 四轮激光整平机器人

2. 履带式抹平机器人

这是一种建筑地面提浆收面施工的建筑机器人(图 5-33)，用于地下室、地坪混凝土阶段抹平作业，机器人采用履带底盘巡航技术以及智能摆臂算法，实现无人自主运动及高精施工。这种机器人整机体积小、机动灵活、操作简单，施工地面平整度高、地面密实均匀。

图 5-33 履带式抹平机器人

该机器人抹盘直径达到 880mm，施工面积可达 200～400m^2/h，其施工宽度可达到 2m，平整度偏差控制在 5mm 以内，能节省人工成本 60%以上，6 万～8 万 m^2 施工面积即可收回成本。

3. 抹灰机器人

机器人抹灰主要分供料设备、送料管、抹灰机器人三大部分。通过 BIM 建模，完成 3D 环境提取；经数据输入、程序交互，实现机器人离线学习、路径规划；最终，机器人可根据设定的程序，自主移动，通过提前布放的定位激光线，实现机器抹灰。设计施工效率是人工的 5 倍。这种机器人在供料充足的情况下可连续作业。

抹灰机器人较传统人工抹灰每平方米节约10元，按综合工效 $300m^2$/天、全年施工300天估算，每年每台设备可节省90万元成本，且工效可达到人工抹灰的5～8倍，可极大地提高施工效率。其完成面空鼓率为人工抹灰的1/30，垂平合格率大于95%。施工质量不受作业人员影响，质量一致性好。此外，抹灰机器人仅需机操手输入命令即可自主运行，可免搭施工脚手架、避免人工高处作业，降低作业风险。

4. 空中造楼机

空中造楼机(图5-34)是一种套在建筑物外围、可自动升降的大型钢结构框架，高度集成了具备各种起重、运输、安装功能的机械部件及多道施工作业平台，通过格构式钢管升降柱与多道桁架式水平附墙稳定支撑，组合成为一台模拟“移动式造楼工厂”的大型特种机械装备。其依靠设置在地下室的液压顶升和机械丝杆双保险传动机组强大的液压驱动能力，以及沿建筑主体结构剪力墙敷设的型钢轨道，强制造楼机升降柱标准节自主升降，构建自动化升降现浇标准作业工序，运用人工智能、5G工业互联网技术，实现远程控制下的自动化绿色建造。

图5-34 空中造楼机(俯视图)

5.3.4 检测类机器人

检测类机器人可以帮助现场管理人员检验建筑的成果是否符合要求，使建筑物更加符合规范，下面介绍典型的两种机器人。

1. 管道检测机器人

管道检测机器人可以自主巡检城市下水道、给水管道、燃气管道等管网，检测管道内部是否存在堵塞、漏水、老化等问题。这一举措将有助于提高城市基础设施的安全性和可靠性。

管道检测机器人具有以下特点：一是智能化程度高，可以根据管道的大小和形状自主选择适当的巡检路线和方式，避免盲区和遗漏；二是检测精度高，可以准确检测管道内的各种问题，并在实时显示屏上反馈结果；三是操作简便，人员只需远程操控机器人，即可完成管道巡检工作。这些特点使得机器人在城市管网巡检中具有很高的效率和可靠性，如图 5-35 所示。

图 5-35　管道检测机器人

2. 智能巡检机器人

智能巡检机器人可代替人工在高温、高湿、高辐射、含毒害气体、需长距离监控的高危环境中，对生产设施设备、市政设施设备、人员作业行为等进行自主巡检及监测，并通过智能化数据分析手段进行自主报警和应急联动，如图 5-36 所示。其通过搭载的高清图像机器视觉技术红外成像测温技术、声音频谱分析技术、气体浓度测量，温湿度测量等监测手段，可以解放巡检人员，同时降低安全隐患，减少了安全事故的发生。

图 5-36　智能巡检机器人

5.4　增材制造混凝土结构施工

5.4.1　简介

在第一次工业革命之前，建筑材料主要是通过等材制造的各类砌体和减材制造的木材、石材进行制造。随着波特兰水泥的出现、金属冶炼技术的工业化发展以及工业玻璃加工技术的提升，现代建筑材料开始更新换代。随着工业革命的发展，蒸汽机和电气机械的出现使得钢材加工工业化，高强钢材成为减材制造的主要材料，而浇筑混凝土则是等材制造在结构形式上的主流。随着第三次工业革命的到来，增材制造技术将钢材和混凝土引入自己的领域，焕发了新的技术生命力，推动工程建造升级成为智能建造生产模式。

传统的混凝土采用模具浇筑的方式进行工程建造，属于等材制造方式。然而，这种方式存在一些技术局限性，例如工序烦琐、依赖人力、质量不稳定等。相比之下，混凝土增材制造结合了信息技术和工业制造技术，采用灵活多变的生产方式以适应各种空间造型。它具有无须模具、便捷高效、节约材料、环保可持续等优点，拥有无可比拟的优势，并在建筑领域得到了广泛应用和工程推广。通过 3D 打印技术进行混凝土增材制造，可以减少建筑垃圾 30%～60%，节约劳动力成本 50%～80%，节约生产时间 50%～70%，具有重要的工程研究和推广应用价值。

5.4.2 最新技术和数据概述

增材制造(建筑)是一种基于数字化模型的制造方法，通过逐层叠加材料来构建建筑物或构件。最近几年，增材制造在建筑领域发展迅速，取得了一些重要进展。主要包括以下几个方面。

1. 混凝土增材建造技术(3DPC)的发展

增材智能建造混凝土打印建造硬件系统包括控制主机、打印设备、搅拌设备、泵送设备和动力驱动设备。通过控制主机发送操作命令给搅拌设备，进行混凝土备料并泵送至打印设备，通过信号转换将命令发送给所属的控制电机，实现打印头三维位移运动和打印材料挤出速度的控制。打印硬件控制系统通过参数设置实现对打印头三维方向位置调节、打印行走速度控制以及打印设备移动控制，通过预设路径和具体参数实现打印不同尺寸、大小及高度构件。

现有增材智能建造软件系统包括数字模型输入、切片设计、打印定位、路径输入、参数设定、路径优化、图形显示、后台监测等多种功能。用户可以使用软件包含的绘图软件进行设计，并导入打印软件完成打印。同时，支持通用商业 3D 建模软件导入数字模型完成打印。打印软件系统支持断点打印，可以在打印过程中的任意位置停止、启动打印，对打印过程中的突发状况(例如材料准备不足等问题)进行解决，满足现场施工管理和布筋建造需求。同时，打印系统根据设定打印流程进行打印头运动轨迹动画模拟，可辅助开展打印工艺优化和智能建造管理。用户可以设置打印头挤料速度、移动速度和设备行走速度，控制打印材料的挤出宽度和打印质量，根据材料设计和数字模型需求实现增材混凝土结构智能建造。

虽然 D-shape 工艺具有更丰富的空间造型能力，但需要循环处理砂石废料，造成材料和工时浪费和施工不便。而轮廓工艺免模施工，工序简便，便于形成数字设计智能建造一体化管理系统，日益成为混凝土增材建造结构主流技术。基于挤出式轮廓成型工艺形成的中国工程建设标准化协会标准《混凝土3D打印技术规程》(T/CECS 786—2020),已于2021年5月正式施行。

2. 针对混凝土3D打印建造结构的配筋增强技术发展

由于传统结构增强方式难以与3D打印工艺相融合,目前3D打印混凝土(简称3DPC)结构主要以高强度、高模量的短细纤维和连续筋、线、绳材等增强材料进行增强。按打印过程与增强工序的先后顺序可分为打印前增强、打印中增强、打印后增强。

打印前增强主要通过掺入短切纤维改善3D打印材料性能,能够快速有效改善打印混凝土性能。柔性短切纤维的掺入可在对打印工艺无明显影响的前提下大幅提升打印混凝土的抗拉性能,提升的效率与掺量显著相关。

打印中增强是在挤压混凝土堆叠成型的过程中,采用机械臂或者与3D打印兼容的智能建造技术,实现节段植筋、布设钢缆、钢丝网等刚度较小的柔性增强材料进行结构增强。尽管节段植筋采用的筋材面积、强度和刚度都满足配筋增强要求,但由于与打印流程兼容导致筋材节段单向分布,无法形成连续增强骨架,难以保障混凝土结构整体性和抗震性能。采用与打印工艺兼容的柔性连续增强材料形成混凝土结构,由于柔性材料多处在松弛状态与湿态打印混凝土一体化成型,承载力提升率不高,难以保障结构安全。混凝土增材叠制的方式导致打印过程中增强成为较为困难的技术障碍,因此也限制了3DPC结构更为广泛的应用。针对这一技术困境,孙晓燕等提出一种智能建造的装配式配筋增强方式,用具有嵌扣功能的多向套管实现预制离散筋材空间组合形成增强骨架的技术,使混凝土轮廓工艺3D打印过程与配筋过程结合成为一体化建造打印混凝土配筋增强结构。打印后增强是将混凝土构件打印成型后再通过增强材料进行增强与增韧形成整体结构,目前主要有两种工艺。第一种是后张预应力增强配筋方式。该工艺与传统建造方式技术兼容,可省却模板施工的繁杂工序,显著提高打印混凝土的承载能力与变形能力。但与其他增强方式相比,这种方式具有耗时多、工序繁的特点,而且如果构件为空间曲面形态,很容易在张拉过程中由于应力集中而造成施工阶段失效。第二种是利用轮廓打印混凝土制作永久模板,将传统的钢筋骨架与增材制造混凝土组合成为新型叠合结构。3D打印湿料挤出、堆叠成型的工艺导致打印混凝土具有天然层条纹理,提供了永久混凝土模板所需的界面粗糙度,省却了现浇混凝土永久模板的制作工序。这一工艺充分利用3D打印技术的数字设计和工业制造特点,具有准确率高、造型丰富的优势,解决了传统混凝土结构中模板施工的工序烦琐和效率低下等难题,再与现浇钢筋混凝土结构建造形成整体,突破了3DPC结构配筋的桎梏,解决了打印混凝土结构承载不足的技术难题,一方面简化了模板支拆工程,加快了施工进度;另一方面实现了3D打印工艺与传统钢筋混凝土施工的优化组合,提升了建造效率,是现阶段增材智能建造混凝土结构较为可行的施工方式,具有节省模板、协作良好、施工便捷、造型多变、安全可靠等技术优势。

3. 增材建造混凝土材料

3DPC在性能方面的研究主要可分为湿态工作性能、硬化后力学性能与耐久性能。由于3DPC需要在材料搅拌后连续通过管道泵送至打印机,并在打印挤出后堆叠成型,因此对混凝土的湿态工作性能提出了更高的要求。

1）打印混凝土材料配合比设计

3DPC 需要满足一定的流变性、可打印性能与成型后力学性能，以适应在制作过程中泵送、挤压、堆叠成型、硬化承载等不同阶段的要求，其材料组分有别于现浇混凝土。由于输送系统尺寸限制，目前 3D 打印胶凝材料体系中不建议使用粒径超过 5mm 的骨料。现有的 3DPC 在原材料的组成可分为胶凝材料、细骨料、水、纤维以及外加剂。其中，胶凝材料以硅酸盐水泥或硫铝酸盐水泥为主，以高炉粒渣矿粉、粉煤灰、硅灰、石灰石填料等工业废渣为辅助材料。为控制物料的工作性能与开放时间，还使用了减水剂、促进剂和缓凝剂等外加剂。材料组分及比例对 3DPC 性能有较显著的影响。国内外研究表明：水与胶凝材料之比为 0.23～0.45，细骨料与胶凝材料之比为 0.6～1.2 时，能够获得较好的打印性能和后期力学强度。

2）水泥及胶凝材料

3DPC 要求材料性能具备适用的凝结时间与较高的早期强度。现有研究大多数采用普通硅酸盐水泥，其凝结时间长，早期强度较低，可采用一定剂量速凝剂调整。硫铝酸盐水泥含有大量的 Ca 矿物成分，具备早强、高强、高抗渗、高抗冻等优良特点，但会过快凝结。因此，针对两者开展试验研究，以获得 3D 打印适用的凝结及早期性能，成为研究趋势。快硬硫铝酸盐水泥促凝效果明显，净浆凝结时间与砂浆凝结时间都得到有效降低，初凝时间可控制在 40～70min，满足打印建造需求，同时提升 1d 抗压与抗折强度约 20%。

3）辅助胶凝材料

目前国内外最为广泛应用的辅助胶凝材料为粉煤灰、高炉矿渣、硅灰以及偏高岭土等，其内部均含有矿物质成分，在水泥水化过程中会引起二次水化反应，通常称为火山灰反应。这些材料部分替代胶凝材料可以改善 3DPC 拌合物与硬化后的力学性能，如抗压强度、抗折强度、抗渗性能等，同时节省了原材料成本。目前已经有较多研究采用 SCM 替代部分胶凝材料，取得较好的打印效果与材料性能。

4）外加剂

增黏剂加入新拌合混凝土后，会影响材料的流变行为，增强材料的内聚力，从而提高触变性。常用的增黏剂可分为羟丙基甲基纤维素类、多糖类、微二氧化硅类，可以降低屈服应力，提高塑性黏度，可预防在泵送挤压过程中的偏析，提高触变性。

5）其他改性材料

添加纳米材料可明显改善 3DPC 的流变性、力学性能和耐久性。目前常见的用于打印混凝土的纳米材料为碳纳米管、石墨烯、纳米二氧化硅、纳米黏土等。加入纳米二氧化硅后，孔隙结构更加细化，使得 3DPC 有致密的微观结构，加速火山灰效应，可提升混凝土的强度和耐久性。纳米黏土可增加 3DPC 的塑性黏度和内聚力，与高效减水剂的组合可以得到具有低动态屈服应力、高触变性和高静态屈服应力的 3DPC。

4. 3D 打印混凝土材料湿态工作性能

混凝土湿态工作性能是保障其实现可 3D 打印增材制造的关键，主要包括可挤出性、可建造性和开放时间三个方面，不同性能之间存在关联。

1）可挤出性

打印混凝土材料的可挤出性能定义为新拌合混凝土通过料斗和泵送系统输送到喷嘴

的能力，要求能够连续顺畅不中断地挤出才能满足智能增材建造的技术要求，该指标与流动度有密切相关的联系，良好的流动性可确保混凝土在大部分打印建造设备中的可泵送性和可挤出性。

2）可建造性

可建造性描述了3DPC经过挤压堆叠成型后保持形状稳定以及抵抗自身重力变形的能力，为3D打印湿态混凝土早期重要力学性能指标。材料可建造性不佳，会导致建造过程中发生较大的变形或者坍塌。破坏模式可分为材料破坏和稳定性失效。

3）开放时间

开放时间被定义为湿态混凝土维持可挤出状态的时间范围。开放时间不仅与混凝土的凝结时间相关，更准确地表示了材料的可加工性随时间变化的状态。混凝土的工作性能各参数存在复杂的交互机制，可泵送与可挤出性能与流动度呈现正相关，而可建造性与可挤出性存在需求矛盾。同时，开放时间内材料的可打印性能会随时间变化，工作参数需要根据打印结构尺寸、建造规模统一进行协调设计。现阶段增材制造混凝土材料工作性能研究以水泥基材料的初凝时间作为材料的开放时间。

5.4.3　增材制造混凝土结构的设计原则

增材制造混凝土结构设计时，需要考虑的关键因素主要有结构力学、材料特性、工艺参数、结构可行性、可组装性与可施工性等。

增材制造混凝土结构的设计原则主要包括结构力学的考虑、材料特性的选择以及增材制造技术的规范应用。在结构力学方面，需要对结构的荷载、受力性能以及产生应力和变形的因素进行分析和计算，以确保增材制造混凝土结构的安全和稳定性。如结构形态优化，是运用结构拓扑优化算法，通过最小化结构质量来确定最优的结构形态减少材料浪费，设计支撑结构和内部空腔，以便在打印过程中提供足够的支撑，同时最大限度地减少材料使用量，设计出最有效的结构形态。使用参数化设计和优化算法，实现结构的轻量化和节能化，最大限度地减少材料使用量。

在材料特性的选择上，需要考虑混凝土的配比优化、纤维增强材料的选择等，以提高混凝土结构的力学性能和耐久性。选择具有适当强度和物理特性的混凝土材料，以满足结构设计的要求。考虑使用高强度混凝土，通常具有抗压强度为40～100MPa。考虑使用纤维增强混凝土（FRC），根据结构需求选择适当的纤维类型（如钢纤维、聚丙烯纤维等）和含量，通常纤维体积分数为1%～3%。也可以考虑自愈合混凝土技术，根据结构要求添加适当的自愈合材料，如微胶囊或微纤维。

此外，设计原则包括增材制造工艺参数的选择和优化、层与层之间的粘接等。根据打印设备、材料特性和工艺要求，优化打印参数。例如，控制打印速度、温度和层厚度等参数，以获得更好的打印质量和强度性能。控制打印速度，通常为100～1000mm/s，以确保打印质量和结构稳定性。确定适当的打印温度，通常为50～80℃，以使混凝土材料具备良好的流动性和可打印性。常控制打印层厚度为10～50mm，以平衡打印速度和打印质量之间的权衡。

考虑增材制造的特点和限制，设计结构的可组装性和可施工性。合理设置支撑结构、缝合接口和模块设计，以确保结构在实际施工中的可行性和稳定性。

考虑结构的可组装性和可施工性，确保打印的各个部件能够在现场简单、快速地组装起来。设计支撑结构，使其在打印过程中提供足够的支持和稳定性，同时确保易于拆除和清除。采用模块化设计，将大的结构分解为更小的模块，以方便运输、组装和管理。

5.4.4 施工过程与工艺

增材制造混凝土结构的施工过程和工艺流程主要包括材料预处理、3D打印参数设置、打印设备操作等。在材料预处理方面，需要对混凝土原材料进行配比和预处理，确保材料的质量和流动性。在3D打印参数设置中，需要根据具体的工程要求和设计原则选择合适的打印速度、温度、层高等参数，以实现结构的精确打印和良好的力学性能。在打印设备操作中，需要熟悉设备的操作和维护，以确保施工过程的顺利进行。下面给出一般的施工过程，具体步骤如下。

1. 设计和建模

使用CAD软件创建建筑物的数字模型，包括几何形状、尺寸和结构。考虑增材制造过程的限制和要求，包括最大打印尺寸、材料要求等。例如，钢筋混凝土柱子的设计高度为10m，直径为50cm。

2. 准备建造平台

配置适合增材制造的建造平台，通常是一个大型的3D打印机或一个专用的构建区域。确保平台能够稳定地支持逐层构建过程。例如，建造平台的面积为4m×4m，并具有高度调整功能，以适应不同建筑构件的打印需求。

3. 材料准备

根据设计需求，准备适合增材制造的材料。常见的建筑材料包括混凝土、聚合物和金属合金。根据打印设备的要求，将材料提供给打印机，通常以粉末、液体或线材的形式供应。例如，使用粉末混凝土材料，其材料密度为2.5g/cm^3，材料颗粒粒径为0.1～0.5mm。

4. 打印预处理

在开始打印之前，需要对建造平台进行预处理，例如表面涂覆防黏剂、加热或冷却平台等。这些措施有助于材料黏附和打印质量的提高。例如，表面涂覆聚乙烯醇（PVA）防黏剂，以确保打印构件与建造平台的黏附性。同时，将建造平台加热至100℃，以提高混凝土材料的流动性。

5. 逐层打印

根据预定的层高和打印路径，通过3D打印机或其他增材制造设备进行逐层打印。设备使用不同的技术，如挤出、粉末烧结或光固化，来逐层沉积、结合或固化材料。例如，使用混凝土3D打印技术，每层高度为10mm。打印头的移动速度为100mm/s，每层打印的时间约为1h。

6. 支撑结构和支架

在打印复杂的部分时，可能需要使用支撑结构或支架来支撑正在打印的部分，确保其稳定性和几何形状的精确性。这些支撑结构通常是可移除的或可溶解的。例如，在打印悬臂梁时，添加支撑材料，以确保其稳定性和几何形状的精确性。支撑结构可以使用与打印材料不同的可溶解材料，以便在后续工艺中去除。

7. 控制打印参数

持续监测和调整打印参数，如温度、打印速度、层间黏合力等。根据打印过程中的反馈和检测结果进行优化，以获得最佳的打印质量。例如，需要将混凝土打印温度保持在50～60℃，以确保良好的流动性和层间黏合力。打印速度和层间黏合力的调整受材料和建筑物结构的要求影响。

8. 打印完成检查

打印过程完成后，进行打印件的质量检查。检查表面质量、尺寸精度、内部结构等，以确保满足设计要求。例如，检查表面质量，使用激光扫描仪测量表面凹凸度，确保不超过0.5mm的容差要求。对打印构件的尺寸精度进行测量，确保满足设计要求，如直径尺寸的容差要求为±2mm。

9. 后处理和加工

可能需要进行后处理和加工步骤，如去除支撑结构、修补表面缺陷、进行细节雕刻等。也可以进行装配、涂漆、抛光等工序，以增加建筑的美观性和功能性。例如，使用水或溶剂浸泡去除支撑结构时，将支撑结构与基座进行分离，并使用刮刀和砂纸修整表面缺陷。对于细节雕刻的处理，可以使用专业的手工工具，如刻刀和砂纸。

10. 测试和验收

经过后处理和加工后，进行适当的测试和验收，确保建筑物的结构强度、耐久性和安全性。例如，使用强度测试仪器对打印构件进行拉伸试验，确保其满足设计要求的最小强度标准，如抗压强度需达到30 MPa。同时，进行可靠性测试，如长期暴露于不同环境条件下的耐久性测试，确保打印构件的稳定性和耐用性。需要注意的是，具体的施工过程可能会因不同的项目、技术和材料而有所差异。因此，在实际施工中，应根据具体情况进行调整和操作。

5.4.5 质量控制与检测方法

增材制造混凝土结构的质量控制和检测方法主要包括成型质量监测和工艺参数优化。

在3D打印施工的建筑中，质量控制是一个重要的环节，用以确保建筑物的结构安全、符合设计要求和可持续性。

以下是一些常见的质量控制措施。

(1) 通过在打印过程中监测打印机的参数，如打印速度、温度、材料供给等，可以实时控制打印质量。如果监测系统检测到参数异常或不稳定，可以及时采取措施进行调整和修正。

(2) 材料质量控制：选择高质量的打印材料也很重要。材料的物理特性、强度和耐久性直接影响建筑物的质量。在选择材料时，需要注意其证书和品质保证。

(3) 结构质量检查：在打印过程中，需要实时检查打印质量，包括使用传感器监测打印机的位置精度、层间黏合质量等，并及时纠正任何异常或缺陷。在3D打印过程中安装传感器，如位置传感器、压力传感器、温度传感器等，以实时监测打印机的工作状态和输出质量。这些传感器可以提供数据反馈，帮助及时纠正打印机的位置偏差、材料输送问题等。

(4) 结构测试：完成打印后，需要进行结构测试和模拟，以验证建筑物的强度、稳定性和耐久性。这可以通过物理测试、表面质量检测、尺寸测量、非破坏性测试、材料分析等方法来进行。

(5) 物理力学测试：这是一种常用的质量检测方法，通过对打印建筑进行物理力学性能测试来评估其质量。例如，进行拉伸测试、压缩测试、弯曲测试等，以检测材料的强度、刚度和耐久性。

(6) 非破坏性测试：非破坏性测试用于评估打印建筑的质量，而不对其造成破坏。它包括使用超声波、热成像、X射线等技术来检测和评估打印物的内部缺陷、材料密度以及层间黏合质量等。

(7) 表面质量检测：表面质量的检测是指对3D打印建筑物的外观质量进行评估。这可以通过目视检查或使用光学仪器（如显微镜、三维扫描仪）来检查打印物表面的精细度、平滑度、几何精度等。

(8) 尺寸测量：尺寸测量用于评估打印建筑的几何精度和尺寸偏差。这可以通过使用测量工具（如卡尺、投影仪）或三维扫描技术来测量和比较打印物与设计模型之间的尺寸差异。

(9) 材料分析：材料分析涉及对打印建筑使用的材料进行化学成分分析、密度测量、热性能测试等，以确保材料质量符合要求。这可以通过化学分析仪器、密度计、热分析仪等设备来实现。

5.4.6 耐久性和其他性能评估

耐久性和性能测试主要是针对3D打印建筑产品的材料和结构进行评估，以确保其能够在长期使用和各种环境条件下保持稳定性和安全性。耐久性测试主要表现在材料耐久性与结构耐久性。

材料耐久性：通过对打印材料进行化学试验、暴露试验和人工加速老化等方法，评估打印建筑物材料在不同环境条件下的耐久性。这涉及材料的抗腐蚀性、抗紫外线性能、抗氧化性等。

材料耐久性测试实施步骤如下：先根据打印建筑材料的特性和使用环境，选择合适的化学试验、暴露试验或人工加速老化试验方法。再根据试验要求，制备代表性的打印材料样本，确保其尺寸和质量符合要求。进行相应的试验，例如将样本暴露于具有特定条件的化学物质、辐射光线或加速老化设备中，以评估材料的耐蚀性和耐久性。在试验过程中，对样本的变化和性能进行监测和记录，包括表面颜色变化、质地变化、质量损失等。

结构耐久性：针对打印建筑物的结构部分，可以进行建筑力学测试，如静态和动态荷载试验、振动试验等，以评估其在不同负载情况下的稳定性和可靠性。

结构耐久性测试实施步骤：确定负载条件，根据设计和使用要求，确定适当的静态和动态负载条件，以便评估建筑物结构的稳定性和可靠性。

准备试验装置：根据负载条件，准备相应的试验装置和样本安装，确保能够准确施加负载和获取测试数据。

进行试验：在装置下施加预定负载，对打印建筑物结构进行静态或动态荷载试验，监测并记录其变形、位移、应力和失效情况。

分析和评估结果：根据试验结果，分析打印建筑物结构的稳定性和可靠性，与设计要求进行比对，确定是否符合耐久性要求。

根据打印建筑物的特性和性能要求，选择合适的性能测试方法，如热性能测试、光学性能测试、环境适应性测试等。根据测试方法，准备相应的测试装置和仪器设备，如热导率仪、光谱仪、环境模拟设备等，确保能够准确测量和评估性能。按照测试方法的要求，进行相应的测试，如测量热传导系数、采光度、抗腐蚀性等，记录测试数据。最后根据测试结果分析打印建筑物的性能表现，与相应标准和要求进行比对，评估其符合性能要求的程度。主要应测试以下几方面内容。

热性能测试：通过热传导系数测定、热阻测试和热膨胀系数测量等，评估打印建筑物的隔热性能、热稳定性和热传导性能。这可以帮助确定打印建筑物在温度变化下的表现。

光学性能测试：对于具有特殊光学要求的打印建筑物，可以通过光透过率测试、遮光性能测试等方法来评估其光学性能，如采光度、遮阳性能等。

环境适应性测试：模拟不同环境条件下的打印建筑物暴露试验，例如湿度变化、紫外线暴露、盐雾腐蚀等，以评估其稳定性和耐久性。

功能性测试：针对特定功能的打印建筑物，进行相应的性能测试。例如，对于打印的管道系统，可以进行水流测试和泄漏检测；对于打印的电气组件，可以进行电性能测试等。

易维护性分析：评估打印建筑物的设计是否便于维护，包括构件间接合方式、连接方法和拆卸方式等。这可以确保在需要维修或更换部件时，可以方便地进行操作。包括对附件、管道系统、电气系统等进行综合评价。这可以帮助确定修复和维护所需的时间、人力和资源。

评估打印建筑物中使用的材料和组件是否可以轻松拆卸和分离，以便在需要维修、更新或重建时方便进行处理和重组。评估打印建筑物的各个部件、构件和材料的可重复使用性，以减少资源浪费和环境影响。这包括材料回收利用、模块化结构设计和再利用方法等。

对打印建筑物的整个寿命周期进行成本评估，包括设计、制造、运输、安装、维护和拆除等环节。这可以帮助评估打印建筑物的经济性和可持续性。评估打印建筑物的维护成本，包括定期保养、修复和更换部件的费用。这有助于确定建筑物的维护工作量和预算。

5.4.7 应用案例

1. 项目概述

在城市中心建造一座可持续发展的住宅楼，占地面积约为 1000m^2，共有 5 层，每层有 10 个住户单位。相比传统建造方式，采用了 3D 打印技术来实现建筑的快速打印和组装。

2. 方案设计

材料选择：与传统建造方式相比，选择了 3D 打印所需的特殊材料，如高强度生物基聚合物和再生 PET 纤维。这些材料具有良好的可塑性和强度，能够满足建筑的需求，并且对环境的影响更小。

结构设计：采用模块化设计，每个住户单位使用相同的打印构件，并通过连接方式进行组装。与传统建造方式相比，这种设计可以提供更高的建筑强度和一致性，减少结构问题和维护需求。

准备工作：在施工前，需要搭建 3D 打印设备，并进行设备的准备和调试。相比传统建造方式的施工准备，3D 打印设备的安装和调试时间更短，更高效。

打印构件：通过 3D 打印技术，逐层打印建筑的构件。与传统方式相比，3D 打印可以更快地完成构件的制造，减少了人力资源的需求，并且可以精确控制建筑物的形状和质量。

组装和连接：构件打印完成，即可开始进行组装和连接。由于模块化设计，组装过程更简单快捷，不需要复杂的建筑工艺和专业技能。而传统建造方式通常需要更长的施工时间和更多的工人参与。

3. 施工过程

准备工作：搭建 3D 打印设备的安装和调试仅需 1 周，而传统建造方式的准备工作可能需要 2～3 周。

打印构件：通过 3D 打印技术进行构件打印的时间为 4 周，相比传统建造方式，节省了 2 周时间。

组装和连接：组装和连接打印好的构件只需 1 周，相比传统建造方式，节省了 1～2 周的时间。

4. 结果评估

总建筑成本：通过 3D 打印建造的建筑项目总成本为 240 万元，相比传统建造方式节省了 10%的成本。

施工时间：3D 打印建造的整个施工过程只需 6 周，相对于传统建造方式的 8 周，节省了近 25%的时间。

材料选择：选择特殊的 3D 打印材料，如高强度生物基聚合物和再生 PET 纤维。这些材料可以回收和再利用，具有更好的可持续性。相比传统建筑所使用的标准材料，3D 打印材料的耗用量减少了 10%。

结构设计：通过模块化设计和 3D 打印技术，每个住户单位使用相同的打印构件进行组装。与传统建筑相比，3D 打印建筑的设计和结构更简化，减少了施工中的复杂程度和出错率。

能源消耗：采用了太阳能板和绿色屋顶等设计元素，使 3D 打印建筑在能源消耗方面降低了 25%，相比传统建筑减少了 50%以上。

可持续性评估：综合考虑碳排放量和环境影响，这座 3D 打印建筑获得了高分。与传统建造方式相比，碳排放减少了 30%以上，符合绿色建筑的可持续性标准。

5.5 智能施工管理

5.5.1 智慧工地概述

1. 智慧工地的定义和基本原理

智慧工地是指利用先进的信息技术和数字化手段来提升施工管理效率、优化资源利用、改善施工质量和安全的工地。智慧工地的基本原理是通过在工地各处安装传感器和设备，实时采集和监测施工过程中的各种数据，然后通过网络传输、存储和处理这些数据，最终将其转化为可视化的信息，为项目管理人员提供决策支持和实时监控。

智慧工地是一种全新的施工现场管理理念、方法以及相关技术的集合。与之相近的概念还有智慧地球、智慧城市、智慧校园等。它的基本特征可以从技术和管理两个层面来描述：从技术层面上讲，智慧工地就是聚焦工程施工现场，紧紧围绕人、机、料、法、环等关键要素，以岗位级实操作业为核心，综合运用 BIM、物联网、云计算、大数据、移动通信、智能设备和机器人等软硬件信息技术的集成应用，实现资源的最优配置和应用；从管理层面上讲，智慧工地就是通过应用高度集成的信息管理系统，基于物联网的感知和大数据的深度学习系统等支撑工具，“了解”工地的过去，“清楚”工地的现状，“预知”工地的未来，与施工生产过程相融合，对工程质量、安全等生产过程以及商务、技术、进度等管理过程加以改造，提高工地现场的生产、管理效率和决策能力，对已发生和可能发生的各类问题，给出科学的应对方案。

智慧工地的核心是利用现代信息技术、通信技术及人工智能技术来改善施工项目参与各方的交互方式，以提高交互的明确性、灵活性和响应速度。并通过基础信息集成平台对工程进行精确设计和模拟，围绕施工过程管理，实现互联协同、安全监控、智能化生产等目的，实现工程项目的智能化管理，提高工程管理信息化水平，从而逐步实现精益建造和生态建造。

2. 智慧工地在施工管理中的意义和优势

智慧工地在施工管理中具有重要的意义和诸多优势。首先，智慧工地可以提高施工过程中的效率和生产力。通过实时监控和数据分析，可以准确掌握施工进度、资源使用情况、人员分配等信息，及时发现并解决问题，避免延误和浪费。其次，智慧工地可以提高工地的安全性和施工质量。通过视频监控、环境监测和智能化巡检等手段，可以实时监测工地的安全状况和施工质量，预警并防止发生事故和质量问题。此外，智慧工地还可以提供数据支持，进行项目管理和决策分析，帮助施工方降低成本、提高管理水平和效益。

智慧工地可以概括为三个核心内涵特征：更透彻的感知、更全面的互联互通、更深入的智能化。

1）更透彻的感知

目前，制约工程管理信息化和智能化水平提升的首要因素是工程信息缺失和失真，更高层次的管理活动无法获得有效的基础信息保障。为此，智慧工地将及时、准确、全面地获取各类工程信息，实现更透彻的信息感知作为首要任务。其中，“更透彻”主要体现为提升工程信息感知的广度和深度。具体而言，提升工程信息感知的广度，使之更全面获取不同主体、不同阶段、不同对象中的各类工程信息；提升工程信息感知的深度，使之更准确地获取不同类型、不同载体、不同活动中的各类工程信息。

2）更全面的互联互通

由于工程建设活动的参与方较多，工程信息较为分散，带来了“信息孤岛”、信息冲突等一系列问题。为此，智慧工地将以各类高速、高带宽的通信工具为载体，将分散于不同终端、不同主体、不同阶段、不同活动中的信息和数据加以连接和收集，进而实现交互和共享，从而对工程状态和问题进行全面监控和分析。最终，能够从全局角度实施控制，并实时解决问题，使工作和任务可以通过多方协作得以远程完成，彻底改变现有工程信息流。

3）更深入的智能化

目前，施工活动仍然主要依赖经验知识和人工技能，在信息分析、方案制订、行为决策等方面缺少更科学、更高效的处理模式。为此，在人工智能技术迅猛发展的背景下，智慧工地将更加突出强调使用数据挖掘、云计算等先进信息分析和处理技术，实现复杂数据的准确、快速汇总、分析和计算。进而，通过更深入地分析、挖掘和整合海量工程信息数据，实现更系统、更全面地洞察并解决特定工程问题，并为工程决策和实施提供支持。

3. 智慧工地的关键技术和应用场景

智慧工地的实现离不开一些关键技术的支持。其中，物联网技术是智慧工地的基础，通过传感器和设备的连接和互联，实现对各种数据的采集和传输。人工智能技术，特别是机器视觉和图像识别技术，可以通过监控摄像头识别工地的施工情况、人员行为和安全隐患等。大数据分析技术可以对施工过程中产生的大量数据进行高效处理和分析，为决策提供有力支持。此外，3D建模技术、无人机技术、虚拟现实等技术在智慧工地中得到广泛应用。

在智慧工地中，有许多应用场景可以提高工地的管理和效率。例如，利用传感器和监控系统，可以实现对施工现场的监控与安全预警，提高工人的安全性和施工质量。通过应用调度系统和可视化平台，可以优化工地的资源利用和人员调配，提高施工效率。智能化的巡检和维护管理可以对设备和设施进行实时监测和维护，提高设备的可靠性和寿命。这些应用场景的实现都离不开智慧工地的基础设施和关键技术的支持。

总体来说，智慧工地的实现可以通过各种先进的技术手段来提高工地的管理水平和施工效率，从而为工程项目的顺利进行和成功完成提供强大支持。

5.5.2 智慧工地的基础设施建设

1. 智慧工地网络建设与硬件设备

智慧工地的基础设施建设包括网络建设和硬件设备的安装。在智慧工地中，需要建立稳定、高效的网络环境，以实现数据的传输和通信。一般而言，智慧工地会采用有线和无线网络相结合的方式。有线网络主要用于连接工地内部各种设备和传感器，包括监控摄像头、传感器节点等。无线网络则用于连接移动设备和提供工地范围内的宽带网络接入。

在硬件设备方面，智慧工地需要安装一系列设备和传感器来采集和监测施工过程中的各种数据。例如，安装监控摄像头，可以实时监控工地的施工情况和安全状况。传感器节点可以用于监测温度、湿度、噪声、振动等环境参数，以及各种设备的运行状态。此外，为了实现定位和追踪，智慧工地还可以利用 GPS 和 RFID 技术。

2. 智慧工地传感器与监控系统

智慧工地中的传感器和监控系统起着至关重要的作用。传感器可以实时采集施工现场的环境信息和设备状态数据，而监控系统可以对这些数据进行监测和控制。

智慧工地网络建设与硬件设备的实际应用基于深入的理论和数据分析。在智慧工地的网络建设方面，选择合适的网络拓扑结构至关重要。例如，星形拓扑结构适用于小型工地，而树状拓扑结构则能满足大型工地的复杂网络需求。此外，智能传感器技术的应用在智慧工地中起着关键的作用。通过传感器实时监测工地环境数据，如温度、湿度、噪声等，工地管理者能够更好地掌握施工现场情况，提升施工安全和质量。数据分析和云平台的应用可以帮助工地管理者准确判断异常情况，并及时采取相应措施。

在硬件设备方面，无人机技术为智慧工地带来了革命性的变化。利用无人机进行工地巡检和勘测，能够节省大量的时间和人力资源。一项研究显示，使用无人机对工地进行检查比传统人工方法快 3 倍，并且可以准确地获取并分析大量的数据。此外，物联网技术的应用实现了工地设备的互联互通，提升了工地的自动化和智能化水平。通过物联网设备的连接，工地管理者可以远程监控设备运行状态、控制设备操作，并获得实时数据，从而提高工作效率和管理水平。

监控系统则用于对采集到的数据进行实时监测和分析。通过监控系统，管理人员可以远程查看工地的实时视频、传感器数据等信息，了解工地的运行状态和施工进度。当监测数据超出预设范围时，系统还能够发出警报，提醒管理人员采取相应措施。

事实数据进一步证明了智慧工地网络建设与硬件设备的重要性和优势。一项研究表明，应用了智慧工地技术的项目使施工效率提升了 20%以上。同时，通过智能安全帽、传感器和视频监控等技术的综合应用，工地事故率降低了 40%，工人伤亡率减少了 30%。此外，智慧工地技术还能够节能环保。一个案例研究显示，在应用智能能源管理系统的工地中，能耗降低了 15%，显著减少了对环境的不良影响。

3. 智慧工地数据存储与处理平台

智慧工地采集到的数据量庞大，需要进行有效的存储和处理。智慧工地的数据存储与处理平台负责接收、存储和处理采集到的各种数据。

在数据存储方面，可以使用云存储技术来进行数据的长期保存和备份。云存储不仅具有高可靠性和高扩展性，还可以实现数据的远程访问和共享，方便项目管理人员随时获取数据。

在数据处理方面，需要利用大数据分析技术对采集到的数据进行处理和分析。通过对施工过程中产生的大数据进行挖掘和分析，可以发现隐藏在数据中的规律和趋势，为项目管理决策提供科学依据。例如，可以通过对施工进度和资源利用情况的分析，优化施工过程，提高施工效率。

智慧工地的基础设施建设是实现智慧工地的关键一步。通过搭建一个稳定和可靠的网络环境，安装各种传感器和监控设备，并建立数据存储和处理平台，智慧工地可以实现对施工过程的全面监测和可视化管理。

4. 智慧工地的应用与效益

智慧工地的建设和应用带来了很多显著的效益和应用场景。首先，智慧工地可以提高施工现场的安全性。通过利用监控摄像头和传感器等设备，可以实时监测工地的安全状况，预警和预防安全事故的发生。例如，当监控系统检测到有危险行为或区域时，可以自动发出警报，并通知相关人员。此外，智慧工地还可以通过数据分析和挖掘，识别出潜在的安全风险，并采取预防措施。

其次，智慧工地可以提高施工质量和效率。借助监控系统和传感器设备，可以实时监测施工过程中各种参数和指标，如温度、湿度、振动等，以及设备的状态。通过对这些数据的分析和比对，可以发现并及时解决施工质量的问题。此外，通过节约资源、优化施工流程和提高设备利用率，智慧工地还可以提高施工效率，减少浪费。

智慧工地还可以提供便利的工地管理和监督手段。借助数据存储和处理平台，项目管理人员可以随时远程查看工地的实时情况，并对工地进行实时监督和调度。同时，通过可视化界面和报警系统，可以实现对工地的全面可视化监控和实时预警。

此外，智慧工地还可以提供决策支持。通过对大量数据的分析和挖掘，可以得出有价值的信息和结论，为项目管理人员提供决策支持。例如，可以通过数据分析估计施工过程中的风险和挑战，选取最佳的施工方法和方案。

5.5.3 智慧工地的施工流程管理

1. 智慧工地的项目计划和调度

在智慧工地中，项目计划和调度是关键的管理要素，它们对于实现施工流程的高效管理和项目的顺利完成至关重要。通过智慧工地技术的应用，利用现代信息技术和数据分析能力，可以对施工项目进行全面的规划和计划。通过收集和分析历史施工数据、工程图纸和施工方案等信息，智慧工地系统可以自动生成项目计划，并考虑到各种因素，如资源分配、施工顺序和工期等，以确保施工进度的合理安排。

智慧工地可以实时监测施工过程中的进展情况，并与预设计划进行对比。通过各种传感器和监测设备的数据采集，如GPS跟踪、工人人员定位、设备运行状态等，智慧工地系统可以实现对施工过程的实时监控和追踪。一旦出现偏差或延迟，系统将自动发出警报，并提供相应的调整建议，以便项目管理人员及时采取行动。

智慧工地还可以实现智能化的资源管理和调度。系统可以根据施工进度和需要，自动化地进行材料和设备的订购和配送，以确保施工现场的供给连续性和效率。同时，系统还可以优化人力资源的分配和调度，基于工人的技能、经验和可用性等因素，智能地安排工作任务和工人的工作时间表，以提高施工团队的协同效率和工作质量。

2. 智慧工地的施工过程控制

在传统的施工现场中，监督和控制施工过程是一项艰巨的任务。然而，智慧工地技术的应用可以使施工过程的监管和控制更加智能化和高效。智慧工地通过传感器和监控系统实现施工现场的实时监控。例如，通过网络摄像头、无人机等设备，可以对施工现场的各个区域进行视频监控，并实时传输图像数据。监控系统可以使用计算机视觉和图像识别技术对施工区域进行分析，以检测问题和危险因素，并立即发出警报，以便及时采取措施，确保施工安全和质量。

通过智能传感器和自动化设备的应用，可以实现对施工机械和设备的实时监测、自动检测和远程控制。这使得施工过程的操作更加精确和高效，减少了人为误差和安全风险。

智慧工地还可以通过数据分析和模型模拟，进行施工过程的优化和预测。系统可以通过收集和分析实时的施工数据(例如进度、质量、资源利用情况等)来建立模型和预测施工过程的结果。这有助于项目管理人员评估施工进展和效率，并根据数据分析结果进行调整和优化。此外，通过模拟和虚拟现实技术，智慧工地还可以在施工前进行预演和决策支持，以降低风险，并提前解决潜在问题。

3. 智慧工地的质量和安全管理

质量和安全是建设项目中最重要的考虑因素之一。应用智慧工地技术，可以有效提升施工质量，保障施工安全。

(1) 智慧工地通过传感器和监测系统实现全面的质量监控。例如，通过对施工过程中的关键参数进行实时监测，如温度、湿度、振动等，可以及时发现施工缺陷和质量问题，并立即采取补救措施。此外，智慧工地系统还可以自动记录和分析施工质量数据，并生成相应的报告和评估结果，以供项目管理人员参考。

(2) 智慧工地借助人工智能和机器学习技术，可以对施工现场进行安全风险的实时识别和预警。通过实时监测施工现场的工艺和环境参数，智慧工地系统可以自动识别潜在的危险和安全隐患，并发出警报，以提醒工人和管理人员采取相应的措施。此外，基于历史数据和经验，智慧工地还可以进行安全预测和风险分析，帮助预防事故的发生。

(3) 智慧工地可以实现安全培训和意识的智能化管理。通过虚拟现实和增强现实技术，智慧工地可以提供虚拟培训环境，使工人能够在模拟的施工场景中接受培训，并了解安全操作规程和应急措施。此外，智慧工地系统还可以提供实时的安全提示和指导，以帮助工人正确执行安全操作和控制风险。

5.5.4 智慧工地的资源管理

1. 智慧工地的人力资源管理

在智慧工地中,人力资源是项目成功的关键要素之一。智慧工地技术的应用可以使人力资源管理更加智能和高效。

首先,智慧工地可以通过人才管理系统优化人员招聘和选拔。通过运用数据分析和人工智能技术,智慧工地系统可以对招聘信息进行智能筛选和匹配,以找到最适合的人才。系统可以分析求职者的教育背景、工作经历和技能等信息,配对其与项目的需求和标准,提高人员的招聘质量和效率。

其次,智慧工地可以提供在线培训和继续教育平台。通过虚拟培训和在线学习的方式,智慧工地系统可以为工人提供灵活的培训机会,以提高他们的技能和专业知识。这有助于优化人力资源的构成和提高工人的综合素质,以满足项目对高素质工人的需求。

最后,智慧工地可以通过智能化的考勤管理系统实现对工作时间和工资的准确计算。传统的考勤管理容易出现失误和纠纷,而智慧工地系统可以通过识别设备、人脸识别或指纹识别等技术,自动记录工人的出勤情况,并生成准确的工资计算报表。这简化了考勤流程,减少了人为误差,提高了工资核算的准确性和及时性。

2. 智慧工地的材料和设备管理

在施工过程中,有效管理材料和设备的供应和使用,对于项目的成功至关重要。应用智慧工地技术,可以优化材料和设备管理,提高供给链的效率和质量。

(1) 智慧工地可以通过物联网技术实现材料和设备的追踪和管理。通过在各种材料和设备上安装传感器和标签,智慧工地系统可以追踪它们的位置、状态和使用情况。这可以帮助项目管理人员及时了解库存和仓储情况,避免材料和设备的浪费和丢失,提高资源利用率。

(2) 智慧工地可以通过智能化管理系统实现材料和设备的自动化订购和供应。根据施工进度和需要,智慧工地系统可以自动化地进行材料和设备的订购和配送。系统可以基于库存和需求进行智能匹配,并通过与供应商和物流企业的协同合作,实现及时供应和运输,减少了人为操作和延误的风险。

(3) 智慧工地可以通过智能识别和检测技术提高材料和设备的质量控制。通过应用计算机视觉和图像识别技术,智慧工地系统可以检测材料和设备的质量问题,如裂纹、异物、缺陷等,并自动发出警报,以便及时采取措施。此外,通过对材料和设备的使用情况进行实时监控和分析,系统可以在智慧工地中通过智能预测和分析来优化材料和设备的维护和维修。通过监测设备的工作状态和性能指标,智慧工地系统可以对设备进行实时健康评估,并预测可能的故障或维修需求。这有助于及时进行预防性维护,减少设备故障和停机时间,加快施工进度和效率。

(4) 智慧工地可以与供应商和承包商建立供应链的数字化连接和协同合作。通过共享信息和数据,智慧工地系统可以实现实时协同,确保材料和设备的准时交付和使用。供应商和承包商可以根据施工进度和需求,适时提供所需的材料和设备,并通过系统实时跟踪供货和配送的进展。这样可以提高供应链的透明度和协同性，减少供应链断裂和延误的风险。

3. 智慧工地的资金和预算管理

在智慧工地中，资金和预算管理是项目成功的关键要素之一。智慧工地技术的应用可以使资金和预算管理更加智能和高效。

（1）智慧工地可以通过智能预算管理系统实现预算的追踪和控制。系统可以根据项目需求和实际执行情况，自动追踪项目的实际开支和费用，并与预算进行实时比较和分析。这有助于项目管理人员及时了解项目的费用状况，发现预算超支或节约的问题，并及时采取调整措施，避免费用的不可控和无效支出。

（2）智慧工地可以通过智能化的采购管理系统优化材料和设备的采购流程和成本控制。系统可以根据需求和库存情况自动触发采购订单的生成和发送，并根据供应商的价格、交货期和质量等指标进行自动化的评估和选择。这有助于优化采购的效率和成本，并减少人为因素导致的采购错误和延误。

（3）智慧工地可以通过电子支付和结算系统实现资金流的自动化和透明化。传统的资金流程涉及大量纸质文件和人工操作，容易出现错误和滞后。智慧工地系统可以与银行和金融机构的支付和结算系统进行接口对接，实现资金流的电子化处理。这样可以提高资金处理的效率和准确性，并减少资金操作的时间和成本。

（4）智慧工地可以通过数据分析和模拟来优化资金和预算的管理和决策支持。通过对历史数据和实时数据进行分析，可以发现费用的规律和趋势，以便制订更准确的预算和决策。智慧工地系统可以利用数据挖掘和机器学习技术建立预测模型，预测项目的费用和支出，并提供不同方案的比较分析，为决策提供参考。

（5）智慧工地还可以与财务管理系统和项目管理系统进行集成和协同合作。通过共享信息和数据，智慧工地系统可以实现财务数据和项目进展的实时对接和协同控制。这有助于减少信息的重复输入和数据的不一致性，提高资金管理和项目执行的准确性和效率。

智慧工地的资金和预算管理涵盖了预算追踪和控制、采购管理、资金流自动化和透明化以及数据分析与决策支持。通过应用智慧工地技术，可以实现资金的有效控制和成本的合理支出，提高预算管理的效率和精确度。

5.5.5　智慧工地的监控和预警系统

1. 智慧工地的视频监控与安全预警

在智慧工地中，视频监控系统不仅扮演着监视的角色，而且通过智能分析技术的应用，使得系统能够及时识别和响应潜在的安全隐患，确保工地的安全运行。

例如，在一个大型工地的视频监控系统中，利用人脸识别技术对工人身份进行验证，只有经过授权的人员才能进入工地，从而避免了未经许可的人员闯入。此外，通过高精度的智能算法，系统能够实时识别危险行为，如高处作业时未系好安全带、未佩戴安全帽等，及时发出警报并通知相关负责人处理。

例如，当系统在一次巡检中发现有工人在高处作业时没有系好安全带。系统立即发出警报，并发送通知给工地管理人员，他们能够及时采取行动，要求该工人下到安全位置系好安全带后，方可继续工作。

数据显示，引入智慧工地的视频监控与安全预警系统后，工地的安全事故率平均下降了约40%。这主要归功于智能分析技术的运用，系统能够实时监控工地的各个区域，识别和记录潜在的安全隐患，并及时发出警报。此外，通过对视频数据的进一步分析和挖掘，系统能够检测出常规巡检中难以察觉的问题，减少了安全盲区的存在。

2. 智慧工地的环境监测与智能报警

智慧工地的环境监测系统利用各种传感器和仪器监测工地的空气质量、噪声水平、震动强度等环境指标。系统可以根据设定的阈值判断环境指标是否超出正常范围，并及时发出警报，保障工人的健康和环境的安全。

在一个智慧工地的环境监测系统中，通过传感器检测到工地附近的噪声水平超过了城市规定的限值。系统立即发出警报，并通知相关人员，要求采取控制噪声的措施，如调整设备运行时段、增加隔音措施等，以保障周边居民的安宁。

环境监测与智能报警系统的有效性得到了大量实际案例的证明。通过应用智能传感技术，工地的空气质量符合国家标准的比例提高了20%，噪声水平和震动强度都显著降低了。这不仅保证了工人的健康和安全，也减少了对周边环境和社区的负面影响。

同时，智慧工地的环境监测系统还能够实时收集各种环境数据，并通过数据分析和建模，提供更加精细的环境监测和预警。工地管理人员可以根据系统提供的数据和建议，采取相应的措施，如增加通风设备、调整施工进度等，以提高工地的环境质量和工作条件。

3. 智慧工地的智能化巡检与维护管理

智慧工地的智能化巡检与维护管理系统利用无人机、机器人等自动化设备进行设备巡检和监测，提供及时的信息和决策支持。

在智慧工地中，无人机设备被用于定期巡检建筑结构、塔吊、起重机等设备。无人机搭载高清摄像头和红外热成像仪，能够对这些设备进行全面的检查。当无人机在巡检过程中发现设备存在异常，如裂纹、松动的螺栓等，系统会立即发出警报，并通知相应的维修人员进行修复或更换。

通过智能化巡检与维护管理系统的运用，工地设备故障率平均降低了约30%。定期的巡检和监测能够提前发现设备的潜在问题，进而及时采取维修措施，避免设备故障对工地正常运行的影响。此外，系统还能够对设备运行数据进行分析和比对，预测设备的维修需求和寿命，有助于计划性地维护和更换，提高设备的使用寿命和维护效率。

智慧工地的智能化巡检与维护管理系统还可以提供实时的数据分析和报告，为工地管理人员提供决策支持。通过汇总、整理和分析设备运行数据，系统能够生成详细的报告，包括设备的故障率、维修频率、维修成本等指标。这些报告提供了工地管理人员观察和评估设备运行状况的依据，可以进行维护策略的优化，并提高维修工作的效率和成本控制。

智慧工地的监控和预警系统，包括视频监控与安全预警、环境监测与智能报警以及智能化巡检与维护管理，对提高工地的安全性、环境质量和设备可靠性起重要作用(图5-37)。

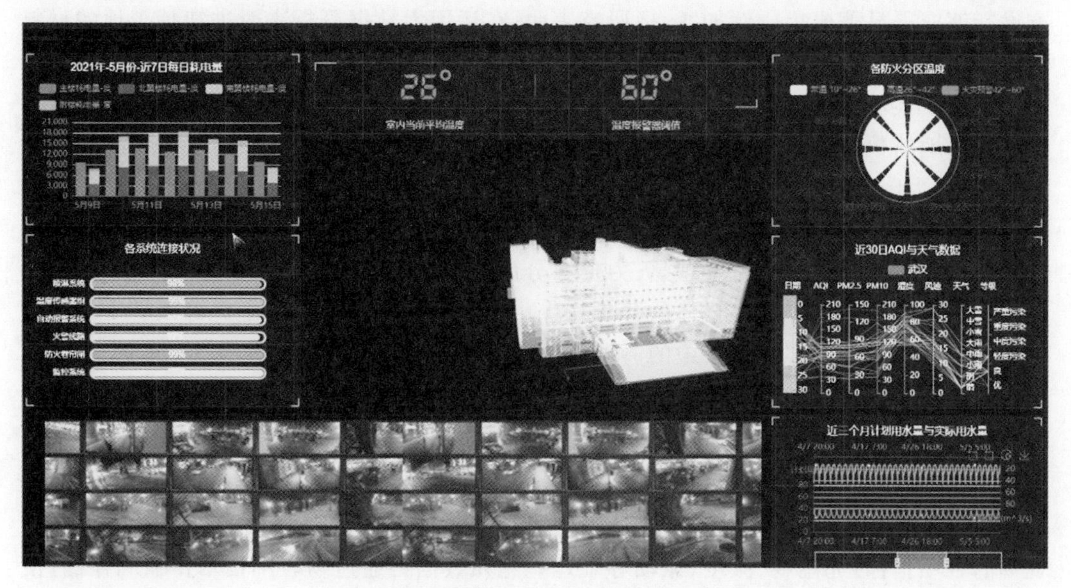

图 5-37　智慧工地的监控和预警系统

这些系统的应用为工地创造了更加安全、健康和高效的工作环境，实现了智能化和可持续发展目标。通过智慧工地的建设，我们能够为各类建筑工程提供更加安全、高效和可持续的建设环境，为工人的安全和社会的发展做出贡献。

5.5.6　智慧工地的施工质量与效率优化

1. 智慧工地数据分析与决策支持

智慧工地通过数据分析和决策支持系统，可以更好地管理和优化施工质量与效率。数据分析应用于智慧工地的各个环节，例如供应链管理、人力资源分配、材料选型和施工进度控制。以下是一些常用的数据分析应用和案例。

(1) 供应链管理优化：使用数据分析技术跟踪和优化供应链环节，预测材料和设备供应的需求。通过数据分析，可以降低材料和设备缺乏造成的施工延误和不必要的成本增加。

(2) 人力资源分配优化：通过智慧工地采集的数据，包括施工人员的工作时间、技能水平和工作效率等信息，可进行分析与优化，以确保最佳的人力资源分配。此外，还可以建立专家系统或智能算法，自动化进行人员调度与任务分配。

(3) 材料选型与施工质量控制：智慧工地的数据分析和决策支持系统可以根据历史数据和建模分析，为不同的施工任务选择合适的材料和工艺。通过对材料参数、质量标准的分析和比较，降低施工过程中质量问题的产生和维护成本。

(4) 施工进度控制：智慧工地的数据分析系统可以结合实际施工进度和资源使用情况，进行进度预测和风险评估。通过实时监测和分析，及时发现施工进度偏差和隐患，并采取相应的措施进行调整，以保证施工进度的顺利进行。

根据相关研究和实践，智慧工地的数据分析与决策支持系统在施工质量与效率优化方面能够取得显著成果。例如，一项研究表明，在运用大数据分析来改进智慧工地的材料管理和施工过程中，可以提高施工质量，减少材料浪费和施工延误，从而有效节约成本。

另一个案例是智慧工地利用数据分析技术进行施工进度控制。统计数据显示，在引入智慧工地的数据分析与决策支持系统后，施工进度的准确性和工期的可控性都得到显著提高，大大降低了工期延误的风险。

通过智慧工地的数据分析与决策支持系统，可以有效地优化施工质量与效率。数据分析的应用层面涵盖供应链管理、人力资源分配、材料选型和施工进度控制等多个方面，可根据实际情况和需要进行具体的分析与优化。案例和统计数据的支持可以进一步验证智慧工地数据分析在实际项目中的有效性和成果。

2. 智慧工地施工质量控制与检测

智慧工地利用现代技术手段来提高施工质量的控制与检测水平。以下是对该部分的进一步探讨。

（1）自动化监测与传感技术：智慧工地通过安装传感器和监测设备来实时监测施工现场的各项指标，如温度、湿度、振动等。这些感知数据可通过物联网技术传输和存储，使管理人员得以实时掌握施工环境的状态，并及时采取必要的措施，以保证施工质量。

（2）数据分析与异常检测：通过对施工过程中的感知数据进行分析和挖掘，可以快速检测出潜在问题和异常情况。结合机器学习和人工智能算法，智慧工地能够自动识别并预测施工质量潜在隐患，帮助施工人员提前进行预防控制和采取纠正措施。

（3）图像识别与智能监控：智慧工地利用图像识别技术，例如人脸识别和物体检测，可以实时监控和识别工人的作业行为，以确保施工质量符合标准。同时，智能监控系统可以对施工现场进行 24h 监控，预警不符合要求的行为或潜在质量问题。

（4）质量评估与建模分析：智慧工地的数据分析系统可以根据施工过程中的数据建立模型和评估指标，实现对施工质量的定量评估。通过与标准质量参数进行对比和分析，可以准确判断施工质量的优劣，并提供改进建议，进而提升施工质量。

研究表明，应用智慧工地施工质量控制与检测，对提高施工质量具有显著效果。例如，某个基于智慧工地的案例研究发现，在引入自动化监测设备和实时图像识别系统后，施工现场的不合格率减少了 50%，大大提高了施工质量的可控性和可预测性。

统计数据显示，智慧工地应用中采用的数据分析和异常检测技术，能够及时发现施工质量异常情况的准确率达到 90%以上，有效防止了质量事故的发生，降低了质量风险。

智慧工地通过自动化监测、数据分析、图像识别和智能监控等技术手段，能够有效提升施工质量的控制与检测水平。案例研究和统计数据的支持进一步验证了智慧工地在提高施工质量方面的有效性。

3. 智慧工地施工效率优化与提升

智慧工地通过应用先进的技术与管理手段来提高施工效率。以下是对该部分的进一步探讨。

（1）无人机与遥感技术：智慧工地利用无人机和遥感技术可以进行高效的地貌测量和勘察，并通过机器学习和图像处理等技术，实现自动化地图生成和数据分析。这些数据可以帮助项目管理人员更好地规划施工过程，优化施工路径和资源分配，从而提高施工效率。

(2) BIM：智慧工地通过建筑信息模型技术，在施工前对建筑项目进行全面的虚拟建模和模拟分析。通过 BIM 模型，可以协调施工各方的工作，优化施工过程，减少误差和冲突，提高施工效率。

(3) 自动化施工与机器人技术：智慧工地采用自动化施工和机器人技术，可以实现施工过程的自动化和机械化。例如，自动化施工机械如自动涂料机、自动焊接机器人和自动运输机器人等，可以提高施工速度和质量稳定性。

(4) 实时协作与远程监控：智慧工地通过远程监控和实时协作技术，可以实现项目管理人员与施工现场人员的实时交流与协作。通过实时视频会议、远程指导和问题解决等方式，可以快速解决施工过程中的问题，提高施工效率。

智慧工地应用中的施工效率优化具有显著效果。例如，一项研究表明，采用了无人机与遥感技术的智慧工地，在施工过程中的测量和勘察工作中，可以提高效率和准确性，减少传统测量工作所需的时间和人力成本。

在采用自动化施工和机器人技术的智慧工地中，施工速度可以显著提升，工期可以缩短 10%以上。同时，自动化施工也可以大大降低工人的劳动强度和安全风险，提高工作效率。

智慧工地通过无人机与遥感技术、建筑信息模型、自动化施工与机器人技术以及实时协作与远程监控等手段，可以有效提高施工效率。案例研究和统计数据的支持进一步验证了智慧工地在提高施工效率方面的有效性。

5.5.7　未来智慧工地的发展趋势

1. 人工智能在智慧工地的应用前景

人工智能作为一项重要的新兴技术，将在未来对智慧工地的发展产生广泛而深远的影响。智慧工地通过融合现代技术，如人工智能、物联网、大数据等，提升传统建筑工地效率、安全和可持续性。智慧工地的应用前景广阔，全球智慧工地市场预计在 2026 年达到 1500 亿美元，年复合增长率高达 15.8%。其中，人工智能在智慧工地中的应用主要体现在自动化设备、工程管理和安全监控等方面。

例如，在工地监控方面，人工智能技术可以通过视频分析算法实现对工地环境的监测。根据智慧工地案例研究发现，采用人工智能监控系统可以减少事故风险，并提高安全生产水平。据统计，日本在一个工地上使用了 30 个 AI 摄像头，监测的范围包括事故预测、工地安全风险、材料监控和设备故障等。

此外，人工智能还可以实现智能化的设备控制和机器人应用。统计数据表明，预计到 2027 年，全球智能建筑设备和机器人市场将达到 600 亿美元，年复合增长率为 25%。智能机器人在智慧工地中的应用不仅提高了施工效率，还减少了人力成本和工伤事故。例如，我国一家建筑企业引进智能砌块机器人，一天可以按需生产 8000 块砖，相比于传统砌筑工人，这大大提高了生产效率。

2. 物联网和大数据在智慧工地的发展

物联网和大数据技术在智慧工地的发展中也起到至关重要的作用。物联网通过连接传感器和设备,实现实时数据采集和共享,为工地管理提供全面的信息基础。大数据分析则能够挖掘和处理这些数据,帮助管理者更好地了解工地运作情况,并做出相应决策。

统计数据显示,物联网和大数据在智慧工地中的应用十分广泛。根据智慧工地实践案例,物联网技术可减少施工时间 20%,减少人工成本 15%,并降低生产资源消耗 8%。大数据分析可提高工程的设计和监控精度,进一步提高工地效益。例如,美国一家工程公司采用物联网和大数据技术,通过对机械设备的运行数据进行分析,实现故障预测和维护计划,从而降低维修成本和生产停滞的风险。

物联网和大数据还可以应用于材料和资源管理。据统计报告,智慧工地采用物联网技术,每天可实时监测和管理材料和资源使用情况,降低浪费和成本。大数据分析可以对材料和资源的使用进行优化,提高工地的可持续性。

通过物联网技术,可以实时监测材料的库存量和使用情况。根据工地案例,一家建筑公司在使用物联网传感器追踪材料的运输和使用过程后,材料损耗率减少了 25%。这种实时的监测和管理使得工地管理人员能够及时采取补充和调配措施,确保工地的正常运作。大数据分析可以通过对历史工地数据的挖掘,为材料采购和库存管理提供更精确的预测。例如,一家施工企业在利用大数据分析进行材料库存规划后,材料的存货周转率提高了 35%,降低了过量采购和库存积压的风险。

除了材料和资源管理,物联网和大数据还可以应用于工地安全监测和管理。统计数据显示,智慧工地中的物联网传感器和大数据分析可以帮助监测并预测潜在的安全风险。举例来说,如果建筑企业在工地上安装了智能安全设备,如传感器和摄像头,通过大数据分析可以实时监控工人的行为和工地环境,预警潜在的安全问题。这种及时的预警系统可以大大减少工地事故的发生,并提高工人在施工中的安全性。

通过实时数据监测和管理,优化材料和资源使用,提高工地安全性和效率。然而,物联网和大数据应用面临一些挑战和问题,如数据隐私和安全,信息共享和协同工作等。要解决这些问题,需要加强数据安全措施,建立统一的数据标准和接口,并加大对人员培训和技术支持的投入,以推动智慧工地技术的创新和应用。只有这样,智慧工地才能实现其提高工作效率、降低成本、改善工人安全和减少对环境影响的目标。

3. 智慧工地发展中的挑战和解决方案

智慧工地的发展不仅仅关注工程效率和工地安全,也应致力于实现可持续发展的目标。通过应用先进的技术和管理措施,智慧工地可以减少资源浪费、能源消耗和环境影响。

研究显示,通过智慧工地技术的应用,可以在建筑材料的生产和运输过程中减少约 15%的碳排放。此外,智慧工地中的能源管理和优化措施可降低建筑的能源消耗,提高能源利用效率。根据国际可持续建筑评估机构的数据,智慧工地技术的应用可以降低建筑能源消耗 20%~30%。

在智慧工地的可持续发展中,物联网和大数据技术的应用发挥了关键作用。通过物联网传感器和大数据分析,工地管理者可以实时监测和管理资源的使用情况,并进行优化。举例来说，工地可以采用智能化的水和电力监测系统，通过实时监测数据和分析，优化用水和用电计划，减少能源浪费和资源消耗。根据智慧工地实践案例，通过这种方法，工地可降低10%～15%的能源消耗。

此外，智慧工地还可以应用可再生能源技术，如太阳能和风能等，以减少对传统能源的依赖和碳排放。统计数据显示，智能建筑设备和可再生能源市场在未来几年内都有较高的年复合增长率。这提示了智慧工地发展中可再生能源的广阔前景。

智慧工地的可持续发展还涉及废弃物管理和循环经济的实践。通过智能化的废弃物管理系统，工地可以更好地进行废弃物分类和回收利用，减少对环境的负面影响。根据数据统计，智慧工地技术的应用可以降低15%～20%的废弃物产生。

总体而言，智慧工地的可持续发展是一个具有巨大潜力和机遇的领域。通过应用先进的技术和管理手段，智慧工地可以实现高效、安全和环保的施工模式。然而，该领域在实际应用中仍面临着一些挑战，如技术成本、标准制定和信息共享等。为了推动智慧工地可持续发展的实现，需要政府、行业协会和企业的合作，共同制定和推动相关政策和标准，并加大对技术创新和人员培训的支持力度。只有这样，智慧工地才能真正实现可持续发展的目标，为社会和环境带来更大的利益。

单元小结

本章重点介绍了智能施工领域的关键技术，并探讨了它们在建筑行业中的应用。智能施工的引入和应用，为建筑工程的实施提供了新的思路和方法，对提高建筑质量、提升施工效率、降低施工成本起到了积极的推动作用。

面对全社会智能化的时代浪潮，从数字化测绘测量走向智能化测绘测量，是行业转型升级的必经之路，智能测绘与测量涵盖了地理信息系统、遥感、北斗卫星导航系统和全球定位系统、激光扫描等先进的传感感知技术等多个方面。

智能测绘与测量系统主要由数据采集、数据处理、数据分析应用三大部分组成。提升产品生产与服务的水平与效率，是智能化测绘及测量的重要发展方向，在智能建造中发挥着不可替代的作用。

基于BIM技术的虚拟建造，可以将建筑项目从传统的二维平面图纸转变为三维数字模型，并实现各方面的协同合作。BIM模型不仅可以提供详细的建筑信息，还能够模拟和优化施工过程，减少设计和施工中的冲突和错误，提高整体的工作效率和准确性。

引入建筑机器人施工技术，改变了传统的施工方式，提高了施工的自动化和智能化程度。例如，自动化的砌筑机器人能够准确迅速地完成砌筑工作，同时减少人工操作的需要，提高了施工效率和质量。机器人施工还能够在复杂和危险的环境中发挥作用，减少施工人员的风险。

增材制造混凝土结构施工采用了3D打印等先进技术，可以将混凝土材料按需打印成形，实现高度定制化的施工。这种方式不仅提高了施工效率，还能够减少浪费和资源消耗，并且能够创建更加复杂和精细的结构。

智能施工管理运用信息技术和智能化系统，可以实现对施工过程的全面监控和管理。通过实时监测工程进度、质量和安全状况，及时发现和解决问题，避免延误和质量缺陷。智能施工管理还可以提供数据分析和决策支持，为项目的整体管理和决策提供科学依据。

智能施工的发展给建筑行业带来了巨大的变革和机遇。随着科技的不断进步和创新，相信智能施工领域还将持续发展，为建筑行业的未来带来更多的创新和突破。

【任务思考】

复习思考题

一、单选题

1. 智能测绘与测量技术是指利用计算机、网络、通信和(　　)手段,对空间信息进行获取、处理、存储、分析和应用的过程。

A. 微电子技术　B. 软件技术　C. 高新技术　D. 工业设计

2. 地理信息系统是一种基于(　　)和地理学原理的空间数据管理和分析系统。

A. 计算机技术　B. 软件技术　C. 测绘科学技术　D. 数据库技术

3. (　　)是地理信息系统的核心,包括地理空间数据和属性数据。

A. 网络　B. 地理地形　C. 测量测绘　D. 数据

4. 遥感技术是一种利用遥感器从(　　)探测地面物体性质的技术。它可根据不同物体对波谱产生不同响应的原理,识别地面上的各类地物。

A. 四周　B. 空中　C. 楼上　D. 水中

5. (　　)在资源环境、水文、气象、地质地理等领域有着广泛的应用。

A. 遥感技术　B. 无人机技术　C. 地理信息技术　D. 水利水电技术

6. 北斗卫星导航系统是(　　)自主建设、独立运行的全球卫星导航系统,可与其他卫星导航系统进行融合,提高定位精度和可用性。为全球用户提供全天候、全时段、高精度的定位、导航和授时服务。

A. 中国　B. 美国　C. 俄罗斯　D. 德国

7. BIM技术的特点不包括(　　)。

A. 可视化　B. 协调性　C. 模拟性　D. 单一性

8. 建筑产品的特点不包括(　　)。

A. 固定性　B. 不确定性　C. 唯一性　D. 庞大性

9. 虚拟施工技术的概念模型包括(　　)模块。

A. 过程模块、建筑模块、资源模块　B. 过程模块、施工模块、资源模块

C. 过程模块、建筑模块、成本模块　D. 建筑模块、资源模块、成本模块

10. (　　)模拟技术适用于施工过程的连续模拟和分析。

A. 动态　B. 静态　C. 随机　D. 连续

11. (　　)材料制造技术是通过逐层堆积的方法制造实体,并以数字模型文件为基础。

A. 等材制造　B. 减材制造　C. 增材制造　D. 传统混凝土浇筑

12. 智慧工地的基本原则是通过在工地各处安装传感器和设备,实时采集和监测施工过程中的各种数据,然后通过网络传输、存储和处理这些数据,最终转化为可视化的信息,以提供(　　)支持和监控。

A. 设备维护与管理支持　B. 环境保护与资源利用支持

C. 项目决策支持和实时监控　D. 施工人员培训和安全管理支持

13. 虚拟施工技术在项目全生命周期中可以进行(　　)方面的优化。

A. 项目方案优化　　B. 设计方案优化

C. 施工方案优化　　D. 所有选项都是

14. BIM 的可出图性主要解决了(　　)的问题。

A. 模型与表达不一致　　B. 缺乏足够的信息

C. 技术难以实现　　D. 数据库不兼容

15. 虚拟施工技术的一体化特点体现在(　　)。

A. 只包含建筑设计信息　　B. 只能在设计阶段使用

C. 包含设计到建成使用的全过程信息　　D. 所有选项都不对

16. 参数化设计主要通过(　　)来建立和分析模型。

A. 数字　　B. 几何形状　　C. 参数　　D. 公式

17. 虚拟施工技术的信息完备性主要体现在(　　)。

A. 只体现在工程对象的三维几何信息　　B. 包含工程对象的所有信息

C. 只包含工程逻辑关系的描述　　D. 缺乏工程逻辑关系的描述

18. 建筑行业历史悠久,但建筑机器人的发展不过百年,世界第一台工业机器人最早可追溯至(　　)。

A. 1959 年　　B. 1969 年　　C. 1979 年　　D. 1989 年

二、多选题

1. 智能测绘与测量系统是一套具有明显的技术密集型特征的智能装备,主要由(　　)、(　　)、(　　)应用三大部分组成。

A. 数据展现　　B. 数据处理　　C. 数据分析

D. 数据储存　　E. 数据采集

2. 智能测绘与测量技术涵盖了(　　)、(　　)、(　　)或(　　)、激光扫描等先进的传感感知技术等多个方面,是测绘、测量行业与现代信息技术深度融合的产物。

A. 地理信息系统　　B. 遥感　　C. 北斗卫星导航系统

D. 全球定位系统　　E. 智能机器人

3. 地理信息系统主要由(　　)、(　　)、(　　)和人员四大要素组成。

A. 数据　　B. 3D 模型　　C. 硬件

D. 软件　　E. 位置

4. 根据搭载平台的不同,三维激光扫描仪又可分为(　　)、(　　)、(　　)和(　　)三维激光扫描仪。

A. 机载　　B. 车载　　C. 立架式

D. 手持型　　E. 架站式

5. 无人机智能测绘测量技术根据无人机类型和搭载的传感器类型,可以分为(　　)。

A. 多旋翼无人机测绘　　B. 固定翼无人机测绘　　C. 垂直起降固定翼无人机测绘

D. 扑翼无人机测绘　　E. 伞翼无人机测绘

6. 遥感系统主要由（　　）、（　　）、（　　）和（　　）四大部分组成。遥感器通过收集地面数据资料，并从中获取信息，经记录、传送、分析和判读来识别地物。

A. 信息源　　B. 信息获取　　C. 信息分析

D. 信息应用　　E. 信息处理

7.（　　）属于智能施工管理的应用。

A. 施工进度和质量的实时监控　　B. 建筑三维模型的创建和协同设计

C. 混凝土材料的增材制造施工　　D. 基于 BIM 技术的虚拟建造

E. 机器人技术在建筑施工中的应用

8.（　　）与增材制造密切相关。

A. 3D 打印技术　　B. 挤压技术　　C. 光固化技术

D. 数控系统　　E. 熔融技术

9.（　　）技术和方法是智慧工地的核心支撑。

A. 人工智能　　B. 无线通信　　C. 大数据分析

D. 虚拟现实　　E. 机器学习

10. 智慧工地技术在资金和预算管理中的应用包括（　　）。

A. 预算的追踪和控制　　B. 材料和设备的采购流程优化

C. 资金流的自动化和透明化　　D. 数据分析和模拟

E. 施工进度管理

11. 智慧工地利用现代技术手段来提高施工质量的控制与检测水平，可以通过（　　）实现。

A. 自动化监测与传感技术　　B. 数据分析与异常检测

C. 图像识别与智能监控　　D. 人工施工和传统监督模式

E. 质量评估与建模分析

12. 机器人按发展进程一般可分为（　　）。

A. 一种“遥控操作器”

B. 事先编好的程序对机器人进行控制，使其自动重复完成某种操作的机器人

C. 智能机器人

D. 建筑机器人

三、简答题

1. 智能测绘测量中多传感器主要有哪些数据来源？

2. GIS 广泛应用在测绘领域，主要包括哪些行业？

3. 三维激光扫描仪的测量技术根据其工作原理和应用场景的不同，可以分为几类？

4. GIS 在测绘领域中的应用广泛，主要应用在哪些行业呢？

5. 无人机智能测绘测量技术在哪些领域有着广泛的应用？

6. 北斗卫星导航系统主要应用在哪些领域？

7. 简述基于BIM技术的虚拟建造在建筑项目中的应用优势。

8. 为了提高施工组织与管理的水平，建筑业可以借鉴制造业的经验。请说明虚拟施工在建筑工程施工组织与管理中的作用。

9. 增材制造混凝土结构的设计原则包括哪些要素？

10. 简述增材制造混凝土结构的施工过程中的材料预处理步骤。

11. 简述智慧工地施工质量与效率优化的关键技术和应用方法。

12. 简述建筑机器人的三大组成部分——机械、电路、程序各自的功能。

13. 目前，市场上有哪些常见的建筑机器人？它们各自可以完成什么样的工作？

第 6 单元 智能运维

单元知识导航

【思维导图】

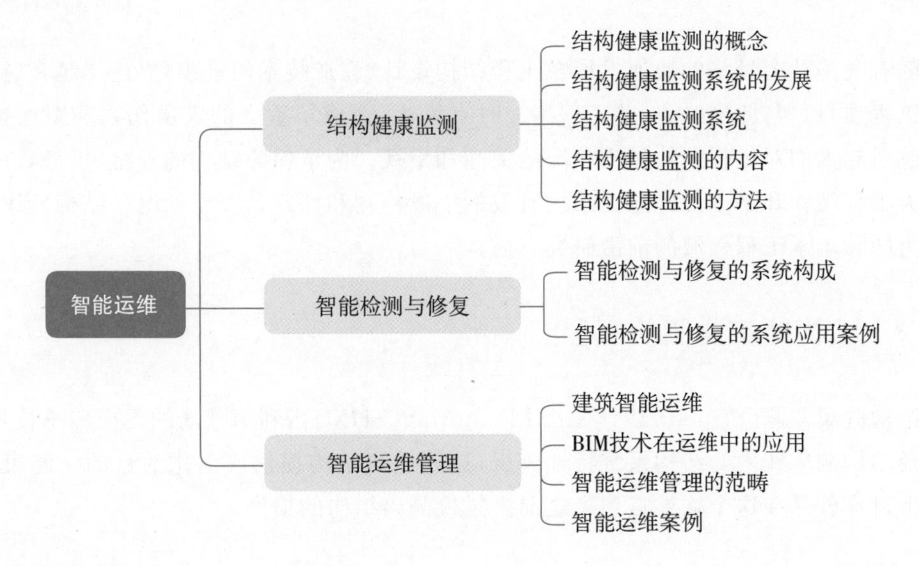

【学习目标】

1. 知识目标

(1) 了解结构健康监测的背景和发展。

(2) 了解建筑智能运维管理的内容。

(3) 熟悉结构健康监测的内容及方法。

(4) 掌握结构健康监测的概念及系统组成。

(5) 掌握建筑智能运维管理的概念。

2. 技能目标

(1) 具备结构健康监测基本分析的能力。

(2) 具备结构健康监测方法初步应用的能力。

(3) 具备建筑智能运维管理范畴的识别能力。

3. 素养目标

(1) 培养绿色建筑和智慧建筑发展理念。

(2) 提升勇于创新、善于沟通的职业素质。

(3) 培养科学的工作态度和严谨的工作作风。

【学习重难点】

(1) 结构健康监测系统组成。

(2) 结构健康监测的内容。

(3) 智能运维管理的范畴。

微课：结构健康监测

6.1 结构健康监测

随着我国社会经济的快速发展及工程结构设计、建造技术的进步，兴建了越来越多的大型工程项目。与此同时，一些工程事故时有发生，造成了重大的人员伤亡和财产损失，越来越引起人们对工程结构健康状况的关注和重视。为了保障结构的安全、可靠，许多在役重大工程结构和基础设施急需采用有效的手段检测和评定其安全状况。结构健康监测已成为国际土木工程领域的前沿研究方向。

6.1.1 结构健康监测的概念

结构健康监测(Structural Health Monitoring，SHM)指利用现场的无损传感技术，通过包括结构响应在内的结构系统特性分析，达到检测结构损伤或退化的目的。健康监测的一个目标就是在这个临界点到来之前提早检测出结构的损伤。

6.1.2 结构健康监测系统的发展

结构健康监测技术大致经历了三个发展阶段：第一阶段以结构监测领域专家的感官和专业经验为基础，对诊断信息只能做简单的数据处理；第二阶段以传感器技术和动态测试技术为手段，以信号处理和建模为基础，在工程中得到广泛的应用。近年来，为了满足大型复杂结构的健康诊断要求，进入了以知识处理为核心，数据处理、信号处理与知识处理相融合的智能发展阶段。

6.1.3 结构健康监测系统

结构健康监测系统主要由传感器系统、信息采集与处理系统、信息通信与传输系统、信息分析和监控系统四个子系统组成。

(1) 传感系统：用于将待测物理量转变为电信号。

(2) 信息采集和处理系统：一般安装于待测结构中，采集传感系统的数据，并进行初步处理。

(3) 信息通信与传输系统：将采集并处理过的数据传输到监控中心。

(4) 信息分析和监控系统：利用具备诊断功能的软硬件对接收到的数据进行诊断，判断损伤的发生、位置及程度，对结构健康状况做出评估，如发现异常、发出报警信息。

结构健康监测技术是一个多领域跨学科的综合性技术，包括土木工程、动力学、材料学、传感技术、测试技术、信号处理、网络通信技术、计算机技术、模式识别等多方面的知识。长期性、实时性和自动监测是结构健康监测的三个基本特征。图 6-1 为结构健康监测的研究范畴和流程。

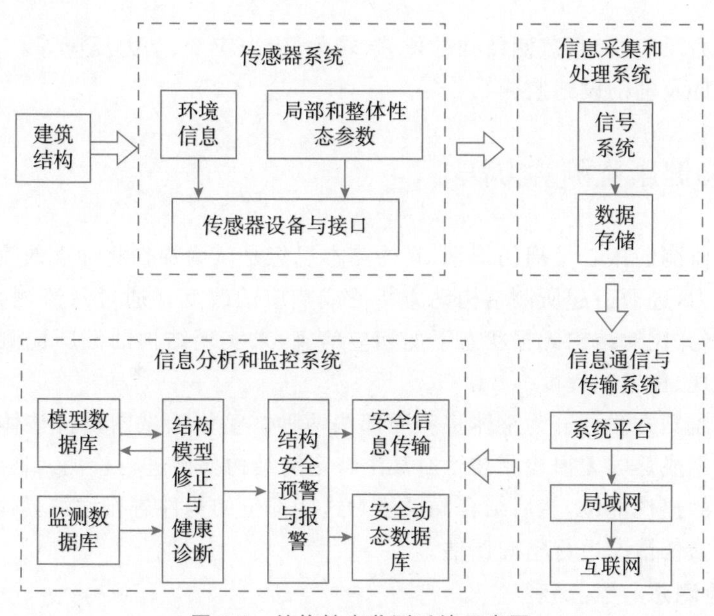

图 6-1　结构健康监测系统示意图

一个结构健康监测系统的优劣主要由三个因素决定：传感器的灵敏性和精度，以及数据传输和采集设备的性能测点的空间分布，即传感器的最优布置问题测试数据的分析处理。从目前的发展与研究成果来看，用于结构健康监测的硬件设施越来越先进，高性能的智能传感器元件和信息采集装备越来越多地在工程中得到应用。当前的传感器技术已经达到较高的水平，在结构健康监测系统中传感器信号的获取已经不是至关重要的问题。传感器的优化布置决定了能否获得大型结构的整体信息和局部信息，也决定了测试数据对结构损伤变化的敏感性。如何安排有限数量的传感器实现对结构状态改变信息的最优采集，是结构健康监测需要解决的主要问题之一。测试数据的分析处理要完成结构损伤识别和整体健康状态的评估。

因此，在结构健康监测中，最关键的就是测试数据的分析处理，一旦健康监测系统投入运营，主要的工作就是如何应用有效的损伤识别技术从测试信号中获取有关结构损伤状态的信息，其核心是结构的损伤识别。因此，随着大型结构健康监测系统的开发，如何有效地利用来自监测系统大量冗余、互补的信息进行健康状况评估，成为国内外研究的热点。智能信息处理技术由于可以综合来自多源的信息，并将冗余、互补的信息进行集成、处理与推理，得到更加合理、可靠的决策而得到土木工程师的青睐。

6.1.4 结构健康监测的内容

结构健康监测系统所监测的内容主要有以下几个方面。

结构荷载监测：包括风荷载、地震荷载、温度等。

结构几何监测：监测结构各部位的静态位移、动态位移、沉降、倾斜、线性变化、位移等。

结构静动力反应监测：监测结构的位移、转角、应力应变、动力反应等。

非结构部件及辅助设施监测。

6.1.5 结构健康监测的方法

结构健康监测的核心是损伤识别，它的基本思想是认为损伤将显著改变结构的刚度、质量或耗能能力，进而引起所测结构动力特征或响应的改变。通过从监测数据中提取不同部位的信息，并比对结构无损状态下的相应信息，来实现结构的健康检测与评估，从而判断损伤的出现、位置和程度。

结构健康监测方法可分为整体法和局部法两种。整体法试图评价整体结构的状态，而局部法则依靠成熟的无损检测技术对某个特定的结构部件进行检测。通常先用整体法确定一些可能的损伤部位，然后结合局部法对这些部位的构件进行详细具体的损伤检测，进而对结构的损伤情况进行精确评估。

1. 整体检测法

结构整体检测法主要有动力指纹分析法、模型修正与系统识别法、神经网络法、遗传算法等几种。

如果结构发生损伤，质量和刚度等结构参数会发生变化，从而导致相应的动力指纹的变化，这是动力指纹分析法所依据的原理。模型修正与系统识别法的基本思想是使用动力测试资料，通过条件优化约束，不断修正模型中的刚度分布，然后与修正刚度后模型的反应所测数据比较。当两者基本吻合时，则认为此组参数为结构当前参数。

神经网络以生物神经系统为基础，模拟人脑的功能，是一种由简单神经元连接成的具有高度非线性的超大规模的网络系统。遗传算法是根据达尔文进化论中适者生存、优胜劣汰的进化原则来搜索下一代的最优个体，以得到满足要求的最优解。

2. 局部检测法

传统的局部检测方法有染色法、目检法、压痕法、回弹法、超声脉冲法、射线法等。近年来又出现了一些新的专门针对土木工程结构的局部损伤检测方法，如声发射法、Lamb法、频域 ARX 法、超声光谱法、几何时域法等。

6.2　智能检测与修复

智能检测与修复技术旨在通过智能化手段实现对目标对象的实时监测、精准诊断和高效修复。它随着新型传感感知装备、人工智能、机器学习、大数据分析等技术的快速发展，为智能检测与修复提供了强大的技术支持；随着各行业对产品质量和可靠性的要求不断提高，对智能检测与修复技术的需求也在不断增加。工业和信息化部、国家发展改革委、教育部、财政部、市场监管总局、中国工程院、国家国防科工局等七部门联合印发的《智能检测装备产业发展行动计划(2023—2025年)》中指出：智能检测装备作为智能制造的核心装备，是“工业六基”的重要组成和产业基础高级化的重要领域，已成为稳定生产运行、保障产品质量、提升制造效率、确保服役安全的核心手段，对加快制造业高端化、智能化、绿色化发展，提升产业链供应链韧性和安全水平，支撑制造强国、质量强国、网络强国、数字中国建设具有重要意义。这为智能检测与修复技术的发展提供了良好的政策环境。

6.2.1　智能检测与修复的系统构成

如图6-2所示，智能检测与修复的系统采用数据驱动和持续改善的方法论，不断优化和扩展系统的性能和功能，以提高施工质量的检测修复的管理水平。

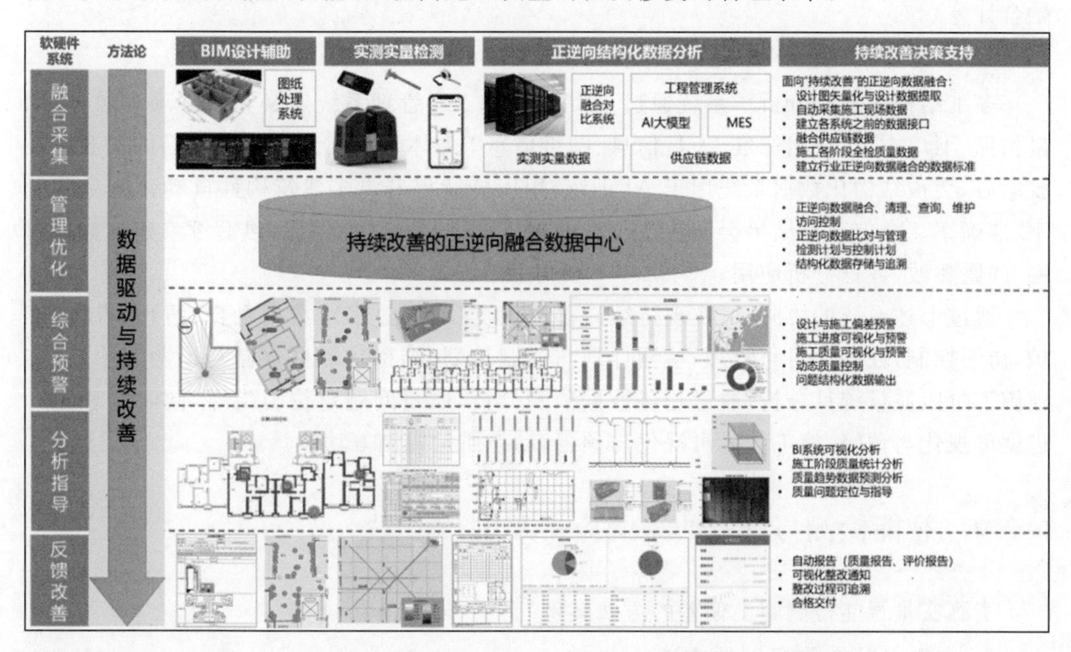

图6-2　数据驱动及持续改善的正逆向融合实测实量智能检测系统

数据驱动与持续改善的方法论是多维数据融合检测系统的核心。智能检测旨在通过采集、管理、预警、分析指导、反馈改善五大阶段的软硬件系统。采集阶段包括设计图矢量化和设计数据提取、自动采集施工现场数据、建立各系统之前的数据接口、融合供应链数据、施工各阶段全检质量数据、建立行业正逆向数据融合的数据标准等。管理阶段包括正逆向数据融合、清理、查询、维护、访问控制、正逆向数据比对与管理、检测计划与控制计划、结构化数据存储与追溯等。预警阶段包括设计与施工偏差预警、施工进度可视化与预警、施工质量可视化与预警、动态质量控制、问题结构化数据输出等。分析与指导阶段包括 BI 系统可视化分析、施工阶段质量统计分析、质量趋势数据预测分析、质量问题定位与修复指导等。反馈与改善系统包括自动报告(质量报告、评价报告)、可视化修复整改通知、修复整改过程可追溯、合格交付等。系统主要由以下三大子系统构成。

1. BIM 设计辅助子系统

BIM 设计辅助子系统采用图纸处理系统中专用的图纸助手进行建筑设计图 BIM 矢量化,提取关键建筑语义信息,核心是将工程图纸中无语义的点、线转变为机器语言可识别的 BIM 数据(剪力墙、隔墙、门、窗等),通过算法深入挖掘 BIM 数据,包括方位、房间、户型、站点、尺寸等信息,提高设计与施工的高效协同与施工精度。

2. 智能检测子系统

智能检测子系统融合多种智能测量工具与实测实量机器人,开展自动逆向建模、自动拼接、AI 识别、设计图与逆向建模数据融合等边缘计算,自动输出整体实测实量评判结果、可视化且轻量化的 3D 模型,通过系统数据接口实现全检质量数据的采集和与正逆向融合计算。

3. 多维结构化数据分析子系统

多维结构化数据分析子系统通过 SAAS 化的工程管理系统定义和管理项目数据、测量指标、下尺方案、合格标准、人员信息、图纸信息等基本元数据。多维融合后的大数据在脱敏后,会被结构化数据系统用于 AI 训练,用以持续提升更多建筑构件自动化测量的效率、准确率。全部数据结果会回流至工程管理系统进行持久化存储,供后续参建方数据追溯、问题整改、数据分析使用。

通过上述系统的协同,可实现持续改善决策支持,通过多维数据融合、清理、查询、维护,访问控制,数据比对与管理,检测计划与控制计划,结构化数据存储与追溯等手段,实现施工阶段质量统计分析,质量趋势数据预测分析,质量问题定位与指导,同时实现施工进度可视化与预警,施工质量可视化与预警,动态质量控制等功能。

6.2.2 智能检测与修复的系统应用案例

实测实量智能检测施工偏差的方法案例

1. 施工误差智能识别的方法

1)基于和设计值比较的智能识别法

此方法主要用于检测已有设计值的数据的质量,通过房间模型和图纸匹配,获取房间开间进深净高以及门窗洞尺寸等设计值，再将实测数据和跟图纸设计值进行一一比较，差值超过一定范围定义为缺陷。

2）实测数据和标准值智能识别法

此方法主要用于建造过程中墙面质量的检测，如测量阴阳角、方正度、垂直度、平整度、极差等相对指标数据。将测量数据和检测标准比对，对于超过标准的数据定位为缺陷。

2. 检测误差的智能显示方式

1）模拟人工检测的取样误差显示法

行业实测实量规范为五尺测量法，为适应施工项目的质量标准，可采用相应实测实量机器人或智能工具开展人工五尺测量法，如图 6-3 所示。

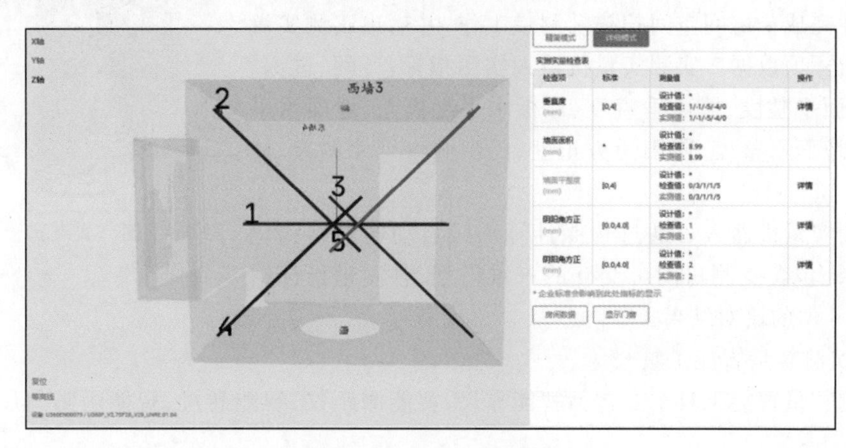

图 6-3 模拟人工五尺测量法

2）全墙面智能误差显示法（等高线法）

使用实测实量机器人时，等高线法是通过计算整个空间每个墙面上数以千万点到实测实量机器人的距离，从而实现对墙面的测量，通过等高线网格与问题点在墙面的相对位置关系，进而得到问题在墙面的具体方位。与传统的测量方法相比，全墙面智能误差显示法不仅可以实现对全墙面的精确测量，还可以通过图形化显示，直观地反映出墙面上各点的施工误差情况，便于施工人员及时发现和纠正问题，如图 6-4 所示。

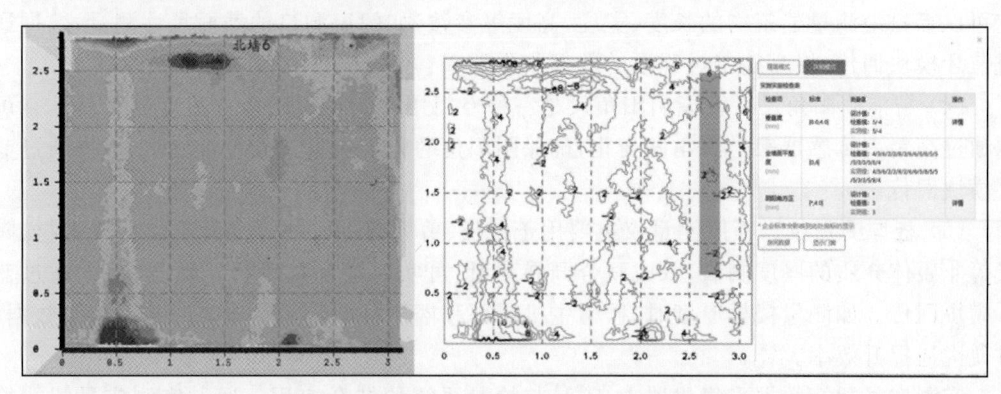

图 6-4 全墙面智能误差显示法（等高线法）

3. 实测实量智能数据采集机器人与工具

实测实量智能检测生成正逆向融合的数字化、结构化数据主要依赖施工各阶段现场数据的采集，传统人工低采样率的采集行为已经不满足要求，随着科技的发展，各种智能测量工具与装备应运而生，为建筑测量提供了高效、准确、结构化的测量手段，施工现场数据采集的智能装备与智能工具主要为实测实量机器人、智能靠尺、智能测距仪、智能卷尺、智能阴阳角尺、板厚测量仪等。

1）实测实量机器人

实测实量机器人如图 6-5 所示，可进行全墙面、多指标一次性全采样测量，具备测量精度高(±1.5mm)，测量时间快(3min 完成单房间测量)，一人一机操作简单等特点，机器人一次性完成单房间空间扫描及测量工作，并输出实测实量结构化指标项数据。实测实量机器人实测指标：开间、进深、净高、墙面平整度、墙面垂直度、顶板水平度极差、地面水平度极差、地面平整度、阴阳角方正度、门窗洞口尺寸偏差、柱间距等。

图 6-5　国产实测实量机器人

实测实量机器人可通过边缘计算离线自动输出结构化数据结果，包含受测房间可交互的三维模型、各测量指标结果、与设计值的比对结果。

2）实测实量智能工具

实测实量智能工具主要包括智能靠尺、智能测距仪、智能卷尺、智能阴阳角尺和板厚测量仪。

(1) 智能靠尺。智能靠尺可以通过内置红外传感器来检测墙体的垂直度和平整度，并将测量结果数字化显示在电子屏上，数据通过蓝牙模块回传，避免传统靠尺测量时需手工记录的烦琐。

(2) 智能测距仪。智能测距仪是一种利用单点激光技术进行点对点距离测量的工具。它可以用于任意两点的距离测量，数据通过蓝牙模块回传。适用于各种建筑工程领域，如土方两点间距离测量、门窗洞口尺寸测量等。

(3) 智能卷尺。智能卷尺是一种可伸缩的测量工具，可用于建筑构件几何尺寸测量。它可以轻松地测量建筑物的长度、宽度、高度等参数，如门窗洞口的截面尺寸测量，数据通过蓝牙模块回传，提高施工过程中的数据收集效率。

(4) 智能阴阳角尺。智能阴阳角尺是一种专门用于测量阴阳角方正度的工具。它可以通过高精度传感器来检测角度变化，确保阴阳角的施工质量达到设计要求，数据通过蓝牙模块回传。

(5) 板厚测量仪。板厚测量仪主要用于楼板、剪力墙、梁、柱等混凝土结构或木材、陶瓷等非磁体介质的厚度测量，双人联合开展测量，可实时显示精确板厚数据；数据通过蓝牙模块回传。如测量楼板厚度时，楼上主机屏幕和楼下可同步显示器实时共享检测数据，方便沟通提升效率。

实测实量智能数据采集机器人、工具与检测系统的结合应用。通过实测实量智能检测系统在后台的图纸处理、规则配置等，下发给手机端，通过实测实量机器人及智能数据采集工具完成现场测量工作，在手机端判断质量合格情况，并生成正逆向融合的结构化数据，通过网络回传至实测实量智能检测系统，可在网页端进行数据查看及复盘，如图 6-6 所示。

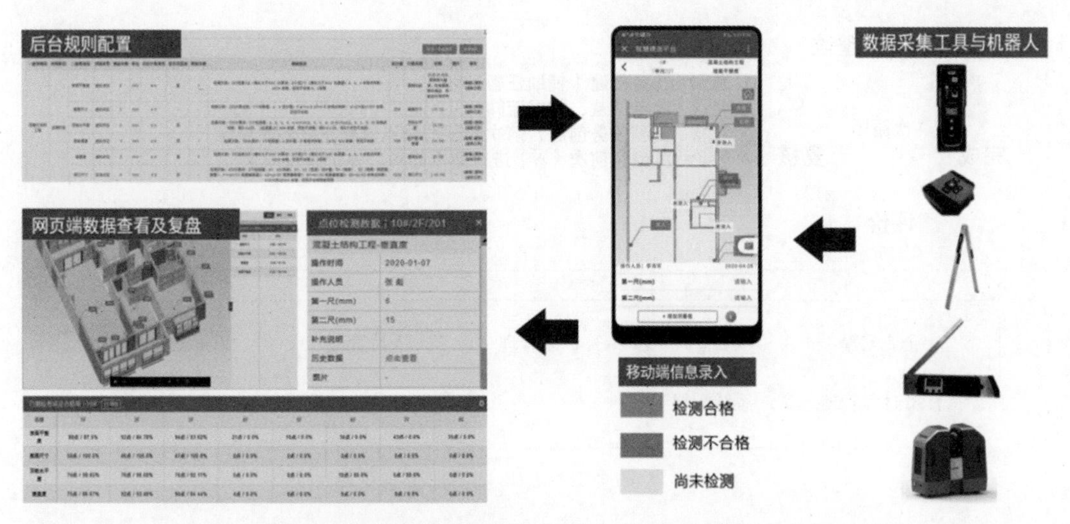

图 6-6　实测实量智能数据采集装备、工具与检测系统的结合应用示意图

4. 实测实量智能检测的闭环管理

传统的施工实测实量质量管理由于效率低、精度差、数据回传不及时、碎片化、人为造假、多方测量等问题，大幅增加了整体管理成本，导致时间效率降低，界面移交纠纷增多。在国家大力倡导智能建造数字化转型的趋势下，科技企业迅速崛起，智能建造技术的发展以及与各相关技术之间急速融合，使得施工质量管理环节更加信息化、智能化。实测实量机器人、智能测量工具等结合建筑图纸 BIM 化自动测量方案，在主体、砌筑、抹灰、精装、分户验收等阶段使用，实测数据实时回传后台。通过对测量数据的收集、处理和分析，实现对测量结果的闭环管理和改进，如图 6-7 所示。

实测实量智能检测通过项目初始化、现场测量、问题整改、复测验证形成闭环的工作流程，通过该流程不断地监测质量与改进，满足质量合格与交付要求，如图 6-8 所示。

5. 多维融合数据检测建筑尺寸偏差的应用

通过图纸助手自动识别开间进深、净高等设计值，能够自动区分各施工阶段的相应设计值。现场数据采集实测实量机器人与其他实测实量智能工具可组合使用，自动检测各房间的设计尺寸与实际物理尺寸的偏差，在施工交付前修正尺寸偏差，达到交付即合格的目的。

6. 实测实量智能检测楼宇外立面的应用

传统外立面作业工序中，工人需要四次上下吊篮完成测量、整改、复测验证等系列操作，存在整体工序时间漫长、高空作业危险、无数据留存、测量成本高昂的问题。

利用实测实量检测技术，可以全面测量楼宇外立面的外保温层、饰面前以及饰面后的

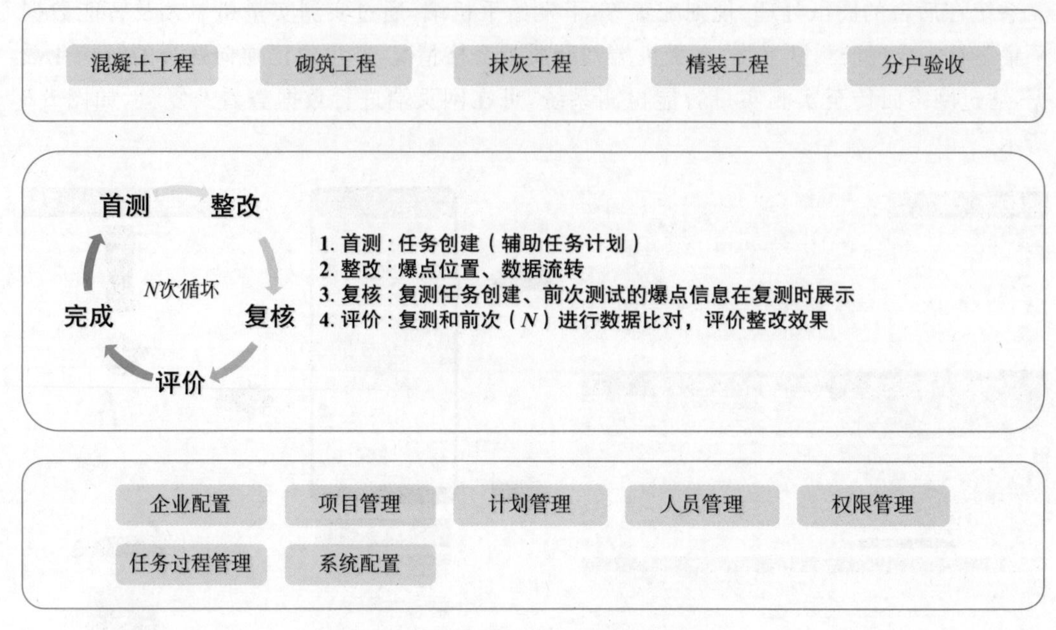

图 6-7 实测实量智能检测闭环管理架构

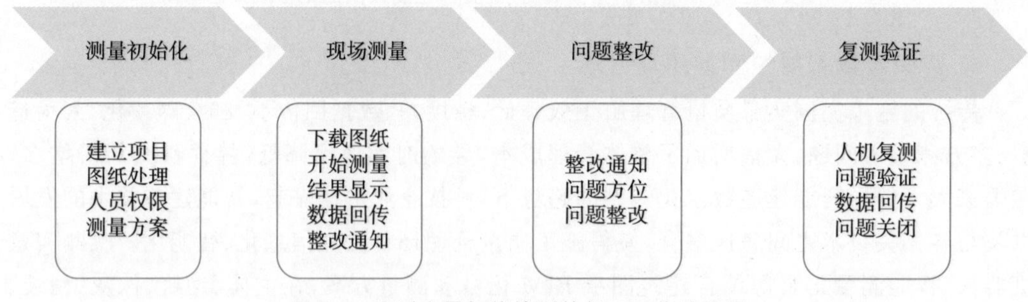

图 6-8 实测实量智能检测的闭环工作流程图

状态。该技术能够针对外立面全局等高线、各楼层以及层面平整度进行精确的测量，并将这些数据与设计图纸紧密结合，自动生成外墙爆点位置图以及分楼层的爆点位置图，从而为后续的整改工作提供明确指导。

楼宇外立面同时存在穿插施工的不同界面，外立面实测实量智能检测可按不同的施工界面标准进行数据合格判断，提供可融合室内外全貌的结构化数据。

外立面智能检测取代了吊篮人工测量及复测验证的工序，时间极短、成本极低、数据可供整改、结构化数据留存，既保证了项目穿插施工的时间效率，又同时提供了各界面的数据合格指标，充分保障项目复测整改在同一阶段一次性完成，如图 6-9 所示。

7. 实测实量智能检测全局(企业、项目层面)数据应用

企业工程或项目管理人员可以从大量实时、客观、可信的回传数据分析出具体项目的施工质量情况、精准定位到具体问题及区域。

通过实测实量数据全局分析，实时了解项目质量、问题以及进度状态、穿插施工的效

率等，为质量预警和进度管控提供数据分析，做到提前预警管控，将事后管控变成事前管控，综合提升品质和效率，如图 6-10 所示。

图 6-9 穿插施工不同界面环境的外立面智能检测示意图

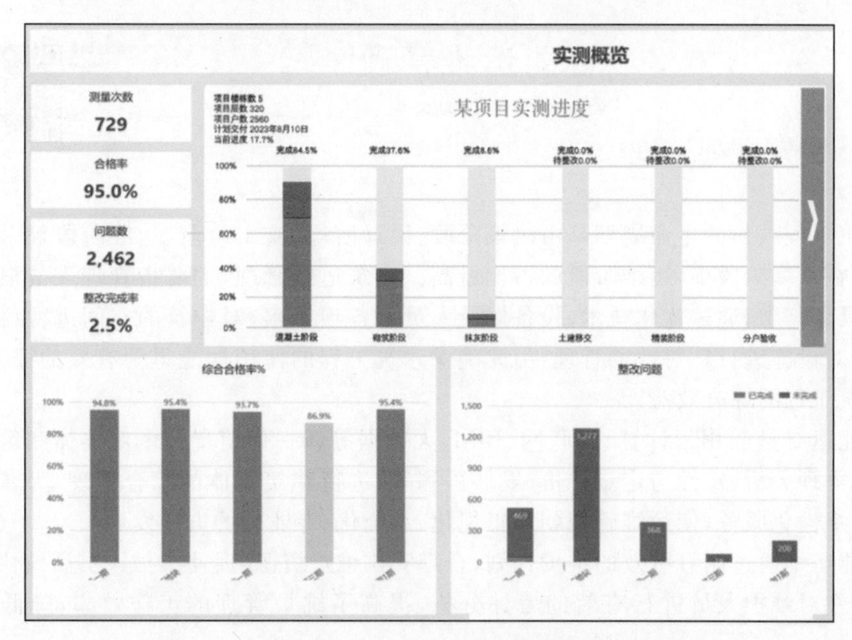

图 6-10 全局(企业、项目层面)实测实量数据分析示意图

将多楼层、楼栋的实测实量问题结合图纸进行叠加汇总与展示，以便识别实测实量在多楼层、楼栋问题数据叠加后高发的具体区域以及具体部位，形成判断施工工艺或材料缺陷等产生连续性缺陷的数据依据，为待建楼层、楼栋或下一个项目提供避免同类高发问题的数据分析预测指导，如图 6-11 所示。

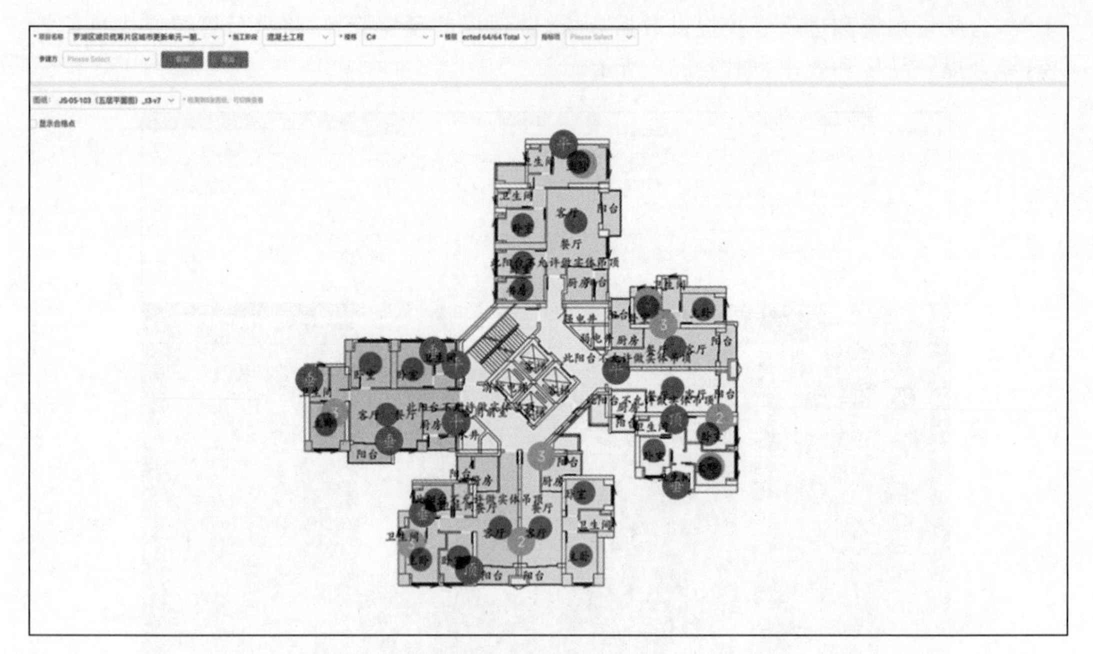

图 6-11　实测实量检测问题趋势分析示意图

6.3　智能运维管理

微课:智能运维管理

6.3.1　建筑智能运维

建筑工程项目的生命周期是由决策阶段、设计阶段、施工阶段、运维阶段等多个阶段所组成,在众多阶段中,运维阶段的占比最高。建筑运维管理,主要指管理人员根据建筑活动的具体需求,通过优化技术、设备以及人员等各项因素,对建筑的空间进行科学合理的规划,对设施进行针对性的管理,由此确保建筑工程的使用性能得到有效的提升,从而增强建筑工程的综合效益。

智能运维是利用云计算、物联网、BIM、大数据等新一代信息技术对实体建筑进行归类汇总、整理分析、定性与定量评价、发展预测等,进行建筑实体的综合管理,为客户提供规范化、个性化服务,使运维管理朝着正规化、系统化、专业化的方向发展。

智能运维通过制订有效的维护计划,合理安排维护资源,促使维护人员高效快速地完成工作,并对维护人员进行有效的考评分析,提高了维护管理的工作效率,降低了维护成本。

6.3.2　BIM 技术在运维中的应用

1. 传统建筑运维管理

传统的运维管理是救火式的管理。通常是用户先于技术人员发现问题,然后找到 IT

部门要求解决问题。目前，常用的运维管理系统有计算机维修管理系统(CMMS)、电子文档管理系统(EDMS)、能源管理系统(EMS)、计算机辅助设施管理(CAFM)以及楼宇自动化系统(BAS)等。尽管这些运维管理系统独立支撑设施管理系统，但各个系统信息相互独立，无法达到资源共享和业务协同。另外，建筑物交付使用后，各个独立子系统的信息数据采集需耗费大量的时间和人力资源。

2. 传统建筑运维管理面临的问题

1) 信息孤立性强

由于建筑工程项目在全生命周期的不同工作阶段具有不同的工作主体，所以各项信息无法及时精准地流通与统一，即便是项目施工目标能够顺利完成，也无法有效地满足项目的运营要求。这也是传统运维管理存在的主要问题，只有以运维管理视角为基点开展信息的及时传输与共享，才能提升后期运维管理的全面性与有效性。

2) 管理模式粗放落后

由于我国现阶段的建筑行业主要以劳动密集型为主，所以工程项目的施工 理念，施工技术以及管理模式等都存在明显的落后性。并且在运维管理方面缺乏先进性与科学性，所以运维管理工作无法顺利实现预期目标。

3) 控制性较差

随着建筑工程规模的不断增大，工程项目信息管理面临更大的挑战与压力。建筑工程传统的运维管理模式无法对工程项目当下的运营情况进行及时精准的了解，所以对工程项目运维情况的整体控制缺乏精准性与及时性。尤其是在消防与监测方面、给排水方面等，如果未能得到及时的管控，可能引发一系列的问题。

3. 基于BIM的运维管理

将BIM技术应用在工程项目的设计、施工、运维管理乃至使用周期终结的全生命周期，可以获得全生命周期内各种精确完善的数据信息，包含勘察设计信息、规划条件信息、招标投标和采购信息、建筑物几何信息、结构尺寸和受力信息、管道布置信息、建筑材料与构造信息等。将BIM技术与智能建筑运营平台进行科学的融合应用，为运维管理提供精准的信息数据，不仅能降低信息录入的难度与强度，还能拓展管理与技术的功能模块，提升数据信息积累与分享的效果，增强数据信息的价值。使信息相互独立的各个系统达到资源共享和业务协同。

BIM技术能够对建筑工程项目的设计与施工，以及设备操作和机电管线检查进行可视化操控，使运维现场定位管理成为可能，同时能传送或显示运维管理的相关内容。BIM技术能够根据工程项目结构特点与构件参数进行三维建模，并在此基础上对施工现场进行模拟操作。这一特点不仅能验证施工方案的科学性与可行性，还能有效地引导技术人员及时发现施工现场可能存在的问题，并提前制订科学完善的应对方案，为运维管理工作的改进与完善提供有力的保障作用。

6.3.3　智能运维管理的范畴

智能运维管理主要包括空间管理、公共安全管理、能耗管理、设备管理、资产管理、智能管理六个方面。

1. 空间管理

空间管理是指对空间资源进行合理利用和有效管理的一种管理方式。它涉及对空间的规划、布局、设计、组织和控制等方面,旨在使空间资源得到充分利用,提高空间利用效率,满足人们不同需求的同时,遵循可持续发展原则协同发展。科学利用建筑空间,不仅能降低成本投入,还能减少资源浪费,提升工程项目的应用价值。而利用物联网、大数据、人工智能等技术能对建筑空间进行科学的分配与合理的规划,在空间用途以及面积的确定方面具有直接性的确定作用。例如,针对建筑工程的租赁管理,BIM 技术能够对房屋租赁的时间、天数,以及待租赁的房屋等进行科学精准的记录,并且房屋建筑的各项运用情况均可以利用可视化的模型进行呈现,由此为管理决策的调整与完善提供参考和帮助。与此同时,应用 BIM 技术的现代数据集成系统,能够对房屋的各类费用进行精准的统计分析,如装修费,物业费,水电费以及租赁费等,为房屋建筑后期的应用与管理提供帮助,提升房租管理的智能化与系统化。

2. 公共安全管理

公共安全管理需应对火灾、非法侵入、自然灾害、重大安全事故和公共卫生事故等各种突发事件,建立起应急及长效的技术防范保障体系,包括火灾自动报警系统、安全技术防范系统和应急联动系统。由于建筑工程项目运维阶段的安全管理具有较强的复杂性与系统性,尤其是信息共享性差,所以安全管理无法保障及时性与针对性。例如,对建筑项目进行安全管理,传统的模式在紧急情况下无法进行及时有效的安全提醒,一旦发生危险,被困人员与救援人员无法得到信息对接,那么救援工作则无法取得理想的效果,同时还会加大危险事故的影响程度。但是利用物联网、大数据、人工智能等技术,如果建筑项目的可控性范围内发生危险,安全报警系统则会自动感应危险程度并进行及时报警,而管理人员也能够根据建筑监控系统对事故现场的情况进行精准的查看与分析,由此开展救援方案的科学制定。与此同时,系统的广播还能为被困人员提供逃生引导,避免被困人员因盲目施策出现生命事故。如果出现有人被困电梯的情况,BIM 技术的应用系统能够为物业管理部门与电梯维修部门发出及时的通知,保障电梯事故能够得到有效的处理。在建筑智能建造技术的支持与保障下,建筑中发生的各类紧急情况都能够得到精准的感知与预警,并且系统还能对紧急情况的数据进行全面收集与分析,结合分析结果对智能报警系统进行优化和完善,由此保障此类事故后期判断和预警的精准性。

3. 能耗管理

能耗管理是利用物联网、大数据、人工智能等技术,实现对供水、供电、燃气、采暖等建筑各类能源系统运行参数的实时监控、统计分析,对能源设施设备和系统的管理,在保障建筑室内环境健康舒适、设备健康运行的前提下,提高建筑能源系统的运行效率,实现能源精细化管理。通过科学融合物联网传感技术与 BIM 技术,提供能够直接提升建筑项目监控管理的有效性与便捷性。技术人员利用具有感知功能的各类传感器,如压力传感器,电力传感器以及流量传感器等设备,能够确保建筑能耗的具体数据得到精准及时的采集,并对其进行科学分析与上传,从而增强数据信息的扩展性与应用效果。

利用物联网、大数据、人工智能等技术，对建筑项目的各项功能进行智能化的设定，以确保建筑项目的数据采集与统计、分析与管理等各方面科学有效，针对设备异常使用或故障问题，系统还能进行及时提醒。例如，在建筑室内温度与湿度控制方面，BIM 技术能够利用远程检测的方式对建筑室内温度与湿度的变化进行实时分析，由此科学配合能源管理系统进行智能化的管控，在满足基本需求的基础上降低对资源的浪费。此外还可负责报警及事件的传送、报警确认处理以及报警记录存档。报警信息可通过不同方式传送至用户。

4. 设备管理

在物联网系统集成技术的支持下，建筑物中的智能弱电子系统能够精准地完成集成目标。建立设施设备基本信息台账，定义设施设备保养周期等属性信息，建立设备维护计划，结合设备的使用情况与安全期限等因素进行预警提醒，由此引导管理人员进行及时维修与更换，避免引发严重的事故。管理人员只需要利用随机查阅的方式就可以精准地掌握设备的各类信息，如设备的参数与实际运行状态、安全期限以及厂商情况等。

5. 资产管理

建筑工程运维阶段的资产管理也是十分重要的环节，资产管理是运用信息化技术增强资产监管力度，降低资产的闲置浪费，减少和避免资产流失，使业主在资产管理上更加全面规范，从整体上提高业主资产管理水平。例如，在建筑资产盘点时利用 BIM 技术，能够确保各项数据信息都得到精准的分析与盘点，异常数据得到及时处理，从而提升资产管理的有效性。

6. 智能管理

在物联网、大数据、人工智能等技术的支持下，建筑运维管理系统的数据能够得到及时输入与系统管理，在此基础之上利用 BIM 技术的数据库对设备的各类信息进行提前设置，并将这些信息与设备进行对接，设备的各项正常指标都将精准地输入系统中。能精准地检测设备的实际运行情况，同时周围的环境情况也能得到全面的监测。管理人员能通过系统反馈的数据信息进行分析与远程协助操控，从而顺利实现管理目标。

6.3.4　智能运维案例

1. 工程概况

某医院综合楼总建筑面积约 36000m^2，其中地下 1 层，地上 18 层，局部 6 层，框架剪力墙结构，功能设有门诊、住院部、手术室等。

2. 项目特点

医院建筑是最复杂的公共建筑之一，建筑物内部空间布局复杂，不同功能需求差异大、机电系统、专业设备多。医院能耗高，绿色医院建设压力大。由于医院的特殊性，对运维的稳定性要求高，安全保障压力大。医院人流量多而杂，需要 24h 不间断运行。后勤服务社会化，运维管理人员流动大。传统的运维管理方式为被动式运维，运维压力大。

3. 项目目标

基于 BIM 将海量建造信息转化为运维信息，融合 BIM 和运维信息系统，建立建筑全生命周期大数据；基于人工智能技术实现主动式预警和自动通知，助力平安医院建设；基于大数据挖掘能耗异常情况，助力绿色医院建设。

4. 核心技术

1）跨阶段的BIM模型转换

由于建造阶段和运维阶段关注重点不一样，BIM模型的组织形式和信息内容均有差别。在运维管理阶段，既需要通过查看某一区域全专业模型了解管线排布，辅助维修，又需要应用单系统模型进行逻辑结构分析与查看，因此依托设计、施工阶段搭建的BIM信息平台，通过拆分和重组将建造BIM模型转化为运维BIM模型，如图6-12所示。针对机电系统逻辑关系缺失的问题，进行机电系统逻辑结构计算，并对设备模型进行精细化处理，并对整理模型采取轻量化与美化处理。

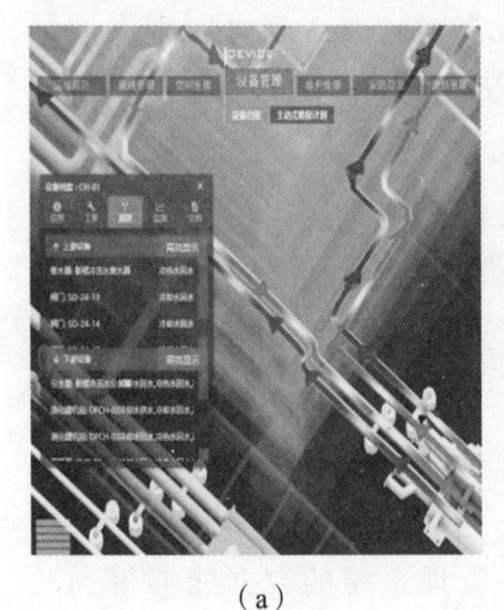

（a）

（b）

（c）

图6-12　建造BIM模型转化为运维BIM模型

（a）机电系统逻辑结构计算；（b）设备模型精细化；（c）模型轻量化与美化处理

2）基于BIM的集成化运维管理技术

根据医院管理流程和组织架构做少量的定制开发。基于BIM的集成化运维管理技术和基于虚拟现实技术，将三维可视化模型与实时运维数据动态整合，实现报修服务、设备监测、视频监控和BIM系统的集成，支持高度真实的运营管理体验，提高运维管理和应急决策效率。护士、患者等用户通过手机微信报修，并快速录入报修位置和问题描述，从而提高维修效率，为后续的信息集成奠定了商务基础。减少维修班组多次往返的时间。

在技术层面上，BA系统（Building Automation System，楼宇设备自控系统）采用OPC协议作为数据接口；能耗分项计量系统采用Modbus/TCP协议作为数据接口；视频监控系统采用TCP协议作为数据接口；污水处理系统采用Modbus/TCP协议作为数据接口。在BIM建模时，建立相应监测设备的模型，并将监测点位信息输入设备属性，从而实现BIM中监测对象与BA中获取的监测数据匹配，实现数据集成，如图6-13所示。

3）构建智慧运维物联网系统

如图6-14所示，基于物理空间的BIM模型底座，融合云计算与大数据等技术，采用物联网架构体系搭建智慧运维管理系统。系统利用传感器等智能设备对空间中的静态及动态数据进行采集，将数据信息与服务资源进行统一集成管理，实现真实环境与三维空间

图 6-13　基于 BIM 的机电系统运行机理图

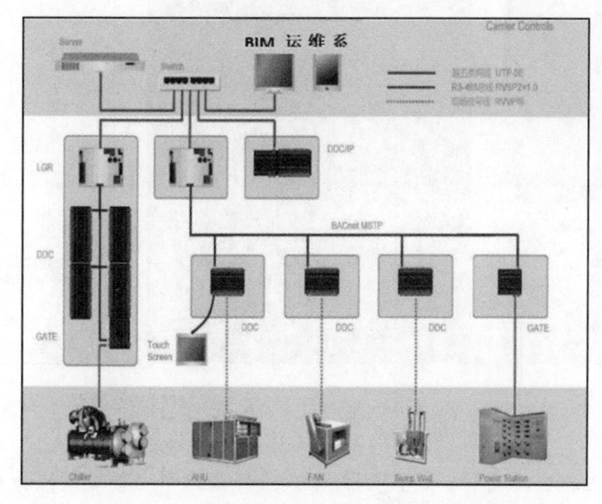

图 6-14　BIM 运维系统物理结构图

的场景联动。在新楼建设过程中，明确要求相关系统供应商提供运维系统可以使用的数据接口。通过 BIM 中监测对象与 BA 中获取的监测数据匹配，实现对监测数据的采集、传输和显示。设置楼宇设备自动操作系统监控点位 2000 个，视频安防监控点位 1000 个，具备设备故障识别管理、空间孪生数据可视化展现等能力，支持多种运维管理场景搭建，能够实现该医院建筑全生命周期的智慧运维管理。

4）基于大数据的智能化、主动化运维技术

通过 3D 可视化运维截面，进行建筑的运维管理作业。通过对各子系统的实时数据监控，自动统计、分析向管理方展示多维度、多对象的数据图表。如果出现紧急情况，平台第一时间联动 BIM 模型定位报警位置视角，并联动摄像头，查看报警位置现场情况，自动展开疏散路径并联动各子系统进行人员疏散。通过对各个子系统能耗分析，提出能耗排减方案，通过应用实现节能减排的目的。基于建筑静态和动态数据，引入多种数据挖掘和机器学习算法，对医院建筑的运行监测数据进行多维度的统计分析，以得到海量监测数据背后的深层次的规律性信息和异常情况，通过形象的展示，辅助管理优化，达到降低能耗、辅助设备可靠运行的目标，辅助绿色医院的建设，如图 6-15 所示。

(a)　(b)

(c)　(d)　(e)

图 6-15　基于 BIM 的医院智能运维管理系统

(a)设备自动报警；(b)定期自动式维保策略；(c)影响范围分析；
(d)自动生成维修维保工单；(e)手机端处理维修工单

通过 BIM、物联网、人工智能、人脸识别等实现三维可视化、集成化空间运维、报修服务管理、安防管理，以及主动式设备管理和能耗管理，打通建设与运维阶段的信息断层，融合建筑静态和动态信息，实现基于 BIM 的医院建筑三维可视化、集成化和主动式智慧运维管理。通过应用实践得出以下结论：基于 BIM 可以将建筑本体和医院运维信息有机结合，逐渐形成建筑全生命期大数据，可见 BIM 对医院建筑运维具有较大价值；基于 BIM 可以实现空间管理、机电设备运行机理和状态查看、视频安防管理，实现可视化、集成化运维管理，提升医院建筑运维管理水平；初步探索了基于人工智能的智慧运维管理模式，可减少设备故障数量，节约运维成本。

【知识拓展】

土木工程结构是结构健康监测系统的重要应用对象，目前在大型桥梁、大坝、高层建筑等土木工程结构中，健康监测系统的应用及功能验证是相关学者的研究热点。我国的江阴长江公路大桥也采用了结构健康监测系统。为了对桥梁的工作环境、桥梁的结构状态、桥梁在车载等各类外部荷载因素作用下的响应进行实时监测和研究，全面了解桥梁的运营条件及质量退化状况，为桥梁的运营管理、养护维修、可靠性评估以及科学研究提供依据，工程人员在原有监测系统的基础上进行了改造和升级，建立江阴大桥结构健康监测系统。新的健康监测系统增加了光纤应变测试系统，用于监测主梁内力，并通过GPS位移测试系统监测主梁线型和桥塔位移，从而实现对桥梁结构响应，包括内力、位移、振动、温度等信号进行长期在线采集与管理，并进行有效的数据积累和分析，获取反映桥梁健康状况的特征信息，对大桥的安全可靠性做出评价。

结构健康监测系统具有明显的多学科交叉特征，需要多学科研究人员和工程技术人员紧密合作。随着健康监测理论、物联网及云计算的发展，该系统还有很多内容需要不断丰富。

单元小结

该单元全面系统地介绍了智能检测与修复技术的概念、系统构成、应用案例及工作流程，展示了该技术在提升智能建造的施工质量、保障施工安全、全面降本增效提质等方面的重要作用，为建筑业的智能化发展提供了有力支持。

智能检测与修复技术旨在通过智能化手段实现对目标对象的实时监测、精准诊断和高效修复。

结构健康监测指利用现场的无损传感技术，通过包括结构响应在内的结构系统特性分析，达到检测结构损伤或退化的目的。健康监测的目标之一就是在这个临界点到来之前提早检测出结构的损伤。

结构健康监测系统主要由传感器系统、信息采集与处理系统、信息通信与传输系统、信息分析和监控系统四个子系统组成。

智能检测技术是结合人工智能、物联网、无人机、5G、云平台等高新技术，在仪器仪表的使用、开发、生产的基础上发展起来的一项综合性技术。施工智能检测在智能建造中具有重要的作用和地位，相比传统的检测技术，智能检测既可实现工程质量监管、数字化控制，又能大大提高工程实施效率，减少对人力资源的使用，是使建筑业迈向数字化和信息化转型升级的新台阶。

智能运维是利用云计算、物联网、BIM、大数据等新一代信息技术对实体建筑进行归类汇总、整理分析、定性与定量评价、发展预测等，进行建筑实体的综合管理，为客户提供规范化、个性化服务，使运维管理朝着正规化、系统化、专业化的方向发展。

智能运维管理主要包括空间管理、公共安全管理、能耗管理、设备管理、资产管理、智能管理六个方面。

复习思考题

一、单选题

1. 在结构健康监测系统中，用于将待测物理量转变为电信号的子系统是（　　）。

A. 传感系统　　B. 信息采集和处理系统

C. 信息通信与传输系统　　D. 信息分析和监控系统

2. 下列结构健康监测方法中，属于局部检测法的是（　　）。

A. 动力指纹分析法　　B. 模型修正与系统识别法

C. 神经网络法与传输系统　　D. 压痕法

3. 结构健康监测系统中，最关键的工作是（　　）。

A. 传感技术　　B. 测试数据的分析处理

C. 测试技术　　D. 信号处理

4. 下列不属于公共安全管理范畴的是（　　）。

A. 火灾自动报警系统　　B. 安全技术防范系统

C. 设备安全期限　　D. 应急联动系统

5.《智能检测装备产业发展行动计划（2023—2025 年）》中指出，（　　）作为智能制造的核心装备，是“工业六基”的重要组成和产业基础高级化的重要领域。

A. 实测实量装备　　B. 智能测量装备

C. 智能检测装备　　D. 智能测绘装备

6. 在建造过程中，对墙面质量的检测，如测量阴阳角、方正度、垂直度、平整度、极差等相对指标数据时，应该采用（　　）。

A. 基于和设计值比较的智能识别法　B. 实测数据和标准值智能识别法

C. 五尺测量法　　D. 全墙面智能误差显示法（等高线法）

7. 通过实测实量机器人及智能数据采集工具完成现场测量工作，在手机端判断质量合格情况，并生成（　　）的结构化数据。

A. 正向　　B. 逆向　　C. 正逆向融合　　D. 完整

8. 楼宇（　　）平整是保障交付质量的强制要求，传统作业工序需经过四次下吊篮形式采用人工进行测量、整改、复测验证等，存在整体工序时间漫长、高空作业危险、无数据留存、测量成本高昂的问题。

A. 外立面　　B. 屋顶　　C. 墙面　　D. 地面

9. 外立面智能检测取代了传统人工测量及复测验证的工序，时间极短、成本极低、数据可供整改、结构化数据留存，既保证了项目穿插施工的时间效率，又提供了各界面的数据合格指标，充分保障项目复测整改在（　　）完成。

A. 同一阶段一次性　　B. 同一阶段分两次

C. 一周　　D. 一天内

二、多选题

1. 结构健康监测系统的子系统有（　　）。

A. 传感系统　　B. 信息采集和处理系统　　C. 信息通信与传输系统

D. 信息分析和监控系统　　E. 信息系统

2. 结构健康监测系统所检测的主要内容有(　　)。

A. 结构几何监测　　B. 结构荷载监测　　C. 结构静动力反应监测

D. 非结构部件及辅助设施监测　　E. 结构精度监测

3. 下列属于结构健康监测整体检测法的有(　　)。

A. 动力指纹分析法　　B. 回弹法　　C. 模型修正与系统识别法

D. 神经网络法　　E. 遗传算法

4. 下列选项不属于智能运维管理范畴的是(　　)。

A. 空间管理　　B. 时间管理　　C. 公共安全管理

D. 能耗管理　　E. 信息管理

5. 智能检测与修复的系统采用(　　)和(　　)的方法论,是多维数据融合检测系统的核心。

A. 数据整合　　B. 数据驱动　　C. 数据储存

D. 持续改善　　E. 持续检查

6. 智能检测旨在通过(　　)、(　　)、(　　)、分析指导、反馈改善五大阶段的软硬件系统。

A. 采集　　B. 管理　　C. 预警

D. 保存　　E. 查验

7. 实测实量智能工具包括(　　)。

A. 智能靠尺　　B. 智能测距仪　　C. 智能卷尺

D. 智能阴阳角尺　　E. 板厚测量仪

8. 智能建造技术的发展以及与各相关技术之间急速融合,使得施工质量管理环节更加(　　)、(　　)。

A. 简单化　　B. 清晰化　　C. 信息化

D. 结构化　　E. 智能化

9. 实测实量智能检测通过(　　)、(　　)、(　　)、(　　)形成闭环的工作流程,通过该流程不断地监测质量与改进,满足质量合格与交付要求。

A. 项目初始化　　B. 场地清理　　C. 现场测量

D. 问题整改　　E. 复测验证

三、简答题

1. 简述结构健康监测的定义。

2. 简述智能运维管理空间管理的内涵。

3. 简述智能运维管理范畴。

4. 结构健康监测的方法有哪些分类？分别适用于何种情况？

5. 简述智能检测与修复的概念。

6. 简述智能检测与修复的系统构成。

7. 智能检测采集阶段包括哪些工作内容？

8. 简述实测实量智能检测施工偏差的方法。

9. 实测实量机器人主要有哪些实测指标?

10. 如何应用实测实量智能数据采集机器人、工具与检测系统的结合?

附 录

附录1 智慧工地建设标准样例

1. 智能化设备标准

（1）智慧工地应配置智能化的硬件设备，包括但不限于高精度传感器、智能摄像头、智能手环等，以满足对施工现场的全面感知和实时数据采集。

（2）硬件设备应具备高可靠性、高耐用性、高稳定性等特点，满足工地复杂环境下的续用要求。

（3）智能化设备应具备远程监控和智能控制功能，能够实现设备的自动化管理和远程故障诊断。

2. 数据化管理标准

（1）智慧工地应建立数据化管理平台，对施工现场的数据进行全面采集、存储、处理和应用。

（2）数据化管理平台应具备可视化展示功能，能够将复杂的数据以直观的方式呈现给管理人员和监管部门。

（3）数据化管理平台应支持数据分析、趋势预测和决策支持等功能，为项目管理提供科学依据。

3. 人员管理标准

（1）智慧工地应建立人员管理系统，对施工现场的人员进行全面管理。

（2）人员管理系统应具备人脸识别、身份验证等功能，确保人员的身份信息以及进出记录的真实性和可追溯性。

（3）人员管理系统应与安全帽定位、安全带检测等设备管理结合使用，确保施工人员安全作业。

4. 机械管理标准

（1）智慧工地应建立机械管理系统，对施工现场的机械进行全面管理。

（2）机械管理系统应具备机械定位、运行状态监测等功能，确保机械的正常运行和操作安全。

（3）机械管理系统应支持机械调度和远程控制等功能，提高机械的使用效率和项目效率。

5. 视频 AI 管理标准

(1) 智慧工地应安装视频监控系统,对施工现场进行全面覆盖。

(2) 视频监控系统应具备 Al 识别功能,能够自动识别安全隐患和危险源,并通过及时报警来提示管理人员进行处理。

(3) 视频监控系统应支持实时监控、录像回放和调取证据等功能,确保施工现场的安全可控。

6. 绿色施工管理标准

(1) 智慧工地应建立绿色施工管理体系,推广绿色施工技术和方法。

(2) 绿色施工管理体系应包括节能减排、环保施工等方面的要求和控制措施。

7. 危大工程管理标准

(1) 智慧工地应建立危大工程管理系统,对危大工程进行全面监管。

(2) 危大工程管理系统应具备实时监测、预警预测等功能,及时发现和解决潜在的安全隐患。

(3) 危大工程管理系统应支持风险评估、制订安全措施等,提高危大工程的安全管理水平。

8. 现场管理标准

(1) 智慧工地应建立现场管理体系,对施工现场进行全面管理和监督。

(2) 现场管理体系应包括施工计划、进度控制、质量控制等方面的要求和控制措施。

(3) 现场管理体系应支持实时监控、远程管理等功能,提高施工现场的管理效率和监管水平。

以上是湖北智慧工地建设标准的概述,根据实际需要和具体情况,可以进行进一步的细化和完善。

附录 2 智慧工地评价标准样例

符合智慧工地标准的工程项目必须达到 A 级或 A 级以上级别;评定为 AA 级的项目及参建单位,优先推荐市级各项评优评先;评定为 AAA 级的项目及参建单位,优先推荐市级、省级、国家级各项评优评先。

智慧工地的建设内容包括智慧工地信息化管理平台、人员管理、机械设备管理、物料管理、环境与能耗检测、BIM 技术应用、AI 技术应用、无人机现场巡检、质量管理、安全管理、进度管理、电子档案管理等。

智慧工地建设内容由基本项、提高项与创新项组成。原则上,基本项为智慧工地建设基本要求,应全部满足,如有不参评项不予评价;提高项为智慧工地建设的拓展提升应用部分;创新项为智慧工地建设的科技创新应用部分。

智慧工地从建设内容、实施效果两个方面开展评价,划分为 A 级、AA 级和 AAA 级。

(1) A 级智慧工地:技术清单“基本”项全部符合要求(不参评项除外),且设备使用率

85%以上、在线率 85%以上、录像完整率 85%以上、报警处理率 85%以上(24h 内处理)，故障修复率 85%以上(24h 内修复)，达不到 A 级水平的责令整改直至达到 A 级。

(2) AA 级智慧土地：达到 A 级智慧工地要求，房屋建筑工程应用技术清单中的"提高"和"创新"项不少于 15 项(市政基础设施工程不少于 10 项)，且设备使用率 90%以上、在线率 90%以上、录像完整率 90%以上、报警处理率 90%以上(24h 内处理)，故障修复率 90%以上(24h 内修复)。

(3) AAA 级智慧工地：满足 A 级智慧工地要求，房屋建筑工程应用技术清单中的"提高"和"创新"项不少于 20 项(市政基础设施工程不少于 15 项)，且设备使用率 90%以上、在线率 90%以上、录像完整率 90%以上、报警处理率 90%以上(24h 内处理)，故障修复率 90%以上(24h 内修复)。

(4) 不参评项，是指本标准的某一项条文或某几项条文的内容和要求，在该智慧工地建设、评价时不适宜或不具备条件，可作为不参评项。

智慧工地技术与评价清单参考附表 1。

附表 1　智慧工地技术与评价清单

序号	类　别	建设/应用内容	分　类		
			基本	提高	创新
1	智慧工地信息化管理平台		√		
2	人员管理	实名制系统	√		
		劳务工资代发系统		√	
		关键岗位移动端考勤系统	√		
3	机械设备管理	智能机器人		√	
		塔式起重机吊钩可视化应用	√		
		塔式起重机运行监测系统	√		
		塔式起重机人脸识别系统	√		
		塔式起重机智能远程控制系统			√
		施工升降机监测系统	√		
		施工升降机人脸识别系统	√		
4	物料管理	二维码物资管理应用	√		
		智能地磅应用技术		√	
		智能点检技术		√	
5	环境与能耗监测	环境监测系统	√		
		能耗监测系统	√		
		自动喷淋控制系统	√		
		车辆进出场管理		√	
		渣土运输管理系统		√	

续表

序号	类 别	建设/应用内容	分类		
			基本	提高	创新
6	BIM 技术应用	基于 BIM 的三维可视化展示		√	
7	AI 技术应用	危险源视频 AI 识别系统		√	
		AI 环保监测系统		√	
		AI 视频联动巡检系统		√	
8	无人机现场巡检	无人机施工质量巡检系统			√
		无人机施工安全巡检系统			√
		无人机施工进度巡检系统			√
9	质量管理	试块二维码(芯片)应用	√		
		分户验收智能化实测实量设备		√	
		智能回弹仪		√	
		混凝土标准养护室监测系统		√	
10	安全管理	视频监控系统	√		
		安全教育系统		√	
		安全体验馆应用技术		√	
		安全(质量)隐患管理系统		√	
		安全带佩戴状态监测系统		√	
		螺栓松动监测系统		√	
		吊篮监测系统		√	
		卸料平台监测系统		√	
		护栏状态监测系统		√	
		高大模板支撑监测系统		√	
		高边坡监测系统		√	
		深基坑监测系统		√	
		脚手架监测系统		√	
		有害气体监测系统			√
11	进度管理	进度管理系统		√	
12	电子档案管理	图纸管理系统		√	
		试验检验管理系统		√	

附录3 全国典型地区智慧工地建设与评价标准

北京市智慧工地技术规程

DB 11/T 1710—2019

河北省智慧工地建设技术标准

DB 13(J)/T 8312—2019

宁夏回族自治区智慧工地建设技术标准

DB 64/T 1684—2020

宜昌智慧工地建设与评价标准

DB 4205/T 115—2023

重庆市智慧工地建设与评价标准

DBJ 50/T 356—2020

新疆维吾尔自治区智慧工地建设技术标准

(XJJ148—2022)

参考文献

[1] 陈明. 数据科学与大数据技术导论[M]. 北京:北京师范大学出版社，2020.
[2] 贲可荣,张彦铎. 人工智能[M]. 3 版,北京:清华大学出版社，2018.
[3] 李建,王芳. 虚拟现实技术基础与应用[M]. 2 版 . 北京:机械工业出版社，2022.
[4] 李久林. 智慧建造关键技术与工程应用[M]，北京:中国建筑工业出版社，2017.
[5] 李云贵. 中美英 BIM 标准与技术政策[M]，北京:中国建筑工业出版社，2019.
[6] 毛超，刘贵文,汪军,等. 智慧建造概论[M]. 重庆: 重庆大学出版社，2021.
[7] 孙晓燕,王海龙,蔺喜强. 增材智造混凝土结构[M]. 北京: 中国建筑工业出版社,2023.
[8] 王康,肖蓉,赖晶亮,等. 虚拟现实技术导论[M]. 北京:人民邮电出版社，2023.
[9] 王岩,计凌峰. BIM 建模基础与应用[M]. 北京:北京理工大学出版社，2019.
[10] 王要武,陶斌辉. 智慧工地理论与应用[M]. 北京: 中国建筑工业出版社,2019.
[11] 张飞舟,杨东凯. 物联网应用与解决方案[M]，2 版,北京:电子工业出版社，2023.
[12] 张军,雷军,李硕豪,等. 3S 技术导论[M]. 北京:清华大学出版社，2023.
[13] 张平,崔琪楣. 第五代移动通信技术导论[M]. 北京:中国科学技术出版社，2021.
[14] 赵彬,王君峰,史瑞英,等. 建筑信息模型(BIM)概论[M]. 北京:高等教育出版社，2020.